武汉理工大学“十三五”规划教

工程实验力学

主编　陈建中　陈登平　吕　泳　张小玉

武汉理工大学出版社
·武　汉·

内容简介

本书主要介绍了在实际工程中常用的一些实验力学基本概念、基本理论、基本方法。全书共12章,第1章为绪论,第2、3章为实验力学基础,第4至7章为电测法,第8、9章为光测法,第10至12章为实验力学方法的具体应用。主要内容包括误差分析和实验数据处理、相似原理和量纲分析、电阻应变计、电桥原理与电阻应变仪、电测法测量误差分析、电阻应变式传感器、光测法基础、光弹性法、DIC测试技术与应用、红外热成像检测技术以及冲击动力学测试技术与应用等内容。每章末附有融合了课程思政的拓展阅读内容及思考题。

本书是编者在多年讲授实验力学相关课程的基础上精心编写而成的,在内容编排上既精选了工程实验力学的经典内容,又包括工程实验力学新技术。本书可供高等院校相关专业的教师、学生及自学者使用和参考。

图书在版编目(CIP)数据

工程实验力学 / 陈建中等主编. —武汉:武汉理工大学出版社, 2023.9
ISBN 978-7-5629-6888-7

Ⅰ.①工… Ⅱ.①陈… Ⅲ.①工程力学-实验 Ⅳ.①TB12-33

中国国家版本馆CIP数据核字(2023)第194080号

武汉理工大学本科教材建设专项基金项目

项目负责人:吴正刚　　**责任编辑:**吴正刚
责任校对:张　晨　　**排版设计:**芳华时代
出版发行:武汉理工大学出版社有限责任公司
社　　址:武汉市洪山区珞狮路122号
邮　　编:430070
网　　址:http://www.wutp.com.cn
经　　销:各地新华书店
印　　刷:武汉邮科印务有限公司
开　　本:787×1092　1/16
印　　张:14
字　　数:358千字
版　　次:2023年9月第1版
印　　次:2023年9月第1次印刷
定　　价:35.00元

凡购本书,如有缺页、倒页、脱页等印装质量问题,请向出版社发行部调换。
本社购书热线电话:027-87391631　87523148　87664138

前　言

实验力学是高等院校相关专业的专业课程，是培养学生通过实验分析解决力学问题的重要课程。实验力学涵盖的内容比较广泛，本书仅限于对实际工程中常用的一些实验力学的基本概念、基本理论、基本方法进行介绍，实验对象主要是固体。本书尝试从基础知识传授、实验能力培养和思想价值塑造方面入手来编写相关内容，本书内容具有以下三个方面的特点：

1. 注重基础知识。将实验力学中通用的基础知识独立成章，详细介绍了误差分析和实验数据处理、量纲分析和相似律等基础知识，为具体实验方法及其应用打下坚实的基础。

2. 强化实验思想与能力的培养。在介绍电测法、光测法等具体实验方法与技术时，着重强调方法背后所蕴含的思想，体现出实验思维，并通过具体的实验项目落脚于实验能力的培养。

3. 融入课程思政内容。实验力学中蕴含了很多的思政元素，以拓展阅读的形式将我国古代的实验力学思想及相关技术的发展、我国著名的实验力学家、实验数据处理中的科学道德规范以及一些具有前沿性、创新性的实验力学思想与方法有机地融合到教材中，从而实现思想价值的塑造。

本书是由武汉理工大学工程结构与力学系的教师在多年讲授实验力学课程的基础上精心编写而成。第 1 章、第 4 章、第 6 章、第 8 章和第 9 章由陈建中编写，第 2 章和第 3 章由陈登平编写，第 5 章和附录由吕泳编写，第 7 章和第 12 章由张小玉编写，第 10 章由孙明清编写，第 11 章由黄莉编写。全书由陈建中统稿。

本书得到了黎明发老师的指导，提出了很多宝贵的意见和建议，陈景涛、梅海等老师也参与了部分工作，编者在此表示由衷的感谢！

由于编者水平有限，书中疏漏与不足之处在所难免，敬请读者批评指正。

编　者

2023 年 2 月于武汉理工大学

目　录

1 绪　论

1.1 实验力学及其任务

实验力学是用实验的方法来研究解决力学问题的一门学科。实验力学的范围非常广，包含力学中的拉压、弯曲、扭转、剪切等各类基础性实验，但又不局限于此，更多的是侧重于分析解决强度、刚度、稳定性等各类力学问题的实验技术。而实验力学相关的实验技术又包括实验设备的研制开发、实验技术方法的研究、应用相关的设备及方法去解决具体的力学问题等多个方面。实验力学与物理、数学、计算机等其他学科广泛交叉，更与工程应用和生产实践紧密结合。限于篇幅，本书主要介绍在实际工程中常用的一些实验力学的基本理论和基本方法，实验对象仅限于固体。

在实际工程应用中，实验力学的主要任务是保证工程结构的安全可靠性，并提高其经济性。从力学的角度而言，实际工程结构设计一般需要确定三个方面的内容：结构上的作用、结构抗力和设计计算方法。结构上的作用是指施加在结构上的集中力或分布力和引起结构外加变形或约束变形的原因；结构抗力是结构自身的性能，是指结构承受作用效应和环境影响的能力，主要包括结构的强度、刚度等性能，也包括结构所用材料或构件的基本力学性能；设计计算方法是指根据结构作用确定结构的反应，包括内力、应力或应变、变形等，以及相关的校核准则。工程实验力学的任务就是确定以上工程结构设计中的三方面的内容，因此，具体而言，工程实验力学有三个方面的具体任务：

(1)确定工程结构或构件所受的作用。通过实验测量工程结构或构件上的应变、应力或位移等力学量，进而采用理论计算得到结构或构件所受的作用，或采用各类传感器直接测量得到结构或构件上所施加的载荷。

(2)研究工程结构或构件及其材料的强度和刚度。通过实验测量工程结构或构件及其材料在破坏时的应变、应力或位移等力学量，可以获得结构或构件及其材料的强度和刚度等基本力学性能参数。

(3)分析工程结构或构件上的应力与应变分布。通过实验的方法获得整个工程结构、构件或局部的几个关键位置在外载荷作用下的应力与应变分布情况，确定其应力与应变状态，校核其安全性，同时可以在满足安全性的前提下对结构或构件进行优化设计分析，使其具有更好的经济性。也可以通过应力与应变分布研究结构或构件的应力集中、裂纹扩展等复杂力学问题，确定结构或构件的应力与应变计算理论或方法，建立相应的设计理论或方法。

1.2 实验力学的作用

力学研究的主要方法包括实验、理论、数值计算及其结合。实验作为力学研究的方法之一，在力学的形成与发展中具有重要作用。所有科学都是用直接实验和观察获得的知识建立起来的，力学作为一门探索大自然物质运动规律的科学，自然也离不开实验。实验是力学研究的基础。

力学大师普朗特(Ludwig Prandtl)在论述力学时谈道：通过实验寻求物体运动的本质，再导出数学方程得出定量结果，对此再用实验辨其真伪。由此可见实验在力学研究中的重要性。

实验、理论、数值计算三种基本的力学研究方法也是相辅相成且密不可分的。实验的设计和实施必须以理论分析作为指导，新理论的提出和理论计算结果需要实验结果的支持和验证。

对于简单的工程问题，理论方法可以给出精确解，但对于几何形状或者载荷情况比较复杂的工程结构，理论计算会很困难，如果采用理论方法，通常需要作一些假定和理想化设定，得到的是近似值，此时必须依据实验来进行验证。

随着计算机科学和技术的发展，数值计算方法也得到了高速发展，数值计算已成为力学研究或解决大型工程力学问题的一个强大工具。但应用数值计算方法时，必须以建立正确的数学模型为前提，才能获得正确的结果，而数学模型的建立和有关参数的输入都离不开实验，而且计算的结果也同样必须得到实验方法的验证。正如钱学森先生所言：今日力学是一门用计算机计算去回答一切宏观的实际科学技术问题，计算方法非常重要，另一个辅助手段是巧妙设计的实验。

1.3 实验力学的主要方法及其发展

实验力学主要通过实际测量有关的力学量来分析解决力学问题。为了测量应力、应变或位移等基本的力学量需要采用一些方法和设备，由此形成了各种不同的实验力学方法。实验力学的方法有很多种，当前实际工程中应用最多的还是电测法和光测法，这两种方法也是本书的重点内容。

应力、应变等力学量一般不太容易直接测量，通常需要将其转化为其他物理量进行测量。电测法就是将所要测量的力学量转化为电学量，通过测量相应的电学量来获得所需的力学量；而光测法则是将所要测量的力学量转化为光学量，通过测量相应的光学量来获得所需的力学量。

在力学发展的早期，人们做了大量的力学实验。达·芬奇(Leonardo da Vinci)通过铁丝的拉伸实验测出了金属材料的极限强度，伽利略(Galileo Galilei)通过材料的拉伸实验得出内力与截面面积成反比而与长度无关的结论；胡克(Robert Hooke)做了一系列不同长度的金属丝拉伸实验，得出拉伸长度与金属丝的长度有关，并通过弹簧实验得出力与变形成正比的关系。这些力学实验都为后来的强度理论与线弹性理论的建立与完善奠定了基础。20 世纪初，力学研究的对象不像以前那样简单，自然界和工程技术领域也提出了更加复杂的力学问题，需要更精确的实验手段与设计更科学的实验过程来帮助人们研究力学问题，因此，实验力学应运而生。

实验力学作为一门学科，起源于光弹性，形成于应变电阻计测试法。最初的名称叫“实验应力分析”，指用实验的方法进行应力分析，以区别于过去靠数学公式计算应力的方法。20 世纪后半叶，新实验技术快速发展，实验手段越来越丰富，应用也越来越广泛，不再局限于应力分析。1984 年，国际上将“实验应力分析”更名为“实验力学”。

随着科学技术的发展，实验力学也得到快速发展，新的实验方法与实验技术也不断出现，在实际工程应用中发挥了越来越重要的作用。同时,实验力学本身也面临着诸多挑战,如微纳尺度测量、大尺度与全场测量、极端条件(超高温、超低温、超高压等)下的力学测量、长期在线监测以及生物力学实验等,需要在实验力学的技术手段及可靠性方面进一步发展。

拓展阅读:中国古代的实验力学方法

近代实验力学的发展和应用主要起源于国外,电测法和光测法的相关基本理论也是国外科学家首先提出和完善的。但是,我国在古代就已经有了一些实验力学技术和方法,在当时是处于领先地位的,比如《考工记》,这是我国第一部手工艺技术汇编,其内容绝大部分是战国初期所作,距今已有两千多年,是世界上最古老的技术百科全书。书中记载了大量物品的制造方法,也包含一些实验力学知识与方法,在当时世界上是独一无二的,到现代也还有重要的研究价值。下面列举该书中三处涉及实验力学方法的内容。

(1)《考工记・庐人》:凡试庐事,置而摇之,以眡其蜎也;灸诸墙,以眡其桡之均也;横而摇之,以眡其劲也。如图 1-1 所示。

“置而摇之,以眡其蜎也。”

“灸诸墙,以眡其桡之均也;
横而摇之,以眡其劲也。”

图 1-1　测试庐器的方法

译文:凡检验长兵器柄的质量,树立于地摇动,看它的挠曲程度;撑在两墙之间,看它的挠曲是否均匀;横握中部摇动,看它的强劲程度。

解读:这里给出了通过实验测试庐器的三种方法,包括一端固定、两端固定和中间固定的三种支撑方式,也涵盖了稳定性、刚度和强度的检验内容,与现代的部分材料力学性能测试方法及内容基本相同。

(2)《考工记・矢人》:是故夹而摇之,以眡其丰杀之节也;桡之,以眡其鸿杀之称也。

译文:用手夹住箭杆摆动运行,用以检验箭羽的大小是否适当;挠曲箭杆,用以检验箭杆的粗细强弱是否匀称。

解读:这里是用实验的方法检验箭羽的大小及箭杆的粗细和强弱程度等,与现代测量箭杆挠度的方法和原理完全一致。

(3)《考工记・弓人》:量其力,有三均。

译文:垂直测试弓力,又有三均。

解读:这里是利用弹性测弓力,根据郑玄的注解,该方法与现代实验中所采用的增量法完全相同。

思 考 题

1-1 实验力学与力学实验有什么区别与联系?

1-2 实验力学的基本任务是什么?

1-3 实验在力学研究中具有什么样的作用?

1-4 常见的实验力学方法有哪些?

2 误差分析和实验数据处理

2.1 概　　述

科学实验都离不开对相关物理量的测量、观察与分析，由于测量方法、测量设备、测量人员的技术水平以及测量环境的影响，使得测量结果和真值之间总会存在差异，这种差异称为测量误差。依据实验原理制订实验方案，按照实验目的选择实验仪器和设备，确定实验方法和步骤以及对测得的实验数据进行合理的分析和处理，都需要误差分析和数据处理方法的基本知识。本章将对力学实验中经常用到的误差分析和实验数据处理的基本知识进行介绍。

2.2 误差分析中的基本概念

2.2.1 测量的分类

在进行科学实验时，除了观察实验过程中所呈现出来的实验现象，还要深入分析问题的本质，找出问题的内在联系，即找出描述问题的物理量之间的数量关系。因此，必须对表征问题本质的一些相关物理量进行测量，获取实验数据。然后，根据所获得的数据，进行分析、归纳、推理，从而找出规律，得到结论。对物理量进行测量，是科学实验过程中一个不可或缺的环节。

所谓测量，就是根据相关理论，用专门的仪器或设备，通过实验和必要的数据处理，获得被测量量值的过程。测量的本质就是为获得被测量的量值而进行的实验过程。当然，这个实验过程可能是极为复杂的物理实验，如地球至月球距离的测定；也可能是一个很简单的操作，如测量杆轴的长度或直径等。对同一被测量，可能有多种不同的测量方法，需要做出选择，选择正确与否直接关系到测量工作是否能正常进行，以及能否符合规定的技术要求。因此，必须根据不同的测量任务要求，找出切实可行的测量方法，然后根据测量方法选择合适的测量工具，进行实际测量。如果测量方法不合适，即使有高级精密的测量仪器或设备，也不能得到理想的测量结果。

可根据以下不同的分类方法对测量进行分类。

(1)根据测量时工件被测表面与测量器具是否有机械接触可分为接触测量和非接触测量

① 接触测量：是指测量器具的测头与工件被测表面有机械接触。例如，用卡尺测量轴直径。

② 非接触测量：是指测量器具的测头与被测工件表面无机械接触。例如，用红外测温仪测量构件表面温度。

接触测量对被测表面上的油污、灰尘等不敏感，但由于测量力的存在，会引起被测表面和测量器具的变形，因而影响测量精度。非接触测量则与其相反。

(2)根据测量时是否与标准件进行比较可分为绝对测量和相对测量

① 绝对测量：是指测量时，被测量的绝对数值由计量器具的显示系统直接读出。

② 相对测量：亦即比较测量，测量时先用标准件调整计量器具零位，再由标尺读出被测量相对于标准件的偏差，被测量的数值等于此偏差与标准件量值之和。一般来说，相对测量法比绝对测量法精度高。

(3)根据是否直接测量出被测量可分为直接测量和间接测量

① 直接测量：是指将待确定的物理量与一个具有相同性质的标准物理量进行比较，确定待确定量是标准物理量的多少倍，从而获得待确定量的数量。该数量的大小随着标准物理量的不同而不同。通常，称标准物理量为待确定物理量的单位。例如，用压力表测量压力，用卡尺测量轴的直径等。

② 间接测量：若待确定的物理量不能直接用标准物理量去度量，但它与某些可以直接测量的物理量之间存在着确定的函数关系，于是可以先测量出那些能够直接测定的物理量，借助于其间的函数关系，求出待确定物理量。

此外，根据测量次数，测量方法还可以分为单次测量和多次测量；根据测量时被测工件所处的运动状态，测量方法可以分为静态测量和动态测量；根据测量过程的特征，测量方法还可分为等精度测量和非等精度测量等。在实际测量时，某个物理量的测量不是仅仅按其中一种分类方法来分，而是以上各种分类的综合。

2.2.2 测量误差及其分类

2.2.2.1 控制测量误差的重要性

测量不仅在科学研究领域，而且在国民经济、国防建设和社会生活中都起着越来越大的作用。它对科研、生产和国际技术交流等相关领域的影响极大。

为了能选择适当的实验方法使测量结果有预期的可靠性并分析测量结果的可靠程度，需要对误差进行分析，因此必须具备误差理论知识；为了把得到的数据进行归纳整理，去伪存真，去粗取精，从而得出表征被测量之间的函数关系，还必须掌握数据处理技术。当测量误差超过一定的限度时，测量工作和结果不但毫无意义，甚至会带来极大的危害。例如矿井中瓦斯浓度的监测问题，4％～16％的瓦斯浓度会引起爆炸，爆炸最猛烈的浓度为 9％。安全操作规程规定，当浓度达到 1％时监测系统报警，不允许作业。如果监测系统工作不正常就可能会酿成矿难事故。

2.2.2.2 测量误差的基本概念

真值：待确定量客观存在的真实值，即与给定的待确定量定义一致的值，真值一般是不确定的。如果一个待确定量是由理论给出或计量学作出规定的，例如：三角形内角之和为 180°，就是真值。而必须通过实验方法测量的量，其真值是无法得到的。只能设法控制测量误差，逼近真值，不可能得到待测量的真值。

约定真值：对于给定的具有适当不确定度的，赋予待确定量的值，有时该值是约定采用的。通常用某量的多次测量值来确定约定真值。

理论值和误差：用理论公式计算得到的值及其误差。它们不属于实验课程的内容。

实验值：也叫测量值，是用实验的方法对待确定量进行测量所得到的值。显然，实验值存在的误差叫实验误差或测量误差，是实验课程所要讨论的内容。

2.2.2.3 测量误差及其分类

通过实验手段测量某一物理量时，由于各种因素的影响，不可能测得该量的真值，而只能得到该被测量的一系列测量值。

测量值与真值的差值称为测量误差，简称为误差。这里实际上采用的就是约定真值。在同一条件下对某物理量进行了 n 次测量，设第 i 次测量得到的测量值为 M_i，被测物理量的真值为 A，则第 i 次测量的测量误差 δ_i 为

$$\delta_i = M_i - A \ (i = 1,2,\cdots,n) \tag{2-1}$$

由于真值无法确切地知道，误差也不能准确地知道。实际上误差只能用于已知约定真值。误差与测量值有关，误差也只能通过测量得到。在实际测量中，无论所选取的标准物理量显示仪表的刻度多么精细或其数模转换之间的比例关系取得多么精确，被测物理量总是不可避免地处在某相邻的两个最小读数之间，这样被测物理量就因读数而存在误差。除此之外，在测量过程中，或因外界条件的变化，如温度、湿度、振动等原因，或因其他偶然因素的影响，被测物理量的数量也就不等于该量的真实大小。误差是测量值与真值之差，它是一个差值而不是区间，显然误差是可正可负的。随着科学技术的快速发展，测试仪器、设备的更新换代，测试人员素质的提高以及测试环境的改善，误差或误差影响会不断减少，测试准确度会不断提高，但误差不会完全消失。

按误差性质的不同，测量误差分为三类，即系统误差、随机误差和粗大误差。

(1)系统误差

系统误差简称系差，又称恒定误差，是由某些固定不变的因素引起的，当测量条件不变时，对测量值的影响总是有同一偏向和相近的大小。当测量条件改变时，系统误差按照确定性的规律变化，是能够而且应该消除的。按照在多次测量中误差变化的特点，系统误差又可分为定值系统误差和变值系统误差两类。固定不变的误差称为定值系统误差；按照确定性规律变化的误差称为变值系统误差。

系统误差产生的原因及其变化规律一般能够通过分析或通过实验的方法来进行确定。因此，针对产生误差的原因，通过在测量过程中采取相应的措施或在测量后对测量值进行一定的修正计算，可以做到消除或减少系统误差。例如用偏重的砝码去量取质量，得到的测量值总是偏小的。应该注意，这类误差能够并且应该消除掉；在相同的测量条件下，增加测量次数并不能减小系统误差。

系统误差的表现特征是，在同一测量条件下，各次测量得到的数值非常接近，但与真值相比存在误差。其特点是在整个测量过程中始终有规律地存在，其大小和符号都按某一规律改变。

系统误差的来源主要有以下几个方面：

① 仪器调整误差：测量人员没有调整好仪器所带来的误差。例如，测量前未将仪器安装在正确位置上，仪器未校准或使用零点调整不准确的仪器等。

② 实验条件误差：测量条件变化所造成的误差。例如，实验过程中仪器的工作条件(温度、湿度、气压等)不同于校准条件等。

③ 实验方法误差：所采用的测量方法或数学处理方法不完善而产生的误差。例如采用简化的测量方法或近似计算方法以及对某些经常作用的外界条件影响的忽略等，导致测量结果偏高或偏低。

④ 主观原因误差：测量人员的一些主观因素所造成的误差。例如测量人员个人技术的不完善或其读数时的习惯性偏向，导致误差有固定偏向和一定规律，可根据具体原因采取适当措

施予以校正和消除。

(2) 随机误差

随机误差由许多未能掌握或无法预测、无法控制的多种随机因素引起,误差时大、时小、时正、时负,没有固定的大小和偏向。当测量条件不变时对同一物理量进行多次测量,测量值总是不完全相同,误差的大小与正负以无法预测的规律变化,这种误差称为随机误差。随机误差没有确定性的规律,既不能在测量中消除,也不能在测量后修正,只能通过分析,正确地估计它对测量的影响。虽然单次测量时随机误差的出现没有确定性的规律,但是经过多次重复测量,随机误差服从统计规律。研究随机误差,运用概率统计的方法,正确确定误差的合理分布范围是误差分析的主要任务。随机误差通过多次测定,借助于误差理论对测定值进行数学处理,可以将误差消除或降低到最小限度。

随机误差在有些场合又被称为偶然误差。由于随机误差存在于每一次测量中,并非偶然出现,因此偶然误差的名称不够科学。

随机误差主要来源于以下几个方面:

① 判断误差或视差:是指估计仪器的最小分度的分数不准而引起的误差。

② 条件变化:主要指测定过程中客观条件的变化,例如温度、湿度、电压等因素的变化。

③ 干扰:主要指外界对测试仪器产生的干扰。

④ 其他偶然因素对测量的影响。

(3)粗大误差

粗大误差简称粗差,也称过失误差,是显然与事实不符的误差,误差值可能很大,没有一定的规律,主要是仪器故障、环境意外变化、操作不当或计算失当等原因引起的,是不允许存在的误差,例如读错刻度,记录或计算差错等。如果测量值中含有较大误差,应按一定的准则对数据进行判断;经过检查和判断,如确定在数据中含有粗差,则应将此数据从测量值中剔除,不能单凭感觉来简单地判断粗大误差。

误差的分类并不是绝对的。未掌握变化规律或过于复杂的系统误差常按随机误差对待,已弄清规律的随机误差也可按系统误差处理。系统误差和随机误差总是同时存在的,应分析并找出误差产生的主要原因,以便采取有效措施。而大小和方向都能够确定的系统误差也是较少的,大量误差都按随机误差进行处理。因此,误差分析的重点是研究随机误差的规律性。

2.2.3 误差的表示方法

(1)算术平均值与偏差(剩余误差)

测量值的算术平均值 M_a 为

$$M_a = \frac{1}{n}\left(\sum_{i=1}^{n} M_i\right) \tag{2-2}$$

式中,M_i 表示第 i 次测量值,n 是测量次数,当 $n \to \infty$ 时,$M_a \to$ 真值 A 。

测量值 M_i 与算术平均值 M_a 的差称为偏差,又称为残差或剩余误差,偏差 v_i 用下式表示:

$$v_i = M_i - M_a \tag{2-3}$$

偏差 v_i 与测量误差 δ_i 具有相同的统计特性。测量误差 δ_i 是由真值计算得到的,所以实际上是未知的。而偏差是可以计算得到的,所以,在误差分析中通常根据测量值的偏差来进行各种运算。

对所有的 n 次重复测量，由式(2-3)求和可得

$$\sum_{i=1}^{n} v_i = \sum_{i=1}^{n} M_i - nM_a$$

由式(2-2)可得 $\sum_{i=1}^{n} M_i = nM_a$，所以

$$\sum_{i=1}^{n} v_i = 0 \tag{2-4}$$

这是偏差的一个重要性质，即在多次重复测量时，其各次测量的偏差总和为零。

利用最小二乘法原理可以确定一组测量值中的最佳值，它能使各测量值误差的平方和为最小，而最佳值正好是算术平均值。算术平均值是评估随机误差的重要指标之一。

(2)绝对误差与极限误差

设测量值为 M，真值为 A，则测量绝对误差 δ 为

$$\delta = M - A$$

通常，被测物理量的真值往往是未知的，因此，对于被测物理量的测量值来说，其绝对误差 δ 亦是未知的。在实际测量中，δ 是根据测定的具体情况进行估计的，若对被测物理量进行了多次测量，每次测得的测量值 M_i 不一定相同，相应的绝对误差 δ 也不尽相同。为了保证测量值在实际应用中偏于安全，定义用来规定各次测量误差实际上不超过某个范围的界限值，即绝对误差 δ 的最大绝对值为极限误差 δ_j，亦即

$$\delta_j = |\delta|_{\max} = |M - A|_{\max} \tag{2-5}$$

δ_j 的值应根据误差的分布规律及测量要求来确定。一般取 $\delta_j = 3\sigma$(σ 为标准误差)。

(3)相对误差

定义绝对误差 δ 与真值 A 之比为相对误差 ρ，即

$$\rho = \frac{\delta}{A} \times 100\% \tag{2-6}$$

由于真值 A 往往是未知数，为了计算方便，将 A 换成测量值 M，于是相对误差为

$$\rho = \frac{\delta}{M} \times 100\% \tag{2-7}$$

在计算算术平均值的相对误差时，式(2-7)中的分母应取为测量值的算术平均值。

显然，相对误差比绝对误差更直接地表明了测量的精确程度。例如：一次测量值为 10 cm，绝对误差 2 mm；另一次测量值为 1 m，绝对误差 7 mm。第一次的相对误差 2%，第二次的相对误差 0.7%，显然第二次的误差更小。

将式(2-7)代入式(2-1)中得

$$A = M(1 - \rho) \tag{2-8}$$

由式(2-8)可知，相对误差愈小，则测定值愈接近真值。

(4)平均误差

平均误差为各次测量误差绝对值的算术平均值。由于在计算平均误差时，绝对值大的误差与绝对值小的误差被同样对待，它不能正确反映测量值重复性的优劣。如一组测量值误差的大小不等，而另一组测量值误差基本相同，但它们的平均误差有可能是相同的。

(5)标准误差

测量误差 $\delta_i = M_i - A$，则标准误差

$$\sigma = \sqrt{\frac{\sum_{i=1}^{n}\delta_i^2}{n}} \tag{2-9}$$

标准误差是各测量误差平方和的平均值的平方根，又称均方根误差。由于用 δ_i^2 即测量误差的平方和来取平均值，不会使正负的误差相抵消，以致不能判断离散程度；同时，平方后大误差占的比例更大，因此它对较大误差反应比较敏感，是表示测量精密度的一种非常好的方法。

(6)单次测量的标准误差——贝塞尔公式

当测量次数无限多时，算术平均值 M_a 即为真值 A，但当测量次数有限时，算术平均值 M_a 只是近似真值。由于真值未知，无法计算 δ_i，也就无法计算得到 σ，因此必须有另外的计算公式。

设测量值偏差为 $v_i = M_i - M_a$，它与误差 $\delta_i = M_i - A$ 不等，根据随机误差的对称性，测量中正负误差出现的概率相等，经分析可得

$$\sum_{i=1}^{n} v_i^2 = \frac{n-1}{n}\sum_{i=1}^{n}\delta_i^2 \tag{2-10}$$

由式(2-10)可见，单次测量中由算术平均值计算的偏差平方和永远小于由真值计算的误差平方和，由此得出单次测量时标准误差计算公式，即

$$\sigma = \sqrt{\frac{\sum_{i=1}^{n}\delta_i^2}{n}} = \sqrt{\frac{\sum_{i=1}^{n}v_i^2}{n-1}} = \sqrt{\frac{\sum_{i=1}^{n}(M_i - M_a)^2}{n-1}} \tag{2-11}$$

这就是由偏差来计算标准误差的贝塞尔公式，是误差分析中非常重要的计算公式。

需要指出的是，标准误差 σ 并不是一个具体的误差，σ 的大小只说明在一定条件下等精密度测量结果中随机误差出现的概率分布情况。在该条件下任何单次测量结果的误差都未必等于 σ，但这一系列测量都具有同样一个标准误差。标准误差是误差理论中最重要的表示方法。

(7)概率误差

在一定测试条件下，当测量次数 n 无限增加时，在真值误差列中，若比某真值误差绝对值大的误差和比它小的误差出现的概率相等，则称该真值误差为或然误差或概率误差。

在测量次数有限时，概率误差计算公式如下：

$$\gamma = 0.6745\sqrt{\frac{\sum_{i=1}^{n}(M_i - M_a)^2}{n-1}} \tag{2-12}$$

实际上，多次测量时，数值位于中间的那个误差值就可以看作概率误差。如果将真值误差列按绝对值从大到小排序，当为奇数时，居中的真值误差就是概率误差；当为偶数时，居中的两个真值误差的平均值为概率误差。

2.2.4 测量精度

通常所说的测量精度是指测量结果与真值的接近程度。为了评价测量的精度，常常使用几个含义不同的概念，如准确度、精密度、精确度等。

准确度是对测试结果正确性的度量，指多次测量数据的平均值与真值接近的程度，它反映的是测量过程中系统误差的大小。准确度的高低通常用系统误差的数值来表征，如果系统误

差小，就表示测量的准确度高。准确度并不反映多次测量数据的集中程度。

精密度是对测量数据集中程度的度量，指同一条件下多次测量所得数值之间相互接近的程度或集中的程度，即重复性。它反映的是测量过程中随机误差的大小。精密度高说明测试结果比较集中，它并不反映测量数据与真值之间的关系。

精确度是对测量数据集中程度和测量结果与真值偏离程度的度量，是精密度与准确度的综合反映。精确度高说明测量数据比较集中，并且集中于真值的周围，即精密度和准确度都较高，此种情况说明测试结果的随机误差和系统误差都比较小。从词义上来说，精确是既精密又准确，通常所说的精度应理解为精确度。

图 2-1 所示的靶图形象地表示了三种精度之间的关系。图 2-1(a)表示测量值精密度和准确度都高，即精确度高；图 2-1(b)表示测量值精密度低，准确度高；图 2-1(c)表示测量值精密度高，准确度低；图 2-1(d)表示测量值精密度低，准确度亦低。

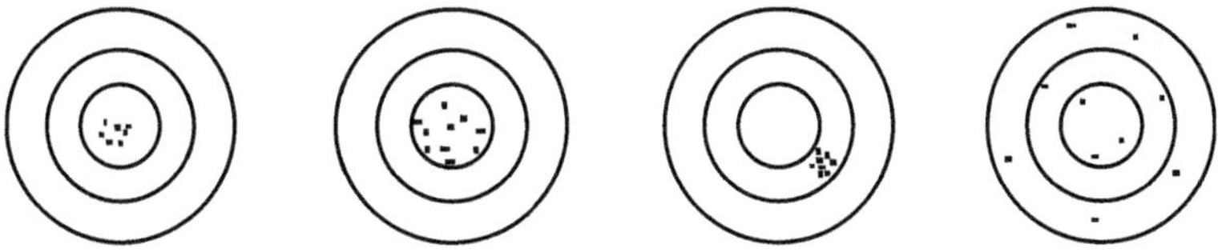

(a) (b) (c) (d)

图 2-1 三种精度之间的关系

2.3 有效数字及其运算法则

2.3.1 有效数字的概念

2.3.1.1 有效数字

实验测定的最终结果是以若干位数字和相应的单位表示的。在测量数据计算中，确定用几位数字代表测量结果十分重要，测量结果的位数应该正确反映所用仪器和测量方法可能达到的精确度，位数取得过多，超过测量可能的精确度是没有意义的，反而无谓地增加了计算工作量；相反，位数取得过少，低于测量能达到的精确度也是错误的。

任何一个物理量，其测量结果必然存在误差。于是在表示测量值的数字中也应该有误差的反映，这种反映一般用有效数字去体现。所谓有效数字，即有意义的数字或可以信赖的数字。通常把正确测量条件下经过直接或间接测量得到的数字称为有效数字，而把有效数字最末一个数字称为欠准数字或可疑数字，误差即包含在欠准数字中。例如，3.68 的有效数字是三位，3.6 是可靠数字，尾位“8”是可疑数字，这一位数字虽然是可疑的，但是它在一定程度上反映了客观实际，因此它也是有效的。

2.3.1.2 确定测量结果有效数字的基本方法

(1)仪器的正确测读

仪器正确测读的原则：读出有效数字中可靠数部分是由被测量的大小与所用仪器的最小分度来决定的。可疑数字由介于两个最小分度之间的数值进行估读，估读取数一位(这一位是有误差的)。即对于直读式仪器仪表，最小刻度的一位小数为有效数字，例如 300 kN 液压式万能材料试验机，读数刻度盘的量程为 300 kN，每小格代表 1 kN，采用 kN 为单位读数时，有效数字的末位为小数点后一位。如用分度值为 1 mm 的米尺测量某一物体的长度，此时物体长度的测量值记为 $L=43.67$ cm。其中，43.6 是可靠数，尾数“7”是可疑数，有效数字为四位。

(2) 对于标明误差的仪器，应根据仪器的最大绝对误差来确定测量值中可疑数的位置

例如，一级电压表的最大指示误差 $\Delta V=\frac{1}{100}\times V_m$，$V_m$ 为最大量程，若 $V_m=15$ V，则 $\Delta V=\frac{1}{100}\times 15\ \text{V}=0.15$ V。所以用该电压表测量时，其电压值只需读到小数点后第一位。如某测量值为 12.3 V，若读出 12.32 V，则尾数“2”无意义，因为它前面一位“3”本身就是可疑数字。

(3) 测量结果的有效数字由误差确定

不论是直接测量还是间接测量，其结果的误差一般只取一位。测量结果有效数字的最后一位与误差所在的一位对齐。如 $L=(83.87\pm0.02)$ cm 是正确的，而 $L=(83.868\pm0.02)$ cm 和 $L=(83.9\pm0.02)$ cm 都是错误的。

2.3.1.3 关于“0”的问题

数字 0 可以是有效数字，也可以不是。有效数字的位数与十进制的单位变换无关。末位“0”和数字中间的“0”均属于有效数字。例如长度为 0.00450 m，前 3 个 0 均非有效数字，因为这些 0 只与所取单位有关，而与测量精确度无关，如用 mm 为单位，则变成 4.50 mm，前 3 个 0 消失，后 1 个 0 是有效数字，有效位数三位，后一个 0 如丢掉，则有效位数变成两位，数值的精确度就降低了。

2.3.1.4 数值表示的标准形式

数值表示的标准形式是用 10 的方幂来表示其数量级。前面的数字是测得的有效数字，并只保留一位数在小数点的前面。如 3.3×10^5 m、8.25×10^{-3} kg 等。

应注意，实际测定中，记录测定数据时，确定有效数字的位数应该以测定条件所估计的误差值作依据，不能随意乱取。不顾误差数值而盲目地多取有效数字是徒劳无益的，并且所得到的测定值的精确度也是虚假的。必须遵守的原则：有效数字的选取应与测量误差相和谐。

2.3.2 有效数字尾数的舍入规则

凡末位有效数字后的第一位数字大于 5，或等于 5 且 5 后面还有其他非 0 数字时，则在末位上增加 1，例如：32.761，若 7 为末位，则应取为 32.8；32.751，若 7 为末位，则也应取为 32.8。

凡末位有效数字后的第一位数字小于 5，则舍去不计，例：2.749，若 7 为末位，则应取为 2.7。

凡末位有效数字后的第一位数字等于 5 且 5 后无数字或者皆为 0 时，末位数为奇数则增加 1，为偶数或 0 则舍去不计，例：5.7850，若 8 为末位，则应取为 5.78；6.5750，若 7 为末位，则应取为 6.58。

2.3.3 有效数字的运算规则

在有效数字的运算过程中，为了不致因运算而引进误差或损失有效数字，影响测量结果的精确度，并尽可能地简化运算过程，规定有效数字运算规则如下：

(1)有效数字的加减

例如 43.7+8.424 应写成 43.7+8.4=52.1 而不应算成 52.124，在这个结果中，52 以后的 0.124 三位均是可疑数字，它的后两位没有保留的必要；同样，51.68−4.3 应写成 51.7−4.3=47.4。

在上面两例中，按数值的大小对齐后相加或相减，并以其中可疑位数最靠前的为基准，即各数所保留的小数点后的位数应与各数中小数点后位数最小的相同，先进行取舍，取齐各数的可疑位数，然后加、减，则运算简便，结果相同。例如 12.58+0.0081+4.546 应写成 12.58+0.01+4.55=17.14，而不应算成 17.1341。

(2)有效数字的乘除

在乘、除运算中，各测量值保留的位数应以其中相对误差最大者或有效位数最少者为标准，其余各数舍入至有效数字位数比有效数字位数最少者多一位。乘、除运算最后结果的有效数字位数应与运算前诸量中有效数字位数最少的一个相同，而与小数点的位置无关，例如 $\frac{605.32\times 0.64}{4.065}=\frac{605\times 0.64}{4.06}=95.4\approx 95$。

(3)有效数字的乘方和开方

有效数字在乘方和开方时，运算结果的有效数字位数与其底的有效数字的位数相同；例如，12.5^2 结果应写成 156，而不应算成 156.25。

(4)对数函数、指数函数和三角函数的有效数字

对数函数运算后，结果中尾数的有效数字位数与真数有效数字位数相同。指数函数运算后，结果中有效数字的位数与指数小数点后的有效数字位数相同。三角函数的有效数字位数与角度有效数字的位数相同。

2.4　误差分析的理论基础

2.4.1　随机误差基本方程

由误差的定义知，一个测量值，相应地就有一个误差。因为对应于这个测定值的真值总是客观存在的。因此在一组测量值中，某一测量值出现的频率，也就是与之相对应的误差的出现频率。所以一组测量值的分布曲线也就是该组测定值所对应的误差的分布曲线。于是测量值所具有的统计规律，也就是误差具有的规律。如前所述，随机误差是许多未能掌握或无法预测、无法控制的因素所引起的，因此在消除了系统误差和粗大误差后，对同一量进行多次等精密度的重复测量，所得各测量值仍含有误差，余下的误差便是随机误差。随机误差就每次测量值而言是无规律的，一般不能消除。然而，就误差的总体而言，却具有确定的统计规律性。

实验表明，大量的随机误差服从正态分布规律。1795 年 J. 高斯(Johann Carl Friedrich Gauss)给出了正态分布的概率密度函数的数学表达式

$$f(x)=\frac{1}{\sqrt{2\pi}\sigma}e^{-x^2/(2\sigma^2)} \tag{2-13}$$

或

$$f(x)=\frac{h}{\sqrt{\pi}}e^{-h^2x^2} \tag{2-14}$$

式中，$f(x)$为概率密度（又称为分布密度），σ 为随机误差的标准误差，h 称为精密度指数，$h=\frac{1}{\sqrt{2}\sigma}$。

大量实验表明，符合正态分布的随机误差具有以下特性：

(1)有界性　在一定条件下，对有限值的测量，误差的绝对值不超过一定的界限。

(2)对称性　绝对值相等或相近的正、负误差，出现的概率相等。

(3)单峰性　绝对值小的误差出现的概率比绝对值大的误差出现的概率大。

(4)抵偿性　在同一条件下对同一量进行多次测量，当测量次数无限增加时，测量误差的算术平均值趋近于零。

显然，概率密度函数表达式(2-14)所确定的数学性质，与上述特性完全符合。

以随机误差 x 为横坐标，以其概率密度函数 $f(x)$为纵坐标，根据式(2-14)作出曲线如图 2-2 所示。由图 2-2 可见，h 越大，曲线的中部 $f(x=0)$升得越高；h 越小，曲线变得越平坦。由于误差曲线下面总面积，亦即总概率为 1，曲线越高、越陡，则意味着误差处在小值范围的概率大，因此，测量精度高。h 反映了测量的精密度大小，σ 决定误差曲线幅度大小，并表示曲线的转折点。

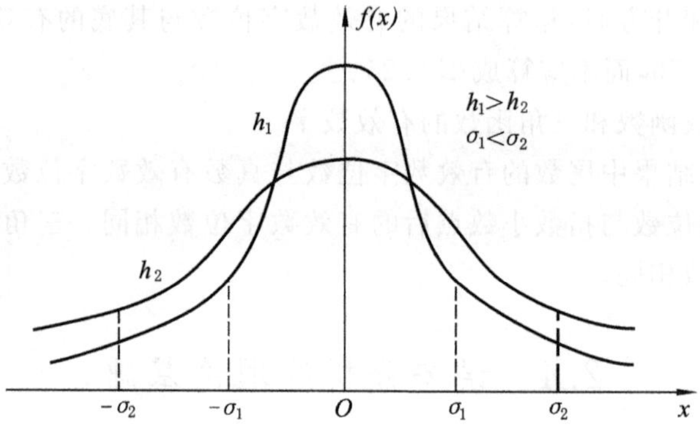

图 2-2　不同精密度测量的概率分布曲线

由图 2-2 可见，标准误差 σ 较小，正态曲线很陡，表明数值较小的随机误差出现的次数较多，测试数据分散性较小，精密度较高；反之，标准误差 σ 较大，正态曲线平缓，表明数值较大的随机误差出现的次数较多，测试数据分散性大，精密度较低。对于高斯误差分布，在标准误差 $\pm\sigma$ 区间内的概率总和为 68.3%，而在 $\pm 2\sigma$ 区间内的概率总和为 95%，在$\pm 3\sigma$ 区间内的概率总和为 99.7%，可认为在有限测量次数中某一测量值出现概率为 0.30%，已属极小，故超出$\pm 3\sigma$的误差可认为不属于随机误差而是过失误差，因此，通常把 3σ 定为极限误差。

随机误差的处理便是从它的统计规律出发的，按照其正态分布规律，求测量值的算术平均值以及用于描述误差分布的标准偏差。随机误差是不可消除的一个误差分量，对其进行分析处理的目的是为了得到测量值的精确程度。

2.4.2　粗大误差的判断准则

(1) 3σ 准则（莱依达准则）

3σ 准则是最常用、最简单的判断粗大误差的准则。此准则的依据：根据正态分布规律，偏差$|v_i|$落在$\pm 3\sigma$ 以外的概率仅为 0.3%，所以测量值中$|v_i|=|M_i-M_a|>3\sigma$ 的数据即认为含

有粗大误差，应该剔除。因为当 n 为有限时，只是估算值，所以它只是一个近似的准则。

(2)格拉布斯准则

设测量值按正态分布，算术平均值为 M_a，若 $\frac{|v_i|}{\sigma}=\frac{|M_i-M_a|}{\sigma}>T(n,\alpha)$，则测量值 M_i 中含有粗大误差，应当剔除；式中 σ 为按照贝塞尔公式计算所得的单次测量的标准误差；$T(n,\alpha)$ 为统计量 $T^*(n,\alpha)=\frac{|M_i-M_a|}{\sigma}$ 的临界值，应按照概率论计算，该临界值随着测量次数 n 及危险率 α 的大小而变化，如表 2-1 所示。

表 2-1　系数 $T(n,\alpha)$

α	n								
	3	4	5	6	7	8	9	10	15
5.0%	1.15	1.46	1.67	1.82	1.94	2.03	2.10	2.18	2.41
2.5%	1.15	1.48	1.71	1.89	2.02	2.13	2.21	2.29	2.55
1.0%	1.15	1.49	1.75	1.94	2.10	2.22	2.32	2.41	2.71

应用格拉布斯准则对数据作判断，就是对测量值序列进行假设检验。危险率值 α 本身是一个较小的数。如果危险率值 α 取得小，则剔除含粗大误差数据的可靠性高，即将正常数据作为含粗大误差的数据而剔除的可能性较低。但若 α 值取得过小，则有可能将应该剔除的含粗大误差的数据保留下来。因此，α 值的正确选取应根据具体情况而定，通常取 $\alpha=1.0\%$ 或 5.0%。

计算与分析表明，格拉布斯准则要比莱依达准则更符合实际。应该注意的是，在剔除含有粗大误差的测量数据时，按照准则，每次只应剔除数据中 $|v_i|$ 最大的一个。剔除之后，n 值要相应地减去 1，标准误差 σ 也应该重新计算。如果需要再次进行检验，则应重复以上步骤，直至确认在数据中不含粗大误差为止。

2.4.3　系统误差的发现与消除

一般来说，测量中总是同时存在着随机误差、系统误差与粗大误差。其中随机误差大多数服从正态分布规律，可以按概率统计理论方法进行处理；粗大误差明显违反正态分布规律，可以利用统计检验的方法将其剔除；系统误差则不同，它的出现有其规律性，但统计方法对系统误差不适用。

系统误差是可以而且应该设法从测量结果中消除的。对系统误差的分析和处理通常是从实际出发，针对具体的测量条件，采用一定的技术措施，发现系统误差并掌握它的分布规律，采取适当的措施来消除或减小系统误差。

2.4.3.1　系统误差的发现方法

在测量值中若有较大的系统误差未被发现并消除，则会严重影响测量结果的准确度。测量过程中的系统误差可分为恒定系统误差和变值系统误差，具有不同的特性。

(1)改变产生误差的条件发现恒定系统误差

恒定系统误差对每一测量值的影响均为相同常量，对误差分布范围的大小没有影响，但使算术平均值产生偏移。通过改变某种实验条件，对测量数据的观察分析，可较容易地把这一误差分量分离出来并做修正。例如,若在某种条件下所得的测量值基本上偏大,而当此条件改变之后,这些测量值又基本上偏小,则可认为在测量数据中含有恒定系统误差,而且所改变的条件就是产生系统误差的原因。在电阻应变计电测实验中,静态电阻应变仪的刻度误差、动态电阻应变仪的标定误差,以及各种开关、旋钮、接线柱的接触电阻所引起的误差等,都属于恒定系统误差。恒定系统误差只有在其产生的条件发生改变时才能被发现。否则,无论进行多少次测量,无论对测量数据怎样分析或计算都是无济于事的。

(2)观察测量值偏差的变化情况发现变值系统误差

变值系统误差的大小和方向随测试时刻或测量值的大小不同等因素按确定的函数规律而变化。观察测量值偏差的变化情况能够发现变值系统误差。这适用于变值系统误差明显大于随机误差的情况。检查的方法为:固定其他测量条件不变,而使某一测量条件(温度、时间等)有规律地变化,记录测量值,求 M_a 和 v_i,按测量时间顺序,或按测量值大小将测量值的偏差 v_i 排序,观察序列中 v_i 的变化规律就可以了解系统误差随测量条件的变化情况,发现不同类型的变值系统误差。

① 如果偏差 v_i 有规则地增大或减小,并且符合线性关系,则可以认为在测量数据中含有累进性系统误差(又叫线性系统误差,其大小在序列中按比例变化)。

② 如果偏差 v_i 周期性地变化,则可以认为在测量数据中含有周期性系统误差。

2.4.3.2 系统误差的减小和消除

测量前尽量消除产生系统误差的来源,如仪器本身存在误差,仪器安装不当,测量方法或原理存在缺陷,假设的条件不满足,测量的环境变化或测量者主观原因等都会造成系统误差,在测量前应予以消除。

(1)测量前消除系统误差

消除系统误差常用的方法有以下几种:

① 仪器校准　定期用高一级精度的仪器校准低一级精度的仪器,可以减小仪器不准带来的系统误差。

② 注意环境　如恒温、散热、隔振、电磁屏蔽等环境因素对测量有影响,应做到环境符合仪器及测量条件的要求。

③ 改进设备。

(2)测量过程中减小或消除系统误差

常用的方法有以下三种:

① 对称法

对称法就是利用对称性进行实验来消除系统误差。例如:做拉伸实验时,常在拉伸试件两侧对称位置上同时粘贴电阻应变片来测量其应变,把测得的两个数据取平均值,这样就消除了加载偏心引起的系统误差。

② 补偿法

补偿法是指采取补偿的措施消除环境因素引起的系统误差,如应变测量中的温度补偿片等。

③ 修正法

修正法是指用更精确的仪器对实验仪器进行校准以减小系统误差,或者利用经过分析计算给出的修正公式来修正实验数据,以消除系统误差。例如,电阻应变仪的灵敏系数应定期用标准应变模拟仪进行修正校准。在采用长导线进行电阻应变测量时,导线电阻不能忽略,它所引起的应变读数固定偏小，为系统误差。经分析，可用下面的公式进行修正，以消除系统误差。

$$\varepsilon = \varepsilon_d\left(1+\frac{R_L}{R}\right)$$

式中 ε——修正后的应变值；

ε_d——应变仪读数；

R——电阻应变计电阻值；

R_L——长导线电阻值。

2.5 间接测量中的误差分析

实践中由于条件的限制或由于测量精度的要求，会遇到一些难以直接测量的物理量。如果已知该量与另外的几个物理量存在确定的函数关系，并可对这几个物理量进行高精度的直接测量时，那么可以根据直接测量得到的结果，通过已知的函数关系来计算未知量，这种方法称为间接测量。例如，力学实验中测定弹性模量 E 时，首先须测量横截面面积 A，长度 L，载荷 P 及变形 ΔL，然后根据胡克定律计算 E 值，即

$$E=\frac{PL}{A\Delta L}$$

式中每一测量物理量都各有其自身误差，由此必然导致函数 E 产生误差。现在需要解决的问题就是根据各直接测量物理量的误差来分析确定函数(间接测量)的误差。间接测量的误差，又称为函数误差。本节介绍如何计算间接测量中的误差问题。

2.5.1 误差传递的基本公式

设 y 为间接被测量，$u_1,u_2,\cdots,u_p$ 为各直接被测量，其函数关系为

$$y=f(u_1,u_2,\cdots,u_p)$$

直接被测量的误差如果用自变量的微分 $\mathrm{d}u_k(k=1,2,\cdots,p)$ 来表示，则函数的全微分 $\mathrm{d}y$ 就表示间接被测量值误差，即函数误差。由微分关系可知

$$\mathrm{d}y=\frac{\partial f}{\partial u_1}\mathrm{d}u_1+\frac{\partial f}{\partial u_2}\mathrm{d}u_2+\cdots+\frac{\partial f}{\partial u_p}\mathrm{d}u_p=\sum_{k=1}^{p}C_k\mathrm{d}u_k \tag{2-15}$$

式中，$C_k=\dfrac{\partial f}{\partial u_k}(k=1,2,\cdots,p)$ 称为各直接被测量的误差传递系数。该式是误差传递的一般表达式。为了进行误差分析计算，需要建立各直接被测量的标准误差与间接被测量(函数)标准误差之间的关系式。

根据标准误差的定义，函数的标准误差 σ_y 为

$$\sigma_y=\sqrt{\frac{\sum\limits_{i=1}^{n}(\mathrm{d}y_i)^2}{n}}$$

式中 $\mathrm{d}y_i$——第 i 次测量所得的函数误差。

将误差传递公式(2-15)两边平方，再求和，消去非平方项可得[其中 $\mathrm{d}u_{ki}(k=1,2,\cdots,p)$ 为第 i 次测量所得的直接被测量的误差，假设各个 $\mathrm{d}u_{ki}$ 是互相独立的，并且服从正态分布的随机误差，具有对称性]

$$\sum_{i=1}^{n}(\mathrm{d}y_i)^2=\left(\frac{\partial f}{\partial u_1}\right)^2\sum_{i=1}^{n}\mathrm{d}u_{1i}^2+\left(\frac{\partial f}{\partial u_2}\right)^2\sum_{i=1}^{n}\mathrm{d}u_{2i}^2+\cdots+\left(\frac{\partial f}{\partial u_p}\right)^2\sum_{i=1}^{n}\mathrm{d}u_{pi}^2$$

两边同乘以$\frac{1}{n}$,即可得

$$\sigma_y^2=\left(\frac{\partial f}{\partial u_1}\right)^2\sigma_{u_1}^2+\left(\frac{\partial f}{\partial u_2}\right)^2\sigma_{u_2}^2+\cdots+\left(\frac{\partial f}{\partial u_p}\right)^2\sigma_{u_p}^2 \tag{2-16}$$

这就是当各直接被测量的随机误差彼此独立时用标准误差表达的误差传递公式。

2.5.2 间接被测量算术平均值的标准误差

设在一条件下进行了多次(n 次)重复测量,$\sigma_y^2=\left(\frac{\partial f}{\partial u_1}\right)^2\sigma_{u_1}^2+\left(\frac{\partial f}{\partial u_2}\right)^2\sigma_{u_2}^2+\cdots+\left(\frac{\partial f}{\partial u_p}\right)^2\sigma_{u_p}^2$ 给出的是间接被测量的单次测量值的标准误差公式。

各直接被测量的算术平均值的标准误差为

$$\sigma_{\bar{u}_k}=\frac{\sigma_{u_k}}{\sqrt{n}} \tag{2-17}$$

同样有

$$\sigma_{\bar{y}}=\frac{\sigma_y}{\sqrt{n}} \tag{2-18}$$

$\sigma_{\bar{y}}$ 为间接被测量的算术平均值的标准误差,σ_y 为单次间接被测量的标准误差。

由

$$\sigma_y^2=\left(\frac{\partial f}{\partial u_1}\right)^2\sigma_{u_1}^2+\left(\frac{\partial f}{\partial u_2}\right)^2\sigma_{u_2}^2+\cdots+\left(\frac{\partial f}{\partial u_p}\right)^2\sigma_{u_p}^2$$

两边乘以 $1/n$,得

$$\sigma_{\bar{y}}^2=\left(\frac{\partial f}{\partial u_1}\right)^2\sigma_{\bar{u}_1}^2+\left(\frac{\partial f}{\partial u_2}\right)^2\sigma_{\bar{u}_2}^2+\cdots+\left(\frac{\partial f}{\partial u_p}\right)^2\sigma_{\bar{u}_p}^2 \tag{2-19}$$

这就是间接测量算术平均值标准误差的传递公式,它在形式上与公式$\left[\sigma_y^2=\left(\frac{\partial f}{\partial u_1}\right)^2\sigma_{u_1}^2+\left(\frac{\partial f}{\partial u_2}\right)^2\sigma_{u_2}^2+\cdots+\left(\frac{\partial f}{\partial u_p}\right)^2\sigma_{u_p}^2\right]$完全相同。

2.5.3 间接被测量的相对误差

同理,可得到常用的函数相对误差的传递公式。

以二元函数为例,设函数 $V(x,y)$是要测量的对象,x 和 y 是可以直接测定的两个独立的物理量。如果 Δx 和 Δy 分别表示 x 和 y 对应的绝对误差,则由误差传递的一般公式可得函数的绝对误差 ΔV 为

$$\Delta V=\frac{\partial V}{\partial x}\Delta x+\frac{\partial V}{\partial y}\Delta y \tag{2-20}$$

于是函数 $V(x,y)$的相对误差为

$$\rho_V=\frac{\Delta V}{V}=\frac{x}{V}\frac{\partial V}{\partial x}\rho_x+\frac{y}{V}\frac{\partial V}{\partial y}\rho_y \tag{2-21}$$

式中,ρ_x 和 ρ_y 分别表示 x 和 y 的相对误差:

$$\rho_x=\frac{\Delta x}{x};\rho_y=\frac{\Delta y}{y} \tag{2-22}$$

在一般情况下，常遇到的是代数方程。由公式(2-21)可导出几种常用函数的相对误差公式。

(1)积的误差 $V=xy$

$$\rho_V=\rho_x+\rho_y \tag{2-23}$$

(2)商的误差 $V=\frac{x}{y}$

$$\rho_V=\rho_x+\rho_y \tag{2-24}$$

考虑最不利的情况，故将式(2-24)中的 ρ_x 和 ρ_y 取相同符号，以表示误差最大值。

(3)幂函数的误差 $V=x^n$

$$\rho_V=n\rho_x \tag{2-25}$$

例如，已知弹性模量函数为

$$E=\frac{PL}{A\Delta L}$$

由式(2-23)和式(2-24)可得 E 的相对误差 ρ_E，即

$$\rho_E=\rho_{PL}+\rho_{A\Delta L}=(\rho_P+\rho_L)+(\rho_A+\rho_{\Delta L}) \tag{2-26}$$

若试件为圆形截面，$A=\frac{1}{4}\pi d^2$，则由式(2-25)可知横截面面积 A 的误差 ρ_A 为直径 d 的误差 ρ_d 的两倍，即 $\rho_A=2\rho_d$。因此 E 的相对误差 ρ_E 还可写成

$$\rho_E=\rho_P+\rho_L+2\rho_d+\rho_{\Delta L} \tag{2-27}$$

在式(2-27)中，载荷、长度、直径和变形各相对误差均取最大绝对值。根据实际情况，可选取测量误差限度 $\rho_{\max}$ 或设备、仪器的最大误差作为各个相对误差，当已知 ρ_P、ρ_L、ρ_d、$\rho_{\Delta L}$ 时，即可由式(2-27)估算出 E 的最大相对误差。可以看到直径误差 ρ_d 影响较大，故应选用精度较高的测量工具测量试件的直径。

2.6 实验数据的表示方法

测量的目的往往是要得到某些相关物理量之间的关系，而实验数据恰恰反映了被测定的相关量之间存在的规律，这些规律一方面是探究理论的基础，而另一方面又可作为工程设计的依据。通过实验测定，最终得到的是众多相关量的数据。如何归纳、整理，以简明的形式把它们表示出来，是一项极其重要且复杂的工作。

实验数据的表示方法一般有列表法、作图法和函数法三种，它们各有优缺点，可根据需要和经验选择使用。

2.6.1 列表法

列表法是将一批实验数据中的自变量和函数的数值一一对应列出，数据分度是使自变量作等距顺序变化，对应列出函数的数值。这样的数据表应用方便且较准确，形式紧凑，一目了然，便于查阅和对比。列表法简单易行，数据便于参考比较，同一表格内可以同时表示几个变数的数值变化而不混乱，关系明确。因此，这种方法应用很普遍。

这种方法也存在着一定的缺点。第一，表格所列各相关量的数值只能是有限个，而不能给出所有的函数值；第二，从表格上不能清楚地看到相关量之间确切的关系，即不能看出自变量

变动时因变量的变动规律，只能大致估计出其间的趋势；第三，当表格中数值繁多时，实际应用并不方便。

列表法所采用的表格形式无固定格式，其具体形式由所表示的实验结果的内容而定。一般来说应注意以下几点：

(1)完整的列表应包括表头、序号、名称、项目、说明和数据来源等项。

(2)表格要有标题说明，说明要简明扼要。总之，表格要尽量做到自变量与因变量间关系明确，简洁，一目了然。

(3)变量如果是有量纲量，要在表头的该变量后标明单位，但在变量的测定值后不要标注单位。变量如能用符号表示，尽可能用符号表示。

(4)表格中自变量与因变量的一一对应关系，应按一定顺序表示出来，自变量一般选择为实验能直接测量的物理量，如温度、压力、时间等。自变量的间距应选择适当，通常取 1、2、5 或 10^n 倍为宜，间距过小，表格太烦琐，间距过大，使用时常需插值，会降低精度。

(5)数值在写入表格前，应按测量精度和有效数字的取舍原则取整齐，然后填入表格。书写时同一竖行的数值，其小数点应上下对齐，数值过大或过小时应采用科学计数法。如自变量无误差，则函数的位数取决于实验精度，两者的有效位数可以不相同。

列表也是图形表示和方程表示的基础。规范的原始数据表是得到正确实验结果的前提，也是实验者良好素养的体现。

2.6.2 作图法

作图法就是在选定的坐标系上，将实验数据描成曲线图，借以显示实验结果。这样作图所得的曲线，叫作实验曲线。此法在实验数据整理上最为重要和常用。它的优点是形式直观，便于比较，由实验曲线可以清楚地获得相关量之间的规律及一些重要特征，如极大、极小值，转折点和周期性，因变量随自变量变化的快慢特性等。实验曲线比较简明地保存了实验结果，应用也比较方便。如果图形描绘准确，还可以从曲线上直接求函数的微分或积分，而不必知道变量间的数学关系式，但这就要求作图者具有熟练的技巧和丰富的经验；否则，往往会因作图不正确而带来严重的误差，甚至会偏离实验所揭示的规律。

作图法通常有以下几个步骤：坐标系的选择，坐标的最小分度，按数据描点，画曲线，加注解说明。

(1)坐标系的选择　常用的坐标系有直角坐标系、对数坐标系、极坐标系等几种。坐标系的选择无一定规律可循，应根据需要选定，多为经验性的。选择坐标系的原则是使绘制出的几何曲线最为简单。而直线是图形中最简单易作、精度高、便于使用的，因此，应当用变量代换的方法使图形尽可能为直线（例如直角坐标系中的指数曲线，在对数坐标系里能够化为直线：$y=ax^b \rightarrow \lg y=\lg a+b\lg x \Rightarrow u=v+bw$）。

(2) 坐标的最小分度　分度的粗细应反映实验值的精度，坐标的最小分度应对应于被表示量的误差。分度过细，超过实验精度，会造成曲线的人为弯曲，具有虚假精度和读出无效数字；分度过粗又降低了实验精度，曲线过于平直。坐标分度值不一定从零开始，在一组数据中，自变量和因变量都有最大值和最小值，分度时可用小于最小值的某一整数为起点，大于最大值的某一整数作为终点，以使得图形位于图纸的中心位置，便于在图中找到读数。坐标的分度应使每一点在图上能迅速、方便地被找到。

(3)按数据描点　对于只看变化趋势的情况,则将数据点描在图上即可。对于作为准确实验工具用的曲线图,则要按一定规则描点,由于实验数据都有一定误差,画图时不能简单描点,而应用一个矩形(误差带)表示。矩形两边分别代表自变量和因变量的误差,中心代表算术平均值,真值应在此矩形内。用两倍标准误差作为误差的合理范围,这样所得曲线介于两虚线间的概率为95%。若同一图中表示几组不同数据,应用不同符号加以区别。

(4)画曲线　将数据点描绘于坐标上之后,应根据数据点作出连续、光滑的曲线。曲线应均匀、清晰;曲线应尽量与所有点相接近,但不必通过图上各点,尤其是两端点的任一点,一般认为两端点精度较差;曲线一般不应有不连续点或奇异点;尽量使曲线两侧的点数近于相等。

(5)加注解说明　图形作好后,在坐标轴上要标明它所代表的物理量,整个图形要有标题说明,说明要清晰、明确。

2.6.3 函数法

为了表示一批实验数据内在的联系,往往需用方程或经验公式表示。表示相关量的测定值间的函数关系式称为实验公式或经验公式,用经验公式表示实验结果既简单又能广泛地保存实验数据,也便于进行任意插值和微积分运算,同时还比较深刻地反映了物理现象的内在联系,揭示问题的本质,便于进一步研究、运算。

理想的经验公式既要求形式简单,所含任意常数不要太多,又要求它能够准确地代表各变量之间的关系,这两种要求常常是互相矛盾的,有时只能顾及必要的准确度而在形式上复杂些。

函数法或经验公式法总是在列表和作图的基础上进行的。一般来说,通常先进行数据处理,依据实验数据画出实验曲线,根据图形形状和经验以及解析几何原理,决定经验公式应有的形式,难以判断时就采用多项式;然后用多组实验数据去验证,若此形式不合适,则另立新的形式重新验证,直到满意为止。最简单的经验公式为直线式,因此,如有可能应使函数形式取为直线式。

选定了经验公式的类型后,就要根据测量值确定经验公式中的常数,最常用的方法有直线图解法和最小二乘法等。

对于直线的情形,用图解法比较方便。先将实验数据在直角坐标纸上描点,然后画一条直线使该直线尽可能接近每一点,这条直线的斜率即直线式 $y=kx+b$ 中的 k 值,而直线在 y 轴上的截距即 b 值。直线斜率由 Δy 和 Δx 的比值算出。

最小二乘法是求常数常用的方法。此方法假设自变量数值无误差,而因变量各数值有测量误差,最好的曲线能使各数据点同曲线的偏差的平方和为最小。

现以直线式为例说明最小二乘法确定常数的方法。

如图2-3所示,设有 n 组 x、y 值适合方程 $y=kx+b$,设 y'_i 代表 b 和 k 已知时根据 x_i 值计算的函数 y 值,即 $y'_i=kx_i+b, i=1,2,\cdots,n$。测量值 y_i 与直线的偏差为

$$d_i = y_i - y'_i = y_i - b - kx_i \tag{2-28}$$

设 $\sum_{i=1}^{n} d_i^2 = Q$,则 Q 最小的必要条件为

$$\frac{\partial Q}{\partial b} = 0,\text{且}\frac{\partial Q}{\partial k} = 0,\text{以及}\frac{\partial^2 Q}{\partial k^2} > 0 \tag{2-29}$$

由式(2-28)和式(2-29)化简可得

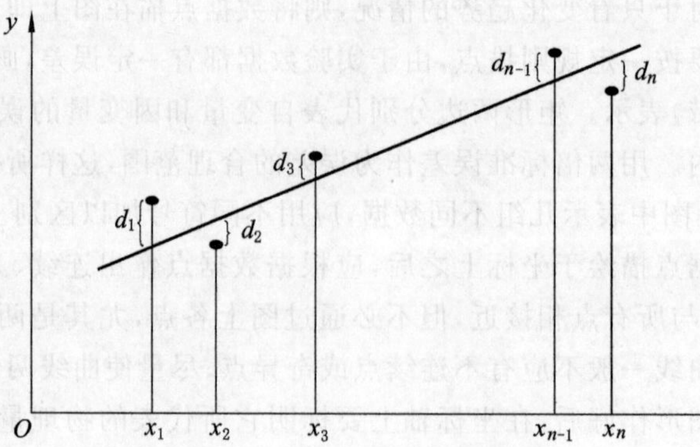

图 2-3　最小二乘法直线拟合

$$\sum_{i=1}^{n} y_i - nb - k\sum_{i=1}^{n} x_i = 0 \tag{2-30}$$

$$\sum_{i=1}^{n} x_i y_i - b\sum_{i=1}^{n} x_i - k\sum_{i=1}^{n} x_i^2 = 0 \tag{2-31}$$

由式(2-30)和式(2-31)联立求解得

$$b = \frac{\sum_{i=1}^{n} x_i y_i \sum_{i=1}^{n} x_i - \sum_{i=1}^{n} y_i \sum_{i=1}^{n} x_i^2}{(\sum_{i=1}^{n} x_i)^2 - n\sum_{i=1}^{n} x_i^2} \tag{2-32}$$

$$k = \frac{\sum_{i=1}^{n} x_i \sum_{i=1}^{n} y_i - n\sum_{i=1}^{n} x_i \sum_{i=1}^{n} y_i}{(\sum_{i=1}^{n} x_i)^2 - n\sum_{i=1}^{n} x_i^2} \tag{2-33}$$

若方程为二次曲线关系式，即 $y = a + bx + cx^2$，则也可用最小二乘法求 a、b、c 三个常数(参数 a、b、c 应满足$\frac{\partial Q}{\partial a_j}=0$)，只需解一个联立方程组，这时用计算机计算更为方便。

拓展阅读：实验数据造假的"舍恩事件"

J. 舍恩(Jan Hendrik Schön)1970 年生于德国，1997 年获康斯坦茨大学物理学博士学位，1998 年加入贝尔实验室，在 B. 巴特洛格(Bertram Batlogg)教授指导下做材料学研究，在 1998—2001 年的 4 年里，他与 20 多人合作在众多顶尖国际期刊上发表了超过 80 篇论文，在《自然》和《科学》上发表的第一作者署名的论文就有17 篇。

舍恩最出名的"成就"是于 2001 年 11 月发表的单分子场效应管，是分子半导体(Molecular circuit)的重大突破，突破了硅晶体管的尺寸限制，可延续摩尔定律，大幅缩小芯片体积并降低成本，意义巨大，意味着人类从硅时代走向分子时代，被《科学》杂志评为 2001 年十大科技进展第一位。随后，舍恩又在高温超导、有机激光和纳米科技领域取得突破进展，震动了整个科学界。2001 年，他获得了德国最重要的科学奖项之一——奥托·克隆-韦伯银行奖(Klung Wilhelmy Science Award)，由 1998 年诺贝尔物理奖得主 H. 施特默(Horst Ludwig Störmer)为其颁奖，当时学术界对他寄予了希望，连被称为"诺贝尔奖的摇篮"的普朗克学会也聘请他担任固体研究院的院长。舍恩横空出世，成为当时最传奇的人物，被称为“爱因斯坦二世”和“物理界的伍兹”。所有人都知道，他是在通往诺贝尔奖的大道上狂奔，更是撑起贝尔实验室的英雄！

然而，其他科学家在重复他的实验时却遭遇失败。普林斯顿大学的 L. 索恩（Lyydia Thorne）发现舍恩的两个实验温度差别很大，但噪声却完全相同。康奈尔大学的 P. 麦克尤恩（Paul McEuen）也发现了类似问题。麦克尤恩于 2002 年 5 月向贝尔实验室举报舍恩学术不端。实验室请外界科学家团队进行独立调查，结果舍恩无法提供原始数据，虽然舍恩只承认自己伪造了部分数据，坚信自己的科研方向是对的，假以时日，一定可以重复出来（2009 年 Mark A. Reed 教授真的做出来全世界第一个分子晶体管）。但是，舍恩再不会有机会证明自己了，2002 年 9 月 24 日，调查小组正式发布报告，确认舍恩有 16 项造假指控属实，8 项指控与论文无关，余下的大多没有足够的证据。

至此，这件震惊学术界的“舍恩丑闻”迎来了它的最终审判：

先是贝尔实验室公开宣布解除与舍恩的雇佣关系，舍恩成了贝尔实验室成立 77 年来第一个因造假而被解雇的科学家。

随后，普朗克学会取消了聘用舍恩的安排，而奥托·克隆基金会也撤回了舍恩的获奖荣誉。

舍恩与其他合作者宣布撤销 2000 年到 2001 年间在《科学》《自然》和《物理评论》上发表的 21 篇论文。

2002 年康斯坦茨大学宣布，褫夺曾授予舍恩的博士学位。

从此，“舍恩事件”成了科学史上一桩最大的丑闻，没有人记得住他曾经颇有远见的那些发现，记住的只有他的数据造假和丑闻，欺世盗名成了他的唯一标签！

思 考 题

2-1 什么是真值、约定真值以及误差？

2-2 解释说明绝对误差、相对误差、偏差以及标准误差。

2-3 简述准确度、精密度、精确度三种精度之间的区别及关系。

2-4 什么是随机误差？其主要来源有哪些？

2-5 简要说明随机误差分布的主要特点。

2-6 什么是系统误差？其主要来源有哪些？

2-7 发现系统误差的方法有哪些？如何减小和消除系统误差？

2-8 简述有效数字的运算法则。

2-9 说明有效数字尾数的舍入规则。

3 相似原理和量纲分析

3.1 概 述

研究自然现象或工程问题的目的就是寻求可用于描述该现象或问题的一系列物理量之间的规律性关系。为此，首先需要把问题所涉及的物理量按其属性进行分类；其次，需要找出不同类物理量之间的相互联系；最后，进一步找出某些物理量与另外一些物理量之间所存在的因果关系。特别是在研究新现象或新问题的时候，需要对现象和问题中蕴涵的物理内容、关系和过程进行初步有效的分析，运用物理学中的基本规律，明确有哪些因素对现象或问题起到控制作用，分析其作用的轻重程度，并考虑到只有同类的物理量才能比较大小。在上述前提下，进一步分析、讨论和判定因果关系，从而在数学上给出尽量明确的函数关系。

对于实际中所要研究的问题，通常有两种处理方法：一是理论分析，二是科学实验。所谓理论分析就是根据一定的边界条件和初始条件求解分析问题相对应的现有的物理、数学模型和基本方程。然而，由于更多的现象或问题的复杂性，无法利用现成的数学模型、方程来表述，虽然近现代计算技术快速发展，计算机广泛应用，但是迄今为止，通过理论分析和数值计算仍只能求解一些相对简单的问题，此时就需要进行科学的实验研究或两种方法并用才能暴露和揭示问题的物理实质，从而明确因果联系。

科学实验按其进行的方式分为原型（实物）实验和模型（模拟）实验。然而，原型实验方法有很大的局限性，其实验结果只适用于某些特定条件，并不具有普遍意义，即使花费巨大，也难以揭示现象的物理本质，并描述其中各量之间的规律性关系。同时，还有许多现象不宜进行直接的原型实验，例如飞机太大，不能在风洞中直接研究飞机原型的飞行问题；而昆虫的原型又太小，也不宜在风洞中直接进行吹风实验；况且，直接的原型实验方法往往只能得出个别量之间的规律性关系，难以抓住现象的本质。因此，在实验室中进行模型实验是科学研究中普遍采用的方法，例如，采用缩小的飞机模型或放大的昆虫模型进行实验研究。那么，人们最关心的问题就是模型的实验结果所描述的物理现象能否真实地再现。要想从模型实验中得到的精确定量数据能够准确代表对应原型的物理现象，就需要借助相似理论和量纲分析方法来分析。

3.2 基 本 概 念

在力学实验中，模型尺寸都是由实物尺寸缩小或放大而决定的。这种模型与其原型形状相同，而一切对应的尺寸成同一比例，就是几何相似。它可以用一个长度尺寸比 $c_l = l/l_m$ 来表示。式中 l 表示实物尺寸，l_m 表示模型尺寸，可以是大于 1 或小于 1 的任一实数，称为长度相似常数。例如，对于三角形来说，这个 c_l 就是三角形的各边长的相似常数。随着 c_l 的数值不同，可以作出许多三角形，这些大小不一的三角形都是相似的。对于长度尺寸的相似关系是这样，对于其他的物理量，如外力、力矩、应力甚至温度、时间等的相似关系也是如此。概括言之，同类量的比例为常数时，这种现象就叫作相似。所谓相似常数(也称为相似比、比尺、模拟比、相似系数等)是原型物理量与模型同类物理量之比，比例系数就称为对应物理量 x 的相似常数，主要有几何、应力、应变、位移、弹性模量、泊松比、边界应力、体积力、材料密度、重度相似常数等。在这些相似常数中，长度、时间、力所对应的相似常数称为基本相似常数。

在实验中，要保证模型实验和实物的物理现象相似，就必须充分考虑下列问题：

(1)模型材料如何选择?

(2)实验参数如何决定?

(3)实验中应该测量哪些量?

(4)应当如何处理实验结果以及可以推广到怎样的现象上去?

对于模型使用的材料，原则上要求与实物相同。因为材料的两个常数，即弹性模量 E 和泊松比 μ 是同一个数值，这是最理想的。但是，在大多数情况下，模型材料与实物材料却是不一样的。这时，尽可能要求两种材料所具有的应力-应变曲线相似和泊松比相等。

在力学中所遇到的相似物理量大多数是长度尺寸、载荷及其组合量的相似关系。在一个物理现象中，一般来说，各相似常数不能全都任意选择。

对于其他任一物理现象的模型实验中，各对应量间的相似关系也如上述，相似的基本思想是一致的，可以推广应用。

3.3　相似原理简介

相似原理由下述三个定理组成：

第一定理　两个相似系统(现象)应该具有相同的相似条件，用同一物理方程表达。

用一个简单的物理现象说明，一等直杆受轴向拉压时，横截面上的正应力表达式为

$$\sigma = \frac{P}{A} \tag{3-1}$$

式中　σ——横截面上的正应力；

P——横截面上的轴力；

A——横截面面积。

模型与实物的应力状态要相似的话，则用同一方程表达，即

$$\sigma_m = \frac{P_m}{A_m} \tag{3-2}$$

式中，σ_m 为模型横截面上的正应力，P_m 为模型横截面上的轴力，A_m 为模型横截面面积，角标 m 表示模型。

并且，方程中的各物理量是互成比例的，即

$$c_\sigma = \frac{\sigma}{\sigma_m}, c_P = \frac{P}{P_m}, c_A = \frac{A}{A_m} \tag{3-3}$$

把式(3-3)代入式(3-1)，得

$$c_\sigma \sigma_m = \frac{c_P P_m}{c_A A_m} \tag{3-4}$$

$$\text{或}\ \sigma_m = \frac{c_P}{c_\sigma c_A}\frac{P_m}{A_m} \tag{3-5}$$

对比式(3-5)和式(3-2),故有

$$\frac{c_P}{c_\sigma c_A} = 1 \tag{3-6}$$

上式表示了该现象各相似常数间的关系,即参与现象的各物理量间的制约条件,称为相似条件或相似指标。

由此可见,要保证两现象相似的条件,除了两相似现象中所包含的各物理量彼此互成比例外,还必然用同一形式的方程来表示这些物理量间的永恒性,这种方程就称为关系方程。正是这种表示其现象特性的物理量间的关系方程的存在,对相似常数的选择给予了一定的限制。

根据式(3-6)的条件可知,三个相似常数只能任选两个,第三个就要受到式(3-6)的制约。

把式(3-3)代入到式(3-6)中,得

$$\frac{\sigma}{\sigma_m} = \frac{P}{P_m}\frac{A_m}{A} \tag{3-7}$$

$$\text{或}\ \sigma = \frac{P}{P_m}\frac{l_m}{l}\frac{h_m}{h}\sigma_m \tag{3-8}$$

式中,σ、P 分别为构件横截面上的正应力、轴力,l、h 分别表示构件横截面的宽度和厚度,σ_m、P_m 分别为模型横截面上的正应力、轴力,l_m、h_m 分别表示模型横截面的宽度和厚度。

如果宽度相似常数 c_l 和厚度相似常数 c_h 相等,即 $c_l = c_h$,则

$$\sigma = \frac{c_P}{c_l^2}\sigma_m \tag{3-9}$$

式(3-8)和式(3-9)就是应力分布与材料无关时的应力转换表达式。

第二定理　相似现象中由无量纲数所描述的函数关系对两个现象是相同的,一般称为 π 定理,它是以量纲分析作为基础的,后面将另做介绍。

第三定理　同一类现象的单值量(单值条件)相似,则现象必定相似。所谓单值量是指:

(1)系统(现象)的几何特性(系统表面的几何形状、位置及表面粗糙度等);

(2)对被研究现象有重要影响的介质的物理特性;

(3)系统的初始条件和边界条件等。

第一定理和第二定理是在假定现象相似的基础上导出的,这两个定理确定了相似现象的性质。而第三定理则解决了两互相对应的现象,即根据什么样的特征才可以判断现象是彼此相似的。也就是说,第三定理确定了现象相似的充分必要条件。

由此,根据相似原理可以确定:

(1)在实验中应该测量哪些量,即应当测量包含在相似条件中的所有量。

(2)应当如何处理实验结果,即应当以相似条件间的关系形式来处理实验结果。

(3)可以推广到什么样的现象上去,即可以推广到所有相似的现象上去。而它们是否相似,可由单值量的相似和单值量的条件是否相同而得知。

3.4　由关系方程建立相似条件

凡是建立了物理方程的现象，都可以应用相似原理导出其相似条件，从而建立起模型和实物的转换关系。

现在用广义胡克定律来说明一些基本的相似律。广义胡克定律的表达式为

$$\varepsilon_1 = \frac{1}{E}[\sigma_1 - \mu(\sigma_2 + \sigma_3)] \tag{3-10}$$

式中，σ_1、σ_2、σ_3 为主应力，ε_1 为与 σ_1 相对应的主应变，E 为材料的弹性模量，μ 为材料的泊松比。

当然，模型内的应力-应变关系也用同一物理方程表达，即

$$\varepsilon_{m1} = \frac{1}{E_m}[\sigma_{m1} - \mu_m(\sigma_{m2} + \sigma_{m3})] \tag{3-11}$$

由式(3-10)、式(3-11)两式相除，得

$$\frac{\varepsilon_1}{\varepsilon_{m2}} = \frac{\frac{1}{E}[\sigma_1 - \mu(\sigma_2 + \sigma_3)]}{\frac{1}{E_m}[\sigma_{m2} - \mu_m(\sigma_{m2} + \sigma_{m3})]} \tag{3-12}$$

若

$$\varepsilon_1 = \varepsilon_{m1}(\text{即 } c_\varepsilon = 1) \tag{3-13}$$

且有

$$\mu = \mu_m \tag{3-14}$$

把式(3-13)和式(3-14)代入式(3-12)，则

$$\frac{1}{E}[\sigma_1 - \mu_m(\sigma_2 + \sigma_3)] = \frac{1}{E_m}[\sigma_{m1} - \mu_m(\sigma_{m2} + \sigma_{m3})] \tag{3-15}$$

再引入应力相似常数以及弹性模量相似常数

$$c_\sigma = \frac{\sigma_1}{\sigma_{m1}} = \frac{\sigma_2}{\sigma_{m2}} = \frac{\sigma_3}{\sigma_{m3}} \tag{3-16}$$

$$c_E = \frac{E}{E_m} \tag{3-17}$$

把式(3-16)和式(3-17)代入式(3-15)，并消去等式两边的相同项，得

$$c_\sigma = c_E \tag{3-18}$$

即

$$\frac{\sigma}{\sigma_m} = \frac{E}{E_m} \tag{3-19}$$

或

$$\frac{\sigma}{E} = \frac{\sigma_m}{E_m} \tag{3-20}$$

式(3-14)称为泊松模型律，即要求模型和实物材料的泊松比必须相等。式(3-13)和式(3-18)/ 式(3-19)/ 式(3-20)称为严格的静力相似条件，它规定了模型和实物必须有同一的应变。

由式(3-9)可知

$$c_\sigma = \frac{\sigma}{\sigma_m} = \frac{c_P}{c_l^2}$$

再由式(3-18)可得

$$c_E = c_\sigma = \frac{c_P}{c_l^2}$$

即

$$\frac{c_P}{c_l^2 c_E} = 1 \tag{3-21}$$

或

$$\frac{El^2}{P} = \frac{E_m l_m^2}{P_m} \tag{3-22}$$

式(3-21)是严格的静力相似的另一形式。如果模型材料已选定,则载荷相似常数和长度相似常数只能任选其一,另一个相似常数则必须受式(3-21)的制约。这就是应力分布与材料有关的相似关系转换表达式。但是,在大多数情况下,$\mu=\mu_m$ 和 $\varepsilon=\varepsilon_m$ 是不可能同时满足的。特别是在光弹性实验中,对于后者更不可能满足,这时,就需要放宽要求,仅仅要求实物和模型各自满足弹性定律。一般,要求各自应变与其外载荷成正比,这实质上是放宽了对应变相似常数的要求。

因为由胡克定律 $\sigma=E\varepsilon$,可得

$$\frac{\sigma}{\sigma_m} = \frac{E}{E_m}\frac{\varepsilon}{\varepsilon_m} \quad 或 \quad \frac{\sigma}{\sigma_m} = \frac{E}{E_m}\frac{\Delta l}{l}\Big/\frac{\Delta l_m}{l_m}$$

即

$$\frac{\sigma}{\sigma_m} = \frac{E}{E_m}\frac{c_{\Delta l}}{c_l} \tag{3-23}$$

式(3-23)就称为近似的相似,当变形相似常数 $c_{\Delta l}=c_l$ 时,就是严格相似式(3-19)。

还必须指出,很多物理现象是以微分方程的形式来表达其关系方程的。而微分方程仅在某些情形下才可以求得其积分解。所以,大多数相似条件只有直接从微分方程导出来。卡那柯夫早在 1949 年就证明了由其积分方程导出的相似条件仍然和原微分方程导出的相似条件相同。这样就可以从不能获得数学解的微分方程中获得相似条件,从而获得了参与该物理现象的各物理量间的制约关系。

再如,三角函数、指数函数和对数函数等,同样要求相似条件等于 1 即可。

3.5 量纲及量纲分析

3.5.1 量纲与单位

在科学实验中,需要对各种物理量进行测量,为了区分不同类物理量,就采用“量纲”这个术语来表示物理量的本质属性,例如长度、时间、质量显然具有不同的属性,因此它们具有不同的量纲。物理量按照其属性又可以分为两类:一类称之为有量纲量,例如长度、时间、质量、速度、加速度、力、动能、功等就是常见的有量纲量,这类物理量的大小与度量时所选用的单位有

关;另一类则称之为无量纲量,例如角度、两个长度之比、两个力之比、两个能量之比等,而该类物理量的大小与度量时所选用的单位无关。

物理量的本质属性是唯一的,因此,一个物理量只有唯一的量纲,但可以采用不同的单位度量。在测量中,物理量的度量标准称为测量单位,不同性质的量有不同的测量单位。单位有两个含义,一是表示被测物理量的类型,二是表示测量的"尺度"。单位是度量各种物理量数值大小的基准,是预先人为选定的。例如米、厘米、毫米、英寸等都属于长度的度量单位,故都可以作为长度这一类物理量的度量单位,但它们的"尺度"是不同的,同时作为物理量的属性它只有唯一的长度量纲。统一规定:在物理量的代表符号外面加"[]"表示量纲,例如速度 v 的量纲表示为 $[v]$。

在一个力学问题中,把与问题有关的物理量分成基本量和导出量两类。基本量是指具有独立量纲的物理量,它的量纲不能表示为其他物理量的量纲的组合;导出量则是指其量纲可以表示为基本量量纲的组合的物理量。在力学中常用长度(l)、质量(m)、时间(t)的量纲作为基本量纲,即为 L、M、T,于是就有下面的导出量纲:

速度:$v=\dfrac{\mathrm{d}s}{\mathrm{d}t}$　　$[v]=\mathrm{LT^{-1}}$

加速度:$a=\dfrac{\mathrm{d}v}{\mathrm{d}t}$　　$[a]=\mathrm{LT^{-2}}$

力:$F=ma$　　$[F]=\mathrm{LMT^{-2}}$

密度:$\rho=\dfrac{\mathrm{d}m}{\mathrm{d}V}$　　$[\rho]=\mathrm{L^{-3}M}$

3.5.2 量纲分析

3.4 节讨论了由物理现象的已知关系方程来建立相似条件。但是在工程实际中,往往在采用模型实验时,却正是要建立该物理现象的关系方程。在这种情形下,如何确定并组合参与物理现象的各物理量以及如何保证模型与实物的物理现象的相似是要解决的主要问题。

量纲分析的目的就是寻求几何相似的系统中各物理量间的关系,从而建立起模拟条件。为了简单、有效地说明怎样运用量纲分析的方法来分析问题,从而揭示问题的物理实质,明确其中的因果关系,不妨讨论单摆这个简单实例。

单摆系统:细绳的一端悬挂一个质量为 m 的摆锤,细绳的另一端固定不动,而且细绳质量比摆锤质量小得多而可忽略不计,细绳的变形比绳长小得多也可忽略不计。将摆锤从铅垂的自然状态沿半径为 l 的圆弧移动到初始方位角 α,然后无初速放开,摆锤在重力的作用下做周期性的振荡,研究其周期 T_p。

显然,单摆的周期 T_p 取决于 4 个控制参数,即摆锤的质量 m、细绳的长度 l、重力加速度 g 以及初始方位角 α,于是有以下函数关系:$T_p=f(m,l,g,\alpha)$ 。

这是一个简单的力学系统,在函数 f 的四个自变量中,有三个量纲独立的基本量,即 m,l,和 g,它们的量纲分别是质量、长度和加速度。在上述函数关系中的 α 为角度,其定义是两个长度之比;因变量 T_p 的量纲是时间,可以表示为基本量 l 和 g 的量纲的组合,即(长度/加速度)$^{1/2}$,所以 α 和 T_p 都是导出量。

取 m、l 和 g 作为本问题的基本单位系统,用来度量问题中的所有物理量,根据上述函数关系,就有

$$T_p/(l/g)^{1/2} = f(1,1,1,\alpha)$$

这说明 $T_p/(l/g)^{1/2}$ 只随 α 的变化而变化，即 $T_p/(l/g)^{1/2}$ 是 α 的函数，可以写为

$$T_p/(l/g)^{1/2} = f_1(\alpha) \text{ 或 } T_p = (l/g)^{1/2} f_1(\alpha) \tag{3-24}$$

注意，式(3-24)中的 $f_1(\alpha)$ 只表示 $T_p/(l/g)^{1/2}$ 是 α 的某个函数，$f_1(\alpha)$ 的具体形式要用实验或理论分析来获得。

由式(3-24)可知，单摆的周期 T_p 与小球质量 m 无关，只与初始方位角 α、细绳的长度 l、重力加速度 g 有关；而细绳的长度 l、重力加速度 g 又以一定的形式固定下来。在组织实验时，只需定出周期与初始方位角间的关系式，而不必变化其他参数值，这就大大节约了实验工作量。如果不用量纲分析的办法，直接采用实验来决定 $T_p = f(m,l,g,\alpha)$ 的具体形式，使每个自变量都做大小不同的 n 次实验，那么总共要做 n^4 次实验；然而，用了量纲分析，只要做 n 次实验就可以确定 $f_1(\alpha)$。通过量纲分析，使解决整个问题所需的实验数目大为减少。

如果初始方位角 α 是微小量，即 $\alpha \ll 1$，那么问题就更简单。实验又指出，当初始方位角 α 较小时，单摆周期 T_p 与 α 几乎无关。从物理上判断，$f_1(\alpha)$ 实际上是 α 的偶函数，将 $f_1(\alpha)$ 在 $\alpha=0$ 处作泰勒展开，就有

$$f_1(\alpha) = f_1(0) + f''_1(0) \cdot \frac{a^2}{2} + f_1^{(4)}(0) \cdot \frac{a^4}{4!} + \cdots \cong f_1(0)$$

于是近似有

$$T_p = (l/g)^{1/2} f_1(0)$$

那么，现在只要做一次实验来确定常数 $f_1(0)$ 的数值即可，而这个常数值其实就是从理论上可以导出的 2π。当然，由于实验工作中经常包含很多随机误差，还是需要进行多次重复性实验，以尽量消除它。

3.6 量纲的幂次表示

3.6.1 量纲的幂次表示

国际单位制中有长度、质量、时间、电流、热力学温度、发光强度和物质的量等 7 个基本量。尽管一个力学问题中存在各种各样的物理量，当分析量纲时，通常取问题中的长度、质量和时间作为基本量，而速度、密度、力等则是导出量。同样，一般情况下只需对长度、质量和时间等 3 种基本物理量定出单位，其他多数物理量的单位可以由基本物理量的单位导出。其中基本物理量的单位称为基本单位，可以由基本单位导出的物理量的单位称为导出单位。

J. C. Maxwell 在 1871 年提出：对力学问题来说，任一物理量 X 的量纲在长度、质量和时间的 L-M-T 系统中，均可表示为

$$[X] = \mathrm{L}^{\alpha}\mathrm{M}^{\beta}\mathrm{T}^{\gamma} \tag{3-25}$$

该式称为量纲公式，其中 α、β 和 γ 为实数，物理量 X 的性质由量纲指数 α 、β 和 γ 所决定。当 $\alpha\neq0,\beta=0,\gamma=0$ 时，X 为一几何学的量；当 $\alpha\neq0,\beta\neq0,\gamma=0$ 时，X 为一运动学的量，当 $\alpha\neq0,\beta\neq0,\gamma\neq0$ 时，X 为一动力学的量。

3.6.2 量纲一的量

某些物理量的量纲可简化为 1，称为量纲一的量，或无量纲量、纯数。一个纯数的量纲与

长度、质量和时间均无关，故可表示为

$$[纯数] = L^0 M^0 T^0 = 1$$

量纲一的量具有如下特点：量纲公式(3-25)中的指数均为零，没有单位；量值与所采用的单位制无关，故量纲一的量也称为量纲一的数。

量纲一的量可由两个具有相同量纲的物理量相比得到。例如，线应变 $\varepsilon_x = \dfrac{\mathrm{d}u}{\mathrm{d}x}$，其量纲 $[\varepsilon_x] = \dfrac{L}{L} = 1$。量纲一的量也可以由几个有量纲量通过乘除组合而成，组合的结果为各基本量纲的指数均为零，例如，雷诺数 $Re = \dfrac{vd}{\mu/\rho} = \dfrac{vd}{\nu}$（式中，$v$ 表示流体速度，d 表示特征长度，μ 表示流体的动力黏度，ρ 表示流体密度，ν 表示流体的运动黏度），其量纲 $[Re] = \dfrac{LT^{-1}L}{L^2T^{-1}} = 1$，为量纲一的量。

由于基本量是彼此互相独立的，这说明它们之间不能组成量纲一的量，由此可以给出基本量独立性的判定条件。

设 A、B、C 为三个互相独立的基本量，它们成立的条件是 A^x、B^y、C^z 的幂乘积不是量纲一的量，即要求

$$([A])^x([B])^y([C])^z = L^0 M^0 T^0 \tag{3-26}$$

其非零解不存在。

运用量纲公式(3-25)来表示物理量 A、B、C 的量纲，即

$$[A] = L^{\alpha_1} M^{\beta_1} T^{\gamma_1}$$
$$[B] = L^{\alpha_2} M^{\beta_2} T^{\gamma_2}$$
$$[C] = L^{\alpha_3} M^{\beta_3} T^{\gamma_3}$$

将它们代入式(3-26)，关于 L、M、T 指数有如下关系式：

$$\begin{cases} \alpha_1 x + \alpha_2 y + \alpha_3 z = 0 \\ \beta_1 x + \beta_2 y + \beta_3 z = 0 \\ \gamma_1 x + \gamma_2 y + \gamma_3 z = 0 \end{cases}$$

如果要使方程式(3-26)无非零解，上式齐次线性方程组的系数行列式应满足

$$\boldsymbol{D} = \begin{vmatrix} \alpha_1 & \alpha_2 & \alpha_3 \\ \beta_1 & \beta_2 & \beta_3 \\ \gamma_1 & \gamma_2 & \gamma_3 \end{vmatrix} \neq 0 \tag{3-27}$$

那么，物理量 A、B、C 是互相独立的，它们可以作为基本变量。例如，长度、速度及密度就可以作为基本量。读者也可直接用式(3-27)对这三个物理量的关系给予证明。一般来说，从几何学的量、运动学的量、动力学的量中各选一个作为基本量，即可满足基本物理量互相独立的要求。

3.6.3 物理方程的量纲一致性

在自然现象中，互相联系的物理量可构成物理方程。正确反映物理量之间客观规律的方程式可以是单项式或多项式，甚至是微分方程等。同一方程中各项又可以由不同量组成，但是各项的量纲必然一致，因为只有同类型物理量才能相互比较或相互加减，否则就会出现诸如长

度与时间相加之类的错误，若将物理方程中的各项均用基本量纲的量纲幂次式表示，则各项的基本量纲必须齐次，这就是物理方程的量纲一致性原则，也叫量纲齐次性原则或量纲和谐原理，它是量纲分析的基本理论依据。另外，由于物理方程的量纲具有一致性，可以用任意一项去除等式两边，使方程每一项变为无量纲量，这样原方程就变为无量纲方程，但所表达的物理现象与原方程相同，这一点极为重要，这也是量纲分析的理论依据。例如流体静压强的分布规律：

$$p = p_0 + \rho g h$$

式中，p 表示静止液体中任一点的压强，p_0 表示液面的压强，ρ 表示液体的密度，g 表示重力加速度，h 表示点与液面的高差。

上式两边同除以 p，则可改写成为量纲一的方程，即

$$1 = \frac{p_0}{p} + \frac{\rho g h}{p}$$

可以验证此式各项都是量纲一的量。

3.7 量纲分析法

3.7.1 瑞利法

量纲分析的理论依据就是物理方程的量纲一致性。分析和比较量纲，可以去判断物理现象关系方程式的函数形式是否正确。量纲分析就是通过分析物理现象或工程问题中各有关物理量的量纲，利用量纲齐次性条件，得出表述这些物理量间函数关系可能形式的方法。有时不能用解析法推导出某一物理现象的基本方程式，但可以借助量纲分析建立它们之间的关系。充分了解、研究某一物理现象(过程)，明确有哪些物理量影响这一物理现象，假定一个未知的函数关系，然后利用上述原则确定各物理量之间关系的结构形式。

例如，已知物体做匀速圆周运动与物体质量 m、圆半径 R、线速度 v 及向心力 F 诸物理量有关，试求其关系。首先写出其物理关系表达式，即

$$v = kF^p m^q R^r$$

式中 k——无量纲系数。

另外几个物理量的量纲分别是：

$$[v] = \mathrm{LT}^{-1}, [R] = \mathrm{L}, [m] = \mathrm{M}, [F] = \mathrm{MLT}^{-2}$$

故有

$$\mathrm{LT}^{-1} = (\mathrm{MLT}^{-2})^p \mathrm{M}^q \mathrm{L}^r = \mathrm{M}^{p+q}\mathrm{L}^{p+r}\mathrm{T}^{-2p}$$

根据物理方程的量纲一致性原则，必须使

$$p + q = 0, p + r = 1, -2p = -1$$

解得：

$$p = \frac{1}{2}, q = -\frac{1}{2}, r = \frac{1}{2}$$

即有

$$v = k\sqrt{\frac{FR}{m}}$$

此即匀速圆周运动线速度公式。

上述的量纲分析方法是直接运用量纲一致性原则的分析方法，也称为瑞利(L. Rayleigh)法。通常情况下，基本量纲只有三个，如 L、M、T，它们代表了力学中几何学、运动学、动力学三个方面的量纲，当所分析的问题中影响物理过程的变量达到 4 个时，就存在一个需要待定的指数，当参数大于 4 个时，需待定的指数就相应增加，此时无论在指数的选取上还是量纲一的量的组合上都有一定的困难。解决这类问题更为普遍的方法是 E. 布金汉(E. Buckingham)提出的 π 定理方法。

3.7.2 π 定理

π 定理是量纲分析的理论核心和普遍原理，定理的主要内容是由 E. 布金汉(E. Buckingham)在 1914 年提出的。到了 1922 年，P. 布里奇曼(P. W. Bridgman)把这个定理称为 π 定理，这是因为 E. 布金汉在定理的推导和证明过程中使用 π 这个符号来表示无量纲量的缘故。

E. 布金汉 π 定理指出：对于某个物理现象(物理问题)，若有 N 个变量，而基本量的数目是 k，那么一定形成 $N-k$ 个无量纲变量，它们之间形成确定的函数关系。而这个无量纲方程仍然表达了原问题的物理关系。

推导和证明 π 定理的思想和步骤本质上和 3.5.2 节有关单摆的论述中所运用的方法完全一样，这里从略。

现举例说明 π 定理的应用方法和步骤。

例如，对于在黏性流体中运动的球形物体所受到的阻力 F_D，经试验发现影响阻力 F_D 大小的因素有球体的尺寸、球的运动速度 v、反映流体物理性质的密度 ρ 和黏性系数 μ，试用 π 定理推导阻力 F_D 的公式。

首先将函数关系设为

$$f(F_D, D, v, \rho, \mu) = 0$$

上式中 D 为球体直径，变量数为 $n=5$，选取基本量 ρ、D、v，根据 π 定理，上式可变为

$$\varphi(\pi_1, \pi_2) = 0$$

下面的工作是求出 π_1 和 π_2。由于基本变量是 ρ、D、v，那么 F_D 和 μ 就为导出量，将它们分别与基本量进行适当组合，可以找出无量纲量，即

$$\pi_1 = \rho^{a_1} D^{b_1} v^{c_1} \mu$$

$$\pi_2 = \rho^{a_2} D^{b_2} v^{c_2} F_D$$

为了确定这些指数，注意 π 是无量纲量，可以用 $L^0M^0T^0$ 表示，对于 π_1 有

$$M^0L^0T^0 = (ML^{-3})^{a_1}(L)^{b_1}(LT^{-1})^{c_1}(ML^{-1}T^{-1})$$

比较两边的量纲，于是有

$$M:0 = a_1 + 1; L:0 = -3a_1 + b_1 + c_1 - 1; T:0 = -c_1 - 1$$

解得

$$a_1 = -1, b_1 = -1, c_1 = -1$$

因此

$$\pi_1 = \frac{\mu}{\rho D v} = \frac{1}{Re}$$

同理，对 π_2 分析可求得

$$\pi_2 = \frac{F_D}{\rho D^2 v^2}$$

代入 $\varphi(\pi_1, \pi_2) = 0$ 可得

$$\pi_2 = \varphi_1(\frac{1}{\pi_1})$$

则有

$$\frac{F_D}{\rho D^2 v^2} = \varphi_2(Re) = C_D$$

系数 C_D 是雷诺数 Re 的函数，需要通过实验来确定。

或者表达为

$$F_D = C_D \rho D^2 v^2$$

以上所介绍的量纲分析方法只是从物理方程量纲的一致性原则出发，对相互联系的物理量之间进行分析，分析所得到的物理方程是否符合客观规律，很大程度上还依赖于对所研究问题影响因素的确定。对一个物理问题进行量纲分析，如何选择问题中的自变量和基本量是很有讲究的，这就要考察该问题包含或涉及哪几个独立的量纲。从一开始就需要把握问题的物理实质，对问题中主要物理量的量纲进行中肯的分析，然后决定选取什么量作为自变量和基本量，在此基础上才会导出正确的结论。而上述的量纲分析方法本身对变量的选取却不能提供任何指导和启示。如果选入了非重要的变量，那么就会人为地使研究复杂化；如果漏选了不能忽略的影响因素，量纲分析所得到的物理方程也将是错误的。所以，量纲分析的正确使用尚依赖于研究人员对所研究的现象要有全面和透彻的了解。

另外，量纲分析并没有给出问题的最终解，它只提供了这个解的基本结构，函数的数值关系还有待于实验确定。正如本节例题分析的那样，虽然量纲分析的结果未能给出直接的函数关系，但是它为进一步的实验研究提供了很好的依据和理论指导，所以说量纲分析是力学研究的重要手段之一。

拓展阅读：采用量纲分析法估算原子弹爆炸能量

1947 年，英国的物理学家 G. I. Taylor 根据美国公布的一组爆炸火球的照片（图 3-1），精确地估算出爆炸当量是 1.7 万吨 TNT。

G. I. Taylor 是如何估算的呢？他采用了量纲分析的方法。能量的量纲：$[E]=[M][V]^2=ML^2T^{-2}$。从照片里可以获得不同时间 t 及火球的半径 R，用 R 和 t 容易得到速度的量纲 LT^{-1}，但是显然缺少含有质量量纲的物理量。考虑到爆炸火球是在大气中膨胀的，其膨胀速度一定与大气的性质有关。因为是热膨胀，那么有关的物理量就可能是大气的温度、比热容和密度等，于是就选择其中与爆炸可能最紧密相关的物理量——大气密度 ρ，$[\rho]=ML^{-3}$。

用能量 E 和三个基本物理量 ρ, R, t 组成一个无量纲量 π，即

$$\pi = E/\rho R^5 t^{-2}$$

亦即

$$E = \pi \rho R^5 t^{-2}$$

或者

$$R^{5/2} = (E/\pi\rho)^{1/2} t$$

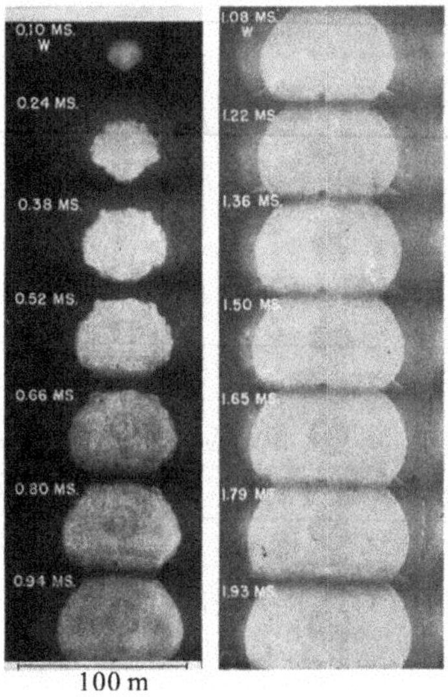

图 3-1 一组爆炸火球的照片

图片来自：G. I. Taylor. *The Formation of a Blast Wave by a Very Intense Explosion*. Ⅱ. The Atomic Explosion of 1945, Proc. Roy Soc. London A201, 175 (1950).

G. I. Taylor 从上述这组美国公布的爆炸火球的照片得到火球半径随时间变化的函数曲线，即

$$\lg R = (2/5)\lg t + (1/5)\lg(E/\pi\rho)$$

该函数截距 $(1/5)\lg(E/\pi\rho)$ 可以直接从函数曲线图上得到。代入 $\rho = 1.25\ \text{kg/m}^3$，假设无量纲量 π，就可估算出爆炸能量 $E \approx 8\times10^{13}\ \text{J} \approx 2$ 万吨 TNT（1 吨 TNT $\approx 4\times10^{9}$ J）。

思 考 题

3-1 何谓量纲？量纲和单位有何不同？

3-2 量纲分析方法的理论依据是什么？

3-3 怎样运用瑞利法建立物理方程？

3-4 怎样运用 π 定理建立物理方程？

3-5 什么叫相似、相似常数、相似条件？

3-6 要保证模型实验和实物的物理现象相似，需要考虑的问题有哪些？

3-7 证明压强差 Δp、管道直径 d、重力加速度 g 三个物理量是互相独立的。

3-8 假设自由落体下落的距离 h 与落体质量 m、重力加速度 g 及下落时间 t 有关，试用瑞利法导出落体下落距离的关系式。

3-9 电机的轴功率 N 与转轴的力矩 M、角速度 ω 有关，试用瑞利法导出轴功率的表达式。

3-10 假设螺旋桨推进器的牵引力 F 取决于它的直径 d、前进速度 v、流体密度 ρ、流体动力黏度 μ 以及螺旋桨的转速 n，试用量纲分析法证明牵引力可用下式表达：

$$F = \rho d^2 v^2 f\left(Re, \frac{nd}{v}\right)$$

4 电阻应变计

4.1 概 述

电测法是当前实验力学中使用最广泛和适应性最强的方法，该方法是利用电阻应变计作为测量元件，用应变仪作为测量仪器，通过测量应变计电阻值变化得出受力构件上的应变的一种实验方法。

采用电测法测量时，将电阻应变计牢固地粘贴在构件上，电阻应变计将连同构件一起变形，电阻应变计的变形产生了电阻的变化，通过测量电桥使微小的电阻变化转换成电压或电流的变化，经过信号放大后，再将其转化成构件的应变值而显示出来。

1856 年，W. 汤姆逊(W. Thomson)从实验中发现铜丝及铁丝被拉伸时，它们的电阻将增加，而且丝中的应变越大，电阻增加得越多，在同样应变条件下铁丝的电阻比铜丝电阻变化大。通过采用惠斯登电桥进一步实验研究表明：(1)金属丝中的电阻变化是丝中应变的函数；(2)不同金属丝材料的电阻对应变有不同的灵敏度；(3)惠斯登电桥可以精确地测量出金属丝电阻的变化。该实验及结论奠定了电阻应变计制造及应变电测的理论基础。

1935 年，A. 布鲁克(A. Block)发明了最早的粘贴式电阻应变计，他以碳膜为电阻体，把电阻应变计用胶粘剂直接粘贴到被测试件表面进行应变测量。1938 年，E. 西蒙斯(E. Simons)和 A. 鲁奇(A. Ruge)利用金属电阻丝制成了现在使用的粘贴式电阻应变计的形式，这是一种纸基丝式应变计。1953 年，P. 杰克逊(P. Jackson)发明了以环氧树脂为基底，采用印刷电路技术生产的箔式应变计，从而使应变计电测技术进入了一个新的时代。1954 年，C. S. 史密斯(C. S. Smith)测得了硅与锗晶体的压阻性质，W. P. 梅森(W. P. Mason)等人于 1957 年制成压阻半导体应变计，并于 1960 年将其投入市场。半导体应变片的问世与使用，使应变的电测技术再次上升到一个新的台阶。此后，电阻应变计的需求不断增加，性能与质量也在不断提高，适用于高温、高压、动载、防水、复杂应力、大变形、疲劳、断裂等用途的各种特殊电阻应变计(或电阻应变式传感器)也相继被研发出来，研究者已研制出数万种用于不同环境和条件的各种类型的电阻应变计，进一步扩大了电测法的应用范围。

电测法能够在实际工程和科学研究中得到广泛应用，主要是该方法具有以下优点：

(1)测量灵敏度和精度高。电测法最小应变读数可达 10^{-6}，即 1 μm/m，常温静态应变测量的精度一般可达 1%～2%。

(2)测量范围广。可测 1 μm/m 到 20000 μm/m；可在高温、低温、高速旋转及强磁场等环境下进行测量；可以测量静态应变到几十万赫兹动载和冲击载荷的动态应变；成本低，安装方便，适合在工程现场应用。

(3)由于在测量过程中输出的是电信号，因此易于实现数字化、自动化及无线遥测。

(4)根据电测法原理，可采用电阻应变计制成各种传感器，用于测量力、位移、加速度等其他物理量。

电测法也不是万能的，常规的电测法也有其局限性，主要有三个方面的问题：

(1)表面测量。通常电测法都是在构件表面粘贴电阻应变计，因此只能测量构件表面的应变，而不能测构件内部的应变。

(2)单点测量。一个电阻应变计只能测定构件表面一个点沿某一个方向的应变，故不能进行大面积全场性的测量。

(3)平均测量。电测法测得的应变是电阻应变计栅长范围内的平均应变值，因此对应变梯度大的应变场测量误差较大。

电测法的基本思想就是将待测的力学量(通常为应变)转换为电学量(通常为电阻)，通过对测量电阻的变化分析得到所需的应变值。这里面有三个基本的问题：

(1)应变是如何转换为电阻变化的？即应变与电阻的变化之间有什么样的关系？

(2)应变通常在数值上很小，相应的电阻变化也很微小，那么对于微小的电阻变化如何精确测量呢？

(3)实际测量会受各种因素的影响，存在各种误差，对于电测法的测量结果又该如何去正确分析呢？

以上三个问题构成了电测法的主要内容，本章将对第一个问题进行介绍，第5章和第6章将对后面两个问题进行介绍。此外，在电测法的优点中提到根据电测法原理可以方便地制作各类传感器，可进一步拓展电测法的应用，那么到底如何制作各类传感器呢？这个问题将在第7章中进行介绍。

4.2　电阻应变计的工作原理

电阻应变计又称电阻应变片，简称应变计或应变片，是电测法中最基本的元件。电阻应变计的主要组成部分是敏感栅，而敏感栅可被看作一根金属丝。下面分析金属丝的电阻变化与应变的关系。

根据物理学的电阻定律，导体的电阻与其长度和电阻率成正比，与其横截面面积成反比。设金属丝的长度为 L，电阻率为 ρ，横截面面积为 A，如图4-1所示。

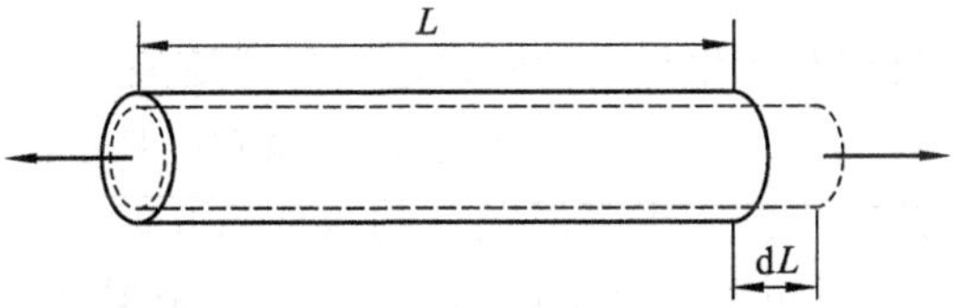

图4-1　金属丝

则该金属丝的电阻为

$$R = \rho \frac{L}{A} \tag{4-1}$$

对上式进行微分可得

$$\frac{dR}{R} = \frac{d\rho}{\rho} + \frac{dL}{L} - \frac{dA}{A} \tag{4-2}$$

当金属丝受到外力作用时会产生变形，假设金属丝沿轴向受拉，则金属丝将沿轴向伸长，同时由于泊松效应，横向尺寸会缩小。

根据应变的定义，轴向应变为

$$\varepsilon = \frac{\mathrm{d}L}{L} \tag{4-3}$$

若横截面是直径为 D 的圆形，则根据泊松效应，直径的变化与长度的变化具有以下关系：

$$\frac{\mathrm{d}D}{D} = -\nu\frac{\mathrm{d}L}{L} \tag{4-4}$$

式中　ν——金属丝的泊松比。

金属丝原面积 $A=\pi D^2/4$，根据式(4-4)可得面积的相对变化为

$$\frac{\mathrm{d}A}{A} = 2\frac{\mathrm{d}D}{D} = -2\nu\frac{\mathrm{d}L}{L} = -2\nu\varepsilon \tag{4-5}$$

此外，根据对高压下金属丝的研究发现

$$\frac{\mathrm{d}\rho}{\rho} = c\frac{\mathrm{d}V}{V} \tag{4-6}$$

式中　c——比例系数，在一定范围内对特定材料和加工方法为一常数；

V——金属丝的初始体积，$V=AL$。

根据体积计算公式，可得体积的相对变化为

$$\frac{\mathrm{d}V}{V} = \frac{\mathrm{d}A}{A} + \frac{\mathrm{d}L}{L} = -2\nu\varepsilon + \varepsilon \tag{4-7}$$

将式(4-7)代入式(4-6)得

$$\frac{\mathrm{d}\rho}{\rho} = c\frac{\mathrm{d}V}{V} = c(-2\nu\varepsilon + \varepsilon) \tag{4-8}$$

将式(4-3)、式(4-5)和式(4-8)代入式(4-2)可得

$$\frac{\mathrm{d}R}{R} = c(-2\nu\varepsilon + \varepsilon) + \varepsilon + 2\nu\varepsilon = [c(1-2\nu) + 1 + 2\nu]\varepsilon \tag{4-9}$$

在一定条件下，上式中的 ν 和 c 均为常数，定义一个新的常数 K_s，即

$$K_s = c(1-2\nu) + 1 + 2\nu \tag{4-10}$$

K_s 称为金属丝的灵敏系数，则有

$$\frac{\mathrm{d}R}{R} = K_s\varepsilon \tag{4-11}$$

上式表明金属丝的电阻相对变化与它的轴向应变呈线性关系。金属丝的电阻变化与其所受的应变具有函数关系，称为金属丝的电阻-应变效应，该效应是电测法的理论基础，电阻应变计的工作原理也正是基于此效应的。当金属丝上的应变已知时，可以根据该关系得到电阻的变化；反之，如果获得了金属丝的电阻变化也可以得到应变。根据这一关系，采用金属丝作为敏感栅制作电阻应变计，就可以将应变转换为电阻的变化，通过测量电阻的变化来获得应变。

4.3 电阻应变计的结构与分类

4.3.1 电阻应变计的结构

电阻应变计的主要结构如图 4-2(a)所示，主要包括敏感栅、基底、覆盖层和引线，其中敏感栅采用黏结剂黏结在基底和覆盖层之间。各组成部分的性能将直接影响电阻应变计的性能，应根据使用条件和要求进行合理选择，下面对各组成部分分别进行介绍。

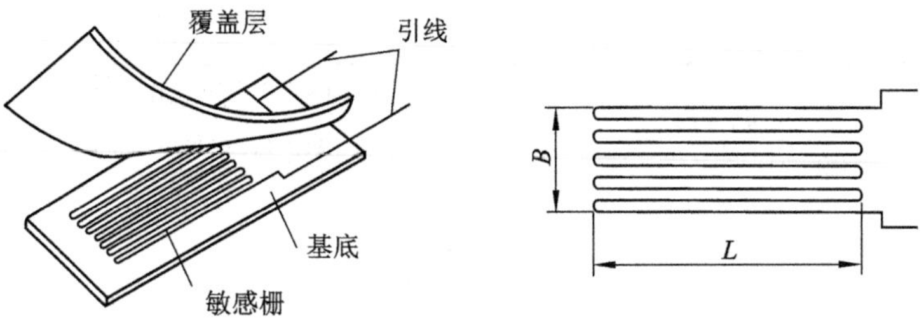

(a) (b)

图 4-2 电阻应变计的结构与尺寸

(a)主要结构；(b)基本尺寸

(1)敏感栅

敏感栅是由合金丝或合金箔制成的栅形，包括纵栅与横栅两部分，横栅有圆弧形和直线形两种形式。敏感栅的基本尺寸为栅长 L 和栅宽 B，如图 4-2(b)所示。电阻应变计的栅长大小影响到所测应变的准确度，所测得的应变大小是电阻应变计栅长和栅宽所在面积内沿栅长方向的平均应变。敏感栅制作成栅形主要是为了减小应变计的长度，并具有足够大的电阻以便与测量电路配合，同时还能在一定程度上提高测量的精度。

敏感栅能将被测构件表面的应变转换为电阻相对变化，是电阻应变计的核心组成部分，其特性对于电阻应变计的性能有决定性的影响。

对敏感栅的材料的基本要求包括：

① 应变灵敏系数大，并在所测应变范围内保持为常数；

② 电阻率高而稳定，以便制造小栅长的应变片；

③ 电阻温度系数小；

④ 抗氧化能力高，耐腐蚀性能强；

⑤ 在工作温度范围内能保持足够的抗拉强度；

⑥ 加工性能良好，易于拉制成丝或轧压成箔材；

⑦ 易于焊接，对引线材料的热电势小。

常温、中高温电阻应变计用敏感栅材料性能见表 4-1。

表 4-1 常温、中高温电阻应变计用敏感栅材料性能

合金类型	牌号	成分/%	灵敏系数 K_0	电阻率 ρ/($10^{-6}\Omega\cdot m$)	电阻温度系数/$10^{-6}℃^{-1}$	备注
铜镍合金	康铜	Cu ～55 Ni ～45	1.9～2.1	0.40～0.54	±20	常温用，～250℃
镍铬合金	镍铬	Ni 80 Cr 20	2.1～2.3	1.0～1.1	110～130	高温用，450℃
	6J22 (卡玛)	Ni 74 Cr 20 Al 3 Fe 3	2.1～2.4	1.24～1.42	±20	≤400℃用
	6J23	Ni 75 Cr 20 Al 3 Cu 2	2.4～2.6	～1.15	−3～+12	～400℃用

续表 4-1

合金类型	牌号	成分/%	灵敏系数 K_0	电阻率 ρ/($10^{-6}\Omega\cdot m$)	电阻温度系数/10^{-6}℃$^{-1}$	备注
铁铬铝合金		Fe 67 Cr 25 Al 5.4 V 2.6	2.6～2.8	1.3～1.5	±30～40	
镍钼合金	HM-8	Ni 75 Mo 22 Al 3	2.2	～1.5	7.3	≤450℃用
镍铬铁合金	恒弹合金	Ni 36 Cr 8 其余 Fe	3.2	1.0	175	230℃动态用
铂合金	铂	Pt 100	4.6	0.1	3900	～1000℃用
	铂铱合金	Pt 80～90 Ir 10～20	4.0	0.35	590	≤700℃用
	铂钨合金	Pt 90.5～91.5 W 8.5～9.5	3.0～3.2	0.75	140～190	≤800℃用
	铂钨铼镍合金	Pt 84,Ni 2 W 8.5,Re 4	3.2	0.78	145	≤900℃用
金合金	金钯合金	Pt 7 Au ～50 Pd ～33 Cr ～7	1.4～1.8	110	−38～+7	≤800℃用

(2)基底与覆盖层

基底用于保持敏感栅、引线的几何形状和相对位置,同时还要使得敏感栅和粘贴应变计的试件之间相互绝缘。覆盖层既保持敏感栅和引线的形状和相对位置,还可保护敏感栅(避免受到机械损伤或高温氧化)。

对于基底和覆盖层材料的要求主要包括:比较柔软并具有一定的强度,黏结性能和绝缘性能好,蠕变和滞后现象小,不吸潮,能在不同的温度下工作等。

基底和覆盖层的材料包括纸、胶膜、玻璃纤维布和金属等。

(3)引线

引线就是从电阻应变计的敏感栅中引出的细金属线。

对引线材料的性能要求:电阻率低,电阻温度系数小,抗氧化性能好,易于焊接。

大多数敏感栅材料都可用于制作引线。

4.3.2 电阻应变计的分类

电阻应变计可按敏感栅材料、基底材料和敏感栅的结构形式进行分类,也可按用途、安装方式和极限工作温度等进行分类。

按敏感栅材料主要分为金属式和半导体式两大类，其中金属式应变计主要包括箔式应变计、丝式应变计和薄膜应变计，半导体式应变计主要包括体型半导体应变计、薄膜型半导体应变计和扩散型半导体应变计。

按基底材料可分为纸基、胶膜基、玻璃纤维增强基底、金属基底等，其中胶膜基又包括环氧类胶基、酚醛类胶基、聚酯类胶基、聚酰亚胺胶基等。

按敏感栅的结构形式可分为单轴应变计、单轴多栅应变计和多轴应变计，多轴应变计又称应变花。

根据用途可分为常规应变计和特种应变计。

根据安装方式可分为粘贴式应变计、焊接式应变计和喷涂式应变计。

根据极限工作温度范围可分为常温应变计、中温应变计、高温应变计和低温应变计：

(1)常温应变计：工作温度范围一般为(－30～60)℃的应变计；

(2)中温应变计：工作温度高于 60 ℃，但不超过 300 ℃的应变计；

(3)高温应变计：工作温度高于 300 ℃的应变计；

(4)低温应变计：工作温度低于－30 ℃的应变计。

4.3.3　金属粘贴式电阻应变计的型号命名

工程中常用的电阻应变计为金属粘贴式电阻应变计，该应变计的型号命名由 8 项组成，如图 4-3 所示。

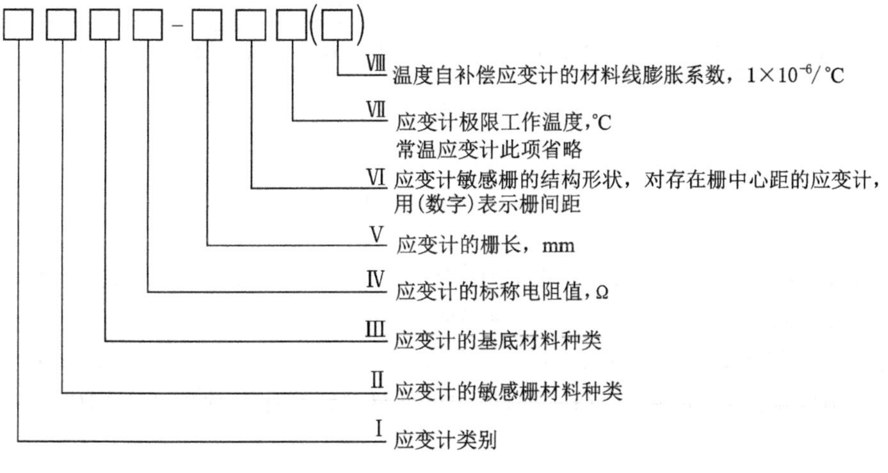

图 4-3　金属粘贴式电阻应变计型号

图 4-3 中第Ⅰ项表示金属粘贴式电阻应变计的类别，用字母表示，其类别及代号为：B——箔式应变计；S——丝式应变计；T——特殊用途应变计。

第Ⅱ项表示金属粘贴式电阻应变计的敏感栅材料类别，用字母表示，其类别及代号为：D——大应变合金；C——康铜合金；K——卡玛合金；I——恒弹合金；W——铂钨合金。

第Ⅲ项表示金属粘贴式电阻应变计的基底材料类别，用字母表示，其类别及代号为：H——环氧类；F——酚醛类；J——聚酯类；B——玻璃纤维布浸胶类；A——聚酰亚胺类；Q——其他。

第Ⅳ项表示金属粘贴式电阻应变计的标称电阻值，直接用数字表示。

第Ⅴ项表示金属粘贴式电阻应变计的栅长，直接用数字表示。当栅长小于 1mm 时，小数点省略。如栅长 0.2mm，表示为 02。对于某些电阻应变计，它们的敏感栅尺寸不能用栅长来表示，则该项数字所表示的结构尺寸由制造单位规定。

第Ⅵ项表示金属粘贴式电阻应变计敏感栅的结构形状，由两个字母组成，对于存在栅中心距的应变计，可在字母后的括号内加数字以表示栅间距。应变计结构形状及代号见表 4-2。

表 4-2　应变计结构形状及代号

序号	代表字母	结构形状	说明	序号	代表字母	结构形状	说明
1	AA	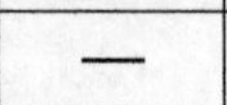	单轴	13	FB	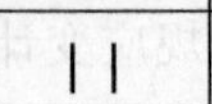	平等轴二栅
2	BA	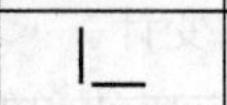	二轴90°	14	FC	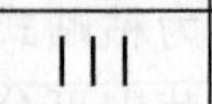	平等轴三栅
3	BB	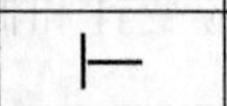	二轴90°	15	FD		平等轴四栅
4	BC	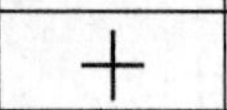	二轴90°重叠	16	GB	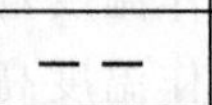	同轴二栅
5	CA	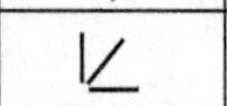	三轴45°	17	GC	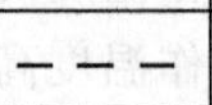	同轴三栅
6	CB		三轴45°重叠	18	GD	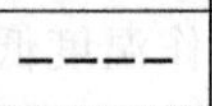	同轴四栅
7	CC	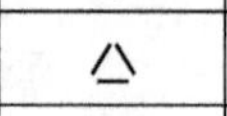	三轴60°	19	HA	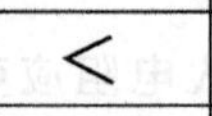	二轴二栅45°
8	CD		三轴120°	20	HB		二轴四栅45°
9	DA	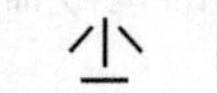	四轴60°/90°	21	HC		二轴六栅45°
10	DB		四轴45°/90°	22	HD		二轴八栅45°
11	EA		二轴四栅45°	23	JA		螺线栅
12	EB	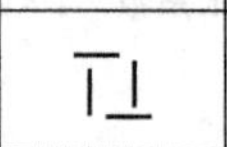	二轴四栅90°	24	KA		圆膜栅

第Ⅶ项表示金属粘贴式电阻应变计的极限工作温度，直接用数字表示，常温应变计此项省略。

第Ⅷ项表示温度自补偿应变计所适用试件材料的线膨胀系数，直接用数字表示，对于非温度自补偿应变计此项省略。

示例：BCH350-3AA(23)表示：常温、箔式、单轴，敏感栅为康铜合金，基底材料为环氧类，电阻值为 350Ω，栅长 3mm，温度自补偿所适用试件材料线膨胀系数为 $2.3\times10^{-5}/℃$ 的电阻应变计。

4.3.4　常见电阻应变计介绍

(1)金属丝式应变计

金属丝式应变计是采用直径 20 ～ 50 μm 的合金丝作为敏感栅的电阻应变计。受绕丝设备限制，金属丝式应变计栅长一般不能小于 2 mm。金属丝式应变计有丝绕式和短接式两种，丝绕式是用一根金属丝绕制而成[图 4-4(a)]，而短接式是将数根平行的金属丝在两端部相间短接形成[图 4-4(b)]。丝绕式应变计疲劳寿命好，但横向效应较大，测量精度较差，短接式横向效应小，但焊点多、疲劳寿命短。目前实际应用中已较少采用金属丝式应变计。

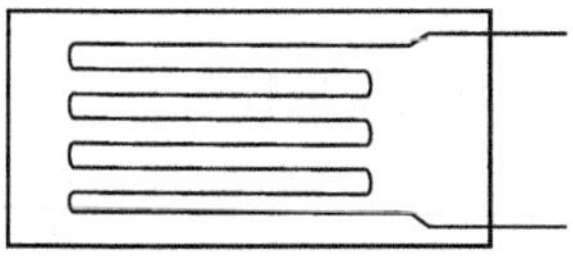

(a)

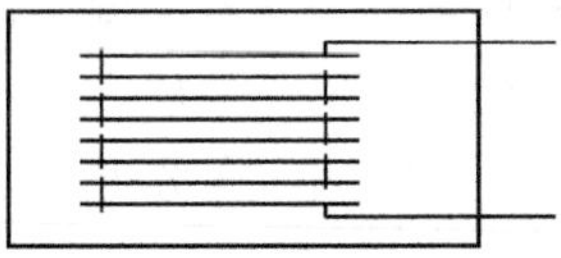

(b)

图 4-4　金属丝式应变计

(a)丝绕式;(b)短接式

(2)金属箔式应变计

金属箔式应变计的敏感栅是用厚度为 3～5 μm 的铜镍合金或镍铬合金的金属箔光刻制成，栅长最小可做成 0.2 mm。基底是在箔的另一面涂上树脂胶，经过加温聚合而成，基底的厚度一般为 30～50 μm。各种类型的金属箔式应变计如图 4-5 所示。

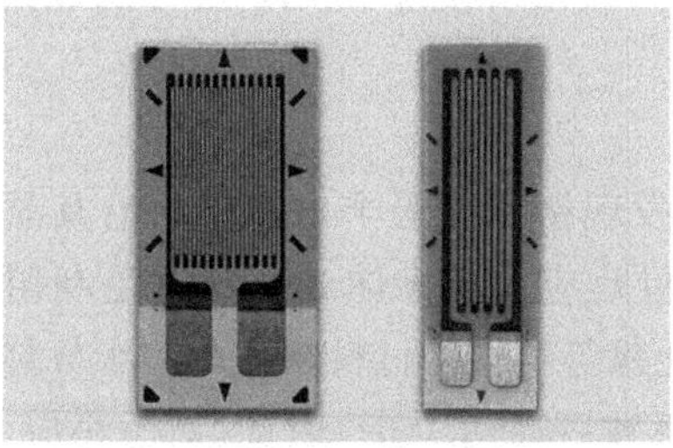

(a)

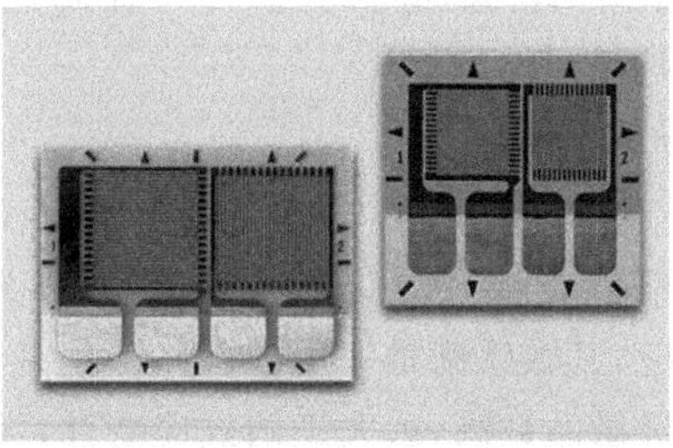

(b)

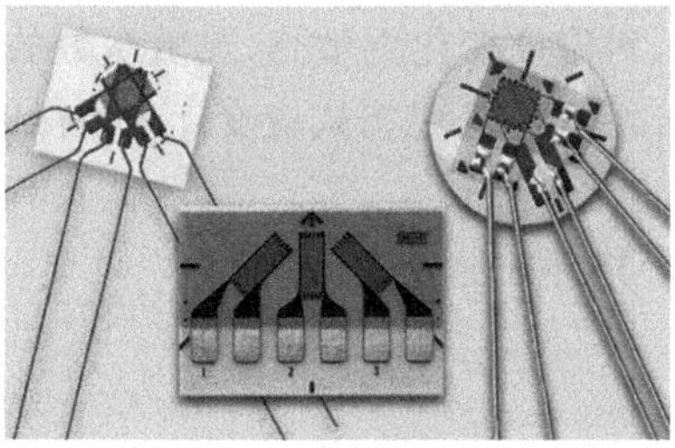

(c)

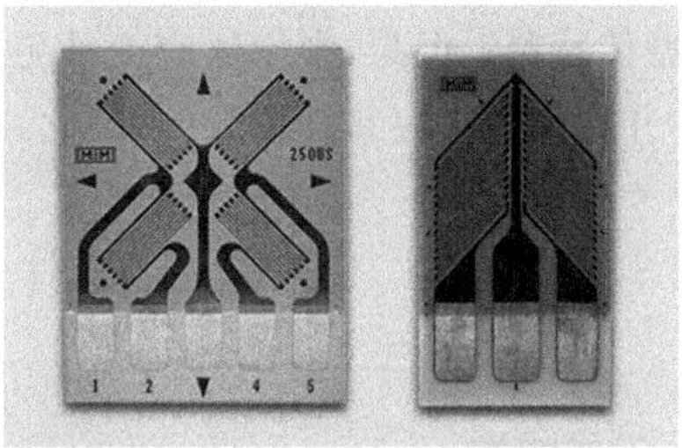

(d)

(e)

图 4-5　金属箔式应变计

(a)单轴应变计;(b)二轴 90°应变计;(c)三轴应变计;(d)测扭矩应变计;(e)环形应变计

与丝绕式应变计相比，箔式应变计具有以下优点：

① 敏感栅薄而宽，测量精度高，测量灵敏度高。

② 敏感栅的横向端部为较宽的栅条，横向效应远小于丝式应变计。

③ 箔式应变计能保证尺寸准确，线条均匀，故灵敏系数分散性小。

④ 箔式应变计的蠕变小、疲劳寿命长，一般可达 $10^6 \sim 10^7$ 循环次数，应变极限一般为 20000 μm/m。

⑤ 具有良好的加工性能，可以方便地制作各种形状和尺寸的应变计。

⑥ 制造工艺自动化，可批量生产，生产效率高。

金属箔式应变计具有以上优点，是当前实际工程中使用最普遍的应变计，通常所说的金属型应变计都是指金属箔式应变计。

(3)薄膜应变计

薄膜应变计的敏感栅是用真空蒸发或溅射等方法贴在基底材料上，形成薄膜，再经光刻制成。薄膜厚度约为箔厚的 1/10 以下。敏感栅与基底附着力强，蠕变和滞后很小，采用镍铬合金薄膜和氧化铝基底的薄膜应变计可在高达 540℃温度环境中使用，还可制成高达 800℃环境中使用的应变计。

(4)半导体应变计

1954 年，C. S. 史密斯(C. S. Smith)等人研究发现锗和硅等半导体材料沿其晶轴方向受力时其电阻值将发生很大的变化，这一现象称为压阻效应。半导体应变计就是利用了半导体材料的压阻效应，其敏感栅是采用硅、锗、锑化钢、磷化镓等半导体材料制成的。半导体应变计的最大特点是其灵敏系数高，远大于箔式应变计，灵敏系数可高达 150。因此，对于小应变测量，半导体应变计可替代箔式应变计。半导体应变计横向效应系数小、机械滞后小，同时，本身体积小，可便于制作小型传感器。但是，半导体应变计更昂贵，对温度变化更敏感，灵敏系数的稳定性差和离散性较大，并且比箔式应变计更脆弱，因此，在一般情况下还是箔式应变计应用得更多。

4.4 电阻应变计的工作特性及其标定

4.4.1 工作特性

用数据或曲线表征的电阻应变计的性能或特点，称为电阻应变计的工作特性。常温应变计的主要工作特性包括：应变计电阻、灵敏系数、机械滞后、蠕变、横向效应系数、灵敏系数的温度系数、热输出、漂移、热滞后、绝缘电阻、应变极限、疲劳寿命、瞬时热输出、极限工作温度、最大工作电流等。下面对这些工作特性分别进行介绍。

(1)应变计电阻

应变计电阻是指电阻应变计在没有安装且不受外力的情况下，室温时测定的电阻值。应变计电阻主要根据测量对象和测量仪器的要求进行选定。常用的应变计电阻为 60 Ω，120 Ω，200 Ω，350 Ω，500 Ω，1000 Ω。应变计电阻增加，在相同工作电流条件下可提高工作电压，从而可以提高测量灵敏度。实际工程中应用最多的应变计电阻是 120 Ω，电阻应变式传感器一般采用 350 Ω 及更高阻值的应变计。

(2)灵敏系数

安装在被测试件上的电阻应变计，在其轴向(应变计栅长方向)受到单向应力时引起的电阻相对变化与由此单向应力引起的试件表面轴向应变之比称为应变计的灵敏系数，以 K 表

示，即有

$$K = \frac{\frac{\Delta R}{R}}{\varepsilon} \tag{4-12}$$

式中 ε——试件表面上的轴向应变；

$\Delta R/R$——由试件表面上轴向应变所引起的应变计电阻的相对变化。

电阻应变计的灵敏系数 K 主要取决于敏感栅材料（金属丝）的灵敏系数 K_s，但两者又不相等，一般有 $K < K_s$，主要原因在于胶层传递变形失真，横向效应（横栅的影响）也是一个不可忽视的因素，两者具有以下理论关系，即

$$K = \frac{K_s}{1 + \frac{4h}{ab} \cdot \frac{A}{L}(1 + \nu_b)\frac{E_s}{E_b}} \tag{4-13}$$

式中 h——基底和黏结剂层总厚度；

b——基底和黏结剂传递应变到敏感栅的过渡区有效宽度；

a——过渡区的长度；

A——敏感栅的丝栅截面面积；

L——敏感栅栅长；

ν_b——基底黏结剂层的泊松比；

E_b——基底黏结剂层的弹性模量；

E_s——敏感栅材料的弹性模量。

工程中常用电阻应变计的灵敏系数一般为 2.0～2.4。

（3）机械滞后

对于已安装的电阻应变计，在温度恒定时，增加和减少机械应变过程中同一机械应变量下指示应变的差值称为机械滞后。机械滞后的产生与敏感栅、基底和黏结剂材料有关，制造或安装过程操作不当也会导致机械滞后，在较高温度或承受较高应变时也会增大机械滞后。在实际测试时可通过预先加载和卸载几次后再进行正式测试，可以减小机械滞后的影响。

（4）蠕变

对于已安装的电阻应变计，在承受恒定的真实应变情况下，温度恒定时指示应变随时间的变化称为蠕变。蠕变主要是黏结剂胶层在传递应变的过程中出现“滑动”所导致的。

（5）横向效应系数

横向效应系数是指在同一单向应变作用下，垂直于应变方向安装的电阻应变计的指示应变与平行于应变方向安装的同批电阻应变计的指示应变之比，亦即在同一单向应变作用下，电阻应变计的横向灵敏系数与纵向灵敏系数之比，用百分数表示。

横向效应的产生主要是由于电阻应变计的敏感栅中除了有纵栅外，还有圆弧形或直线形的横栅。横栅既对应变计栅长方向的纵向应变敏感，又对垂直于栅长方向的横向应变敏感，即除了纵向应变会引起电阻应变计的电阻变化外，横向应变也会引起电阻应变计的电阻变化。

平面应变状态下，沿纵向的应变为 ε_x，沿横向的应变为 ε_y，则电阻应变计的电阻变化应包括纵向应变引起的电阻变化与横向应变引起的电阻变化之和。设应变计纵向灵敏系数为 K_x，横向灵敏系数为 K_y，则电阻应变计总的电阻相对变化为

$$\frac{\Delta R}{R}=K_x\varepsilon_x+K_y\varepsilon_y \tag{4-14}$$

横向效应系数为

$$H=\frac{K_y}{K_x}\times 100\% \tag{4-15}$$

一般电阻应变计的横向效应系数为0.1%～5%。

(6)灵敏系数的温度系数

电阻应变计在相应温度范围内每100 ℃灵敏系数的变化率称为灵敏系数的温度系数。即

$$d_K=\frac{100\cdot(K_{tm}-\overline{K}_0)}{(t_m-t_0)\cdot\overline{K}_0}\times 100\% \tag{4-16}$$

式中 t_0——室温，℃；

t_m——极限工作温度，℃；

$\overline{K}_0$——应变计在室温时的平均灵敏系数；

K_{tm}——应变计在极限工作温度下的灵敏系数。

(7)热输出

电阻应变计安装在具有某一线膨胀系数的试件上，试件不受外力作用可以自由膨胀，在缓慢升(或降)温的均匀温度场内，由温度变化引起的指示应变称为热输出。

热输出主要由两部分组成：一部分是由于敏感栅材料本身的电阻随温度变化而变化，导致电阻相对变化，从而产生了输出；另一部分是由于敏感栅材料和被测试件的线膨胀系数不同导致敏感栅产生附加变形，从而也产生了输出。

根据物理学公式，温度变化所导致的敏感栅材料本身的电阻变化为

$$\Delta R_{t1}=\alpha\cdot\Delta t\cdot R \tag{4-17}$$

式中 α——敏感栅材料的电阻温度系数，℃$^{-1}$；

Δt——温度变化，℃。

线膨胀系数不同所导致的敏感栅附加变形为

$$\Delta L=(\beta_m-\beta_s)\cdot\Delta t\cdot L \tag{4-18}$$

式中 β_m——试件材料的线膨胀系数，℃$^{-1}$；

β_s——敏感栅材料的线膨胀系数，℃$^{-1}$。

根据敏感栅应变与电阻变化关系可得该变形所产生的电阻变化为：

$$\Delta R_{t2}=K_s\frac{\Delta L}{L}R=K_s(\beta_m-\beta_s)\cdot\Delta t\cdot R \tag{4-19}$$

总的电阻相对变化为

$$\frac{\Delta R}{R}=\frac{\Delta R_{t1}+\Delta R_{t2}}{R}=[\alpha+K_s(\beta_m-\beta_s)]\cdot\Delta t \tag{4-20}$$

则该应变计的热输出为

$$\varepsilon=\frac{1}{K}\left(\frac{\Delta R}{R}\right)=\frac{1}{K}[\alpha+K_s(\beta_m-\beta_s)]\cdot\Delta t \tag{4-21}$$

(8)漂移

对于已安装的电阻应变计，在温度恒定、试件不受力的条件下，指示应变随时间的变化称为漂移。常温短期测量时，这一工作特性不是很重要，如果长期测量或应用于传感器时，应该

测定该特性，以保证测量结果的稳定性。

(9)热滞后

对于已安装的电阻应变计，试件可以自由膨胀并不受外力作用，在室温与极限工作温度之间升温与降温时，同一温度下指示应变的差值称为热滞后。

(10)绝缘电阻

绝缘电阻是已安装的电阻应变计的敏感栅及引线与被测试件之间的电阻值。

(11)应变极限

应变极限是对于已安装的电阻应变计，在温度恒定时，指示应变和真实应变的相对误差不超过规定数值时的最大真实应变值。

(12)疲劳寿命

疲劳寿命是已安装的电阻应变计在恒定幅值的交变应力作用下，连续工作到产生疲劳损坏时的循环次数。

(13)瞬时热输出

瞬时热输出是当电阻应变计安装在某一线膨胀系数的试件上，试件可以自由膨胀并不受外力作用，以一定的速率快速升(或降)温时，由温度变化引起的指示应变。

(14)极限工作温度

极限工作温度是在规定的条件下，能保持电阻应变计工作特性不变或在允许范围内变化的最高工作温度或最低工作温度。

(15)最大工作电流

最大工作电流是对已安装的应变计，允许通过敏感栅而不影响其工作特性的最大电流值。

根据应变计工作特性的单项技术指标将电阻应变计分为 A、B、C 三个级别。用于应力分析的电阻应变计和用于传感器的电阻应变计单项技术指标分别见表 4-3 和表 4-4。相关工作特性参数的标定值均应满足表 4-3 或表 4-4 规定的技术指标。

表 4-3　用于应力分析的电阻应变计单项技术指标

工作特性	说明			级别		
				A	B	C
应变计电阻	对平均值的允差	单栅	±%	0.3	0.5	0.8
		双栅		0.7	1.0	1.5
		多栅		0.8	1.0	1.5
	对标称值的偏差		±%	1.0	1.5	2.0
灵敏系数	对平均值的分散		±%	1	2	3
机械滞后	室温下的机械滞后		μm/m	3	5	8
	极限工作温度下的机械滞后		μm/m	10	20	30
蠕变	室温下的蠕变		μm/m	3	5	10
	极限工作温度下的蠕变		μm/m	20	30	50
横向效应系数	室温下的横向效应系数		±%	0.6	1	2
灵敏系数的温度系数	工作温度范围内的平均变化		±%100℃	1	2	3
	每一温度下灵敏系数对平均值的分散		±%	3	4	6

续表 4-3

工作特性	说明		级别 A	级别 B	级别 C
热输出	平均热输出系数	(μm/m)/℃	1.5	2	4
	对平均热输出的分散	±μm/m	60	100	200
漂移	室温下的漂移	μm/m	1	3	5
	极限工作温度下的漂移	μm/m	10	25	50
热滞后	每一工作温度下	μm/m	15	30	50
绝缘电阻	室温下的绝缘电阻	MΩ	10^4	2×10^2	10^3
	极限工作温度下的绝缘电阻	MΩ	10	5	2
应变极限	室温下的应变极限	μm/m	2×10^4	10^4	8×10^3
	极限工作温度下的应变极限	μm/m	8×10^3	5×10^3	3×10^3
疲劳寿命	室温下的疲劳寿命	循环次数	10^7	10^6	10^5
	极限工作温度下的疲劳寿命				
瞬时热输出	根据用户需要,测试并给出应变计平均瞬时热输出数据或曲线				

表 4-4 用于传感器的电阻应变计单项技术指标

工作特性	说明			级别 A	级别 B	级别 C
应变计电阻	对平均值的允差	单栅	±%	0.2	0.3	0.6
		双栅		0.7	1.0	1.5
		多栅		0.8	1.0	1.5
	对标称值的偏差		±%	0.5	0.8	1.5
灵敏系数	对平均值的分散		±%	1	2	3
机械滞后	室温下的机械滞后		μm/m	3	5	8
	极限工作温度下的机械滞后		μm/m	10	20	30
蠕变	蠕变对平均值的分散		±μm/m	3	5	10
	极限工作温度下的蠕变		μm/m	20	30	50
灵敏系数的温度系数	工作温度范围内的平均变化		±%/100℃	1	2	3
	每一温度下灵敏系数对平均值的分散		±%	3	4	6
热输出	平均热输出系数		(μm/m)/℃	1.5	2	4
	对平均热输出的分散		±μm/m	30	100	200
漂移	室温下的漂移		μm/m	1	3	5
	极限工作温度下的漂移		μm/m	10	25	50

续表 4-4

工作特性	说明		级别		
			A	B	C
疲劳寿命	室温下的疲劳寿命	循环次数	10^7	10^6	10^5
	极限工作温度下的疲劳寿命				

4.4.2　主要工作特性的标定

(1)灵敏系数的标定

根据电阻应变计灵敏系数的定义，有

$$K=\frac{\frac{\Delta R}{R}}{\varepsilon}$$

为了确定灵敏系数 K，可以通过实验分别获得 $\Delta R/R$ 和 ε 后计算得到 K。具体标定时需要一个精确加工的标定梁，以及能够使该标定梁的轴向产生均匀的单向应力并能实现双向等幅加载的装置。标定梁的厚度为(20～26)mm，梁表面机械应变的测量不确定度应小于0.2%。一般采用纯弯曲梁或等强度悬臂梁作为标定梁。标定梁材料一般采用泊松比为0.285左右的金属，标定梁处于单向应力状态，且电阻应变计的纵向与标定梁的应力方向平行。

这里以纯弯曲梁为例作为标定梁，如图 4-6 所示。

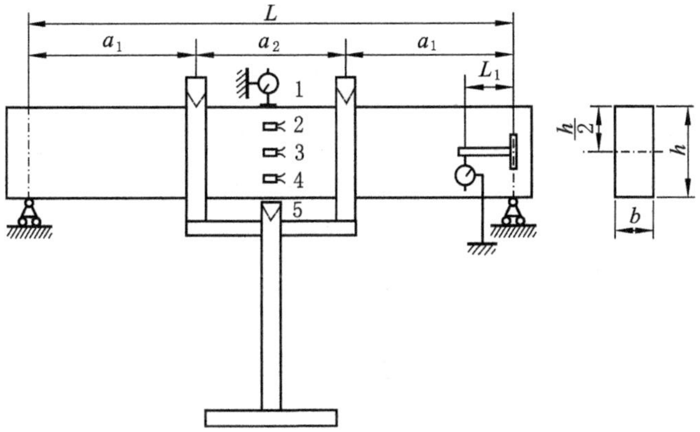

图 4-6　纯弯曲标定梁

通过在纯弯曲梁跨中设置千分表可以获得跨中挠度，然后根据相关几何尺寸可以计算得到纯弯曲梁上下表面沿轴向的应变，上下表面应变的绝对值为

$$\varepsilon_J=\frac{12hf}{3l^2-4a_1^2}\tag{4-22}$$

式中　f——梁跨中千分表的读数增量；

l——梁的跨度；

h——梁的高度；

a_1——加载点到支座的距离。

电阻的相对变化可采用电阻应变计指示应变的测量仪器或采用指示电阻相对变化的测量

仪器进行测量。采用电阻应变计指示应变的测量仪器时，如果是A级电阻应变计的标定，其测量不确定度应小于0.1%，如果是B级及以下的应变计的标定，其测量不确定度应小于0.5%。如果使用指示电阻相对变化的测量仪器时，其测量不确定度应小于0.03%，显示数字位数不少于7位半。

标定时的环境温度为(20±5)℃，相对湿度为70%以下，并要求标定梁在该环境下放置不少于12 h。

将需要标定的电阻应变计样本分为相等或相近的两份，分别粘贴于标定梁工作段的受拉和受压面，并按照规定的工艺要求进行处理。粘贴时，应保证电阻应变计的纵轴平行于标定梁的轴向应力方向。

将电阻应变计与测量仪器连接时，接触电阻要求稳定。如采用电阻应变计，可用精密电阻作为测量电桥的平衡臂，精密电阻的准确度不低于0.01级。也可用同批的另一电阻应变计安装在与梁相同材料的试块上作为平衡和温度补偿。

测量前需要进行预加载，对标定梁的试样进行3次预加载，最大应变应比正式加载略高10%，即±(1100±50)μm/m。正式加载前，记录每个电阻应变计的初始读数。按照双向等幅应变循环方法，对预加载后的标定梁实施正式应变循环加载：0，+1000 μm/m，−1000 μm/m，0，重复进行三次。分别记录各0、+1000 μm/m点、−1000 μm/m点的测试数据，按下述步骤计算室温灵敏系数及其对平均值的分散。

① 计算单个应变计的灵敏系数(K_i)

计算受拉和受压各三次时每一次仪器的读数与初始读数之差的平均值$\Delta\bar{R}$。按下式计算单个应变计的灵敏系数

$$K_i = \frac{\Delta\bar{R}}{R_0 \cdot \bar{\varepsilon}_J} \tag{4-23}$$

式中 $\Delta\bar{R}$——同一应变计受拉和受压各三次时，仪器读数与初始读数之差的平均值；

R_0——正式加载前，记录的每个应变计的初始读数；

$\bar{\varepsilon}_J$——标定梁表面受拉和受压时机械应变绝对值的平均值。

如果采用应变仪记录应变读数，应变仪的灵敏系数一般设定为2.00，则电阻的相对变化为

$$\frac{\Delta R}{R} = 2\varepsilon_i \tag{4-24}$$

根据灵敏系数的定义，单个电阻应变计的灵敏系数可按下式计算

$$K_i = 2.00 \times \frac{\bar{\varepsilon}_i}{\bar{\varepsilon}_J} \tag{4-25}$$

式中 $\bar{\varepsilon}_i$——同一电阻应变计受拉和受压各三次时，仪器读数与初始读数(或零点)之差的平均值。

当电阻应变计的基底和黏结剂的厚度对检测结果有显著影响时，或者当进行仲裁检验时，应将标定梁表面轴向机械应变的平均值修正为：$\bar{\varepsilon}_J\left(1+\frac{2e}{h}\right)$。其中，$h$为梁工作段的厚度，$e$为应变计敏感栅的中心线与梁表面之间的距离。

对于同批应变计，如果上面两式的标定结果不一致，以前一种方法为准。

平均灵敏系数

$$\overline{K}=\frac{1}{n}\sum_{i=1}^{n}K_i \tag{4-26}$$

式中　n——被测应变计样本中的样本数，即样本容量。

② 计算应变计灵敏系数对其平均值的分散(δ_K)

$$\delta_K=t_p\times\frac{s_K}{\overline{K}}\times 100\% \tag{4-27}$$

式中　s_K——灵敏系数的标准偏差：$s_K=\sqrt{\frac{1}{n-1}\sum_{i=1}^{n}(K_i-\overline{K})^2}$；

t_p——置信水平为 p 的 t 分布临界值，置信水平 p 一般取 95%。

t_p 值与被测应变计总数 n 的对应关系见表 4-5。

表 4-5　t 分布的临界值表(置信水平 $p=95\%$)

n	t_p	n	t_p	n	t_p	n	t_p
6	2.57	13	2.18	20	2.09	27	2.06
7	2.45	14	2.16	21	2.09	28	2.05
8	2.36	15	2.14	22	2.08	29	2.05
9	2.31	16	2.13	23	2.07	30	2.05
10	2.26	17	2.12	24	2.07	31	2.04
11	2.23	18	2.11	25	2.06	32	2.04
12	2.20	19	2.10	26	2.06	33	2.04

(2)横向效应系数的标定

① 装置

标定电阻应变计横向效应系数的装置有如下两种：

a. 单向应变梁装置。使标定梁的表面产生单向应变 ε_x(主应变)为 1000 μm/m 时，其垂直方向的横向应变 ε_y 不大于 2 μm/m。

b. 单向应力梁装置。在单向应力 σ_x 作用下，标定梁在与应力平行的方向产生纵向应变 ε_x(主应变)的同时，还产生垂直于应力方向的横向应变 ε_y，根据泊松效应有 $\varepsilon_y=-\nu\varepsilon_x$。

② 操作步骤

按规定工艺将被测电阻应变计粘贴在标定梁的表面上，使其轴线垂直于纵向应变(主应变)方向，另外将两个或两个以上同样的电阻应变计按规定工艺也粘贴在试件(标定梁)的表面上，其轴线与纵向应变(主应变)方向平行，用作指示加载后标定梁应变量大小的标识应变计。

横向效应系数试验应在室温下进行。记录数据前，可采用单向加载方式，以约1000 μm/m应变水平预先加卸载三次。正式加卸载时，使标定梁产生约1000 μm/m的纵向应变(标识应变计读数的平均值)，同时记录下全部被测应变计的应变读数，连续加、卸载三次。

③ 计算

a. 采用单向应变梁装置

设 x 方向为主应变方向，则 y 方向的应变 $\varepsilon_y\approx 0$，并且采用应变仪记录应变读数，应变仪的灵敏系数设定为 K_0，则有

$$\left(\frac{\Delta R}{R}\right)_x = K_x\varepsilon_x + K_y\varepsilon_y = K_x\varepsilon_x = K_0\varepsilon_{ix} \tag{4-28}$$

$$\left(\frac{\Delta R}{R}\right)_y = K_x\varepsilon_y + K_y\varepsilon_x = K_y\varepsilon_x = K_0\varepsilon_{iy} \tag{4-29}$$

由上两式及横向效应系数的定义可得

$$H_i = \frac{\bar{\varepsilon}_{iy}}{\bar{\varepsilon}_{ix}} \times 100\% \tag{4-30}$$

式中　$\bar{\varepsilon}_{iy}$ ——单个被测应变计加卸载三次应变读数差的平均值；

$\bar{\varepsilon}_{ix}$ ——全部标识应变计加卸载三次应变读数差的总平均值。

b.采用单向应力梁装置

设 x 方向为主应变方向，则 y 方向的应变 $\varepsilon_y = -\nu\varepsilon_x$，并且采用应变计记录应变读数，应变计的灵敏系数设定为 K_0，则有

$$\left(\frac{\Delta R}{R}\right)_x = K_x\varepsilon_x + K_y\varepsilon_y = K_x\varepsilon_x - \nu K_y\varepsilon_x = K_0\varepsilon_{ix} \tag{4-31}$$

$$\left(\frac{\Delta R}{R}\right)_y = K_x\varepsilon_y + K_y\varepsilon_x = -\nu K_x\varepsilon_x + K_y\varepsilon_x = K_0\varepsilon_{iy} \tag{4-32}$$

由上两式及横向效应系数的定义可得

$$H_i = \frac{\bar{\varepsilon}_{iy} + \nu\bar{\varepsilon}_{ix}}{\bar{\varepsilon}_{ix} + \nu\bar{\varepsilon}_{iy}} \times 100\% \tag{4-33}$$

式中　ν——标定梁材料的泊松比。

将每个电阻应变计的横向效应系数取平均值，即得到该批电阻应变计的横向效应系数，即

$$H = \frac{1}{n}\sum_{i=1}^{n} H_i \tag{4-34}$$

(3)机械滞后的标定

机械滞后标定的试验装置、标定梁试件、测量仪器和操作步骤与灵敏系数的标定相同，需要在室温和极限工作温度下分别进行标定。

标定前以约 1000 μm/m 应变水平预先加卸载三次，每次达到(1000±50) μm/m 时停留不超过 1 min。

正式标定时，先记录每个电阻应变计的初始读数(或零点)，然后加卸载 3 次，记录每个电阻应变计每次卸载时的读数，计算每个电阻应变计相邻两次卸载时的应变读数之差，应变仪的灵敏系数设定为 2.00，则该电阻应变计的机械滞后为

$$Z_i = \frac{2.00}{K} \cdot \Delta\varepsilon_{max} \tag{4-35}$$

式中　$\Delta\varepsilon_{max}$ ——相邻两次卸载时应变读数之差的绝对值最大者；

K ——应变计在室温下的平均灵敏系数；

Z_i ——第 i 个应变计的机械滞后。

该批电阻应变计的机械滞后为

$$Z = \frac{1}{n}\sum_{i=1}^{n} Z_i \tag{4-36}$$

(4)蠕变

蠕变包括室温蠕变和极限工作温度下的蠕变。检验蠕变的试验装置、标定梁、测量仪器和

操作步骤与灵敏系数的标定相同，加载时为了使标定梁保持恒定的机械应变，可采用固定位移的加载方式，加载后标定梁不得有振颤产生。标定前各被测电阻应变计应保持 4 h 以上未承受机械载荷，测定蠕变时只允许加载一次。室温蠕变的标定应在室温下进行，极限工作温度的蠕变标定应将温度恒定在极限工作温度，温度波动不超过±1 ℃，并可采用同一批电阻应变计进行温度补偿。将标定梁在 15 s 内加载至(1000±50) μm/m，并保持恒定，加载后 1 min 内必须记录完全部被测应变计的第一次读数，然后前 30 min 每隔 5 min 记录一次，后 30 min 每隔 10 min 记录一次，共进行 1 h。

① 计算每个电阻应变计各次读数与第一次读数之差，取其中最大差值，用 θ_i 表示。

② 利用受拉、受压电阻应变计分别计算出平均值 $\bar{\theta}_L$ 和 $\bar{\theta}_Y$，然后以两者之中较大者 $\bar{\theta}_{\max}$ 经灵敏系数修正后，即得该批电阻应变计的蠕变值 θ。相关计算公式如下：

$$\bar{\theta}_L = \frac{1}{n_L}\sum_{i=1}^{n_L}\theta_i \tag{4-37}$$

$$\bar{\theta}_Y = \frac{1}{n_Y}\sum_{i=1}^{n_Y}\theta_i \tag{4-38}$$

$$\theta = \frac{2.00}{\overline{K}_0}\theta_{\max} \tag{4-39}$$

式中 n_L——受拉时被测电阻应变计的个数；

n_Y——受压时被测电阻应变计的个数；

θ_i——单只被测电阻应变计蠕变值；

$\overline{K}_0$——应变计在室温下的平均灵敏系数。

③ 蠕变的分散按下式计算：

$$\delta_\theta = t_p \times s_\theta \tag{4-40}$$

式(4-40)中 s_θ 为蠕变值的标准偏差，$s_\theta = \sqrt{\dfrac{1}{n-1}\sum_{i=1}^{n}(\theta_i - \bar{\theta})^2}$，其中 $\bar{\theta}$ 为全部被测应变计蠕变值的平均值，$\bar{\theta} = \dfrac{1}{n}\sum_{i=1}^{n}\theta_i$；$n$ 为全部被测应变计的个数，$n=n_L+n_Y$。

(5)灵敏系数的温度系数

需要一套由试件、加载装置和产生所需温度的装置组成的测试设备，加载装置作用在试件上的平均应变值能调整在 0～+1000 μm/m 或者±1000 μm/m 的应变。可采用(20～100) μm/m 的预应变代替零为初始应变。标定梁表面机械应变的测量不确定度小于 1%，梁表面温度的测量误差小于 0.5%或±1 ℃(取较大者)，标定梁工作长度内温度不均匀度不超过 2 ℃，保温时的温度波动不超过±1 ℃，测量电阻应变计指示应变的仪器同灵敏系数的标定。

正式加载时，各温度级下梁表面的机械应变量应与室温时相等。

测量室温被测电阻应变计的平均灵敏系数 $\overline{K}_0$ 和各温度级下每个电阻应变计的灵敏系数 K_{it}。计算各温度级下被测电阻应变计的平均灵敏系数 $\overline{K}_t$ 及其分散 δ_t，即

$$\overline{K}_t = \frac{1}{n}\sum_{i=1}^{n}K_{it} \tag{4-41}$$

$$\delta_t = t_p\sqrt{\frac{1}{n-1}\sum_{i=1}^{n}(K_{it} - \overline{K}_t)^2} \tag{4-42}$$

最后结果一般以 $\overline{K}_t$-t 或$\overline{K}_t/\overline{K}_0$-$t$ 曲线或表格的形式给出。

按下式计算每个电阻应变计在相应温度范围内每 100 ℃灵敏系数变化率 d_{Ki}：

$$d_{Ki}=\frac{100(K_{itm}-\overline{K}_0)}{(t_m-t_0)\overline{K}_0}\times 100\% \tag{4-43}$$

式中 K_{itm}——单个电阻应变计在极限工作温度下的灵敏系数；

t_0——室温；

t_m——极限工作温度。

将全部电阻应变计的灵敏系数变化率取平均值，即为该批电阻应变计每 100 ℃灵敏系数变化率 $\overline{d}_K$，即

$$\overline{d}_K=\frac{1}{n}\sum_{i=1}^{n}d_{Ki} \tag{4-44}$$

(6)热输出

测试热输出的高低温试验箱的温度不均匀度小于 2 ℃，保温时的温度波动小于±1 ℃，试件表面温度测量误差小于±0.5%；电阻应变计指示应变的测量不确定度应小于 0.5%；测量热输出的试件应满足试件内无内应力的要求，试件尺寸建议使用长 100 mm、宽 50 mm、厚 2～3 mm 的试件。

用于热输出测量的试件，应标明并记录其材料的线膨胀系数。已粘贴待测应变计的试件，应放在装有干燥剂的器皿中或湿度小于 50%的环境中。

对于规定的电阻应变计工作温度范围，应先确定数据采集的温度间隔：对于常温电阻应变计以 10 ℃左右为宜；中温电阻应变计以 20～40 ℃为宜；对于高温或低温电阻应变计，温度间隔以 30～50 ℃为宜。除常温电阻应变计外，生产厂也可以自行制定温度间隔，但不应少于 6 个测量点。

对于常温电阻应变计，在确定的各温度测试点，应一次性地完成全部被测电阻应变计样品的检验和数据采集，中高温电阻应变计可根据实际情况而定。若逐级升温，在每一温度级下，在温度稳定后（即在 10 min 内试件温度变化不超过±0.5 ℃时）方可记录数据。若连续升温，应同步记录指示应变读数和温度的读数。如热输出的变化剧烈，可增加温度测试点。

试验时，将粘贴电阻应变计的试样置于高低温试验箱内并连接测量线路。对于常温电阻应变计的热输出测试，温度的变化方向建议为：以室温 20～23 ℃为零点，进行测试仪器调零，逐级升温，至高温极限温度后，直接降到低温极限温度，再逐级升温，直至起始零点。

在每一温度测试点，测试并记录各电阻应变计的指示应变 ε_{ti}，计算全部被检电阻应变计的平均热输出 $\overline{\varepsilon}_t$ 及其标准偏差 s_ε。

$$\overline{\varepsilon}_t=\frac{1}{n}\sum_{i=1}^{n}\varepsilon_{ti} \tag{4-45}$$

$$s_\varepsilon=\sqrt{\frac{1}{n-1}\sum_{i=1}^{n}(\varepsilon_{ti}-\overline{\varepsilon}_t)^2} \tag{4-46}$$

在指定测试温度范围（$t_{\min}$～$t_{\max}$）内，找出各温度测试点下标准偏差的最大值 $s_{\max}$，乘以系数 t_p 即为该批电阻应变计平均热输出的分散。

电阻应变计的平均热输出系数 C_t 按下式计算：

$$C_t=\frac{\varepsilon_{t\max}-\varepsilon_{t\min}}{t_{\max}-t_{\min}} \tag{4-47}$$

式中　$\varepsilon_{t\max}$——在($t_{\min}\sim t_{\max}$)内，被测电阻应变计热输出的最大值；

$\varepsilon_{t\min}$——在($t_{\min}\sim t_{\max}$)内，被测电阻应变计热输出的最小值；

$t_{\max}$——应变计最高极限工作温度；

$t_{\min}$——应变计最低极限工作温度。

根据标定结果给出平均热输出 $\bar{\varepsilon}_t$-t 曲线或表格。

(7)漂移

电阻应变计的漂移包括室温漂移和极限工作温度漂移。漂移标定的试件及环境与热输出相同。测定漂移时被测电阻应变计通过的工作电流，应不超过电阻应变计最大工作电流。测定时应采用精密电阻作平衡。

室温漂移的标定应在室温下进行。将粘贴有电阻应变计的试件置于恒定室温环境 1 h 以上。待测量仪器充分预热后将各电阻应变计接入仪器，记录第一次读数后，每隔 10 min 读数一次，共进行 1 h，试验中应使各电阻应变计保持连续通电。

极限工作温度的漂移标定应在极限工作温度下进行。升温至极限温度，在 10 min 内使温度恒定，温度波动不超过±1℃。温度稳定后立即记录第一次读数，然后每隔 10 min 读数一次，共进行 1 h。

计算每个电阻应变计各次读数与第一次读数之差，取最大差值作为该电阻应变计的漂移读数值。

$$\Delta\varepsilon_i = \varepsilon_i - \varepsilon \tag{4-48}$$

$$P_i = \Delta\varepsilon_{\max} \tag{4-49}$$

式中　ε——单个被测应变计的第 1 次读数；

ε_i——单个被测应变计的第 n 次读数；

$\Delta\varepsilon_i$——与第一次读数的差值；

$\Delta\varepsilon_{\max}$——各次读数与第一次读数之差中的最大值；

P_i——该应变计的漂移读数值。

求各电阻应变计漂移读数值的平均值，经灵敏系数修正后，即为该批电阻应变计的漂移值。

(8)热滞后

检验中温或高温电阻应变计在不同温度下的热滞后，其试验装置、加载装置及测试仪器同热输出。按检验热输出的步骤升温至极限工作温度，然后逐级或连续降温至起始温度。记录全部读数或曲线，降温速率要求在(3～5) ℃/min 内。计算各电阻应变计在升温和降温过程中每一温度级各应变的读数差，以其中最大值经灵敏系数修正即为该温度级应变计的热滞后值(Z)，数据处理同机械滞后。

(9)瞬时热输出

检验中温或高温电阻应变计在快速升温或降温时的热输出。瞬时热输出的试件尺寸约 50 mm×100 mm×1 mm，采用的快速加热装置应保证检验区温度不均匀度小于 2 ℃。测试仪器的测量不确定度不大于 0.5%，标定用精密电阻的准确度不低于 0.2 级。

检验步骤：将试件安装在加热装置的均匀温度区内，试件不应产生附加应力。电阻应变计采用三线输出，以消除导线热输出影响。室温时调整仪器零点，然后按选定速率快速升温或降温至极限工作温度，连续同步记录电阻应变计指示应变和试件表面温度。计算瞬时热输出的平均值并给出电阻应变计平均瞬时热输出曲线或表格。

(10)室温和极限工作温度的绝缘电阻

绝缘电阻测试仪器的测量电压为 100 V(DC),测量不确定度不大于 10%。测量极限工作温度的绝缘电阻时,加热装置应保证工作温度波动不超过±5 ℃。在室温和极限温度下检验每个电阻应变计的绝缘电阻,当换接测量电极对读数有影响时,应取较低的读数。

(11)室温和极限工作温度的应变极限

检测用拉伸试件表面机械应变的测量误差小于 50 μm/m 或测量值的 0.5%;指示应变仪器测量不确定度小于 1%。检测极限工作温度的应变极限时,加热装置应保证试件工作长度内的温度不均匀度和波动不超过±2 ℃。温度测量不确定度不大于 1%。

将被测电阻应变计沿试件轴线方向安装在其工作长度内的表面上,并进行规定的固化处理。将电阻应变计与测量仪器连接,安装并调整试件机械应变的测量装置。在室温或极限工作温度下,逐级加载(或连续加载),开始时试件机械应变的增量为 500～1000 μm/m,至接近预期的机械应变极限时,减至较小的增量加载,记录每级加载的机械应变和指示应变,直至达到规定的应变极限或电阻应变计被破坏为止。

(12)室温和极限工作温度的疲劳寿命

检测用能产生一恒定幅值交变应变的疲劳测定装置,要求在测定疲劳寿命过程中梁表面机械应变的幅值变化应小于 1%,频率范围为 20～50 Hz。加热装置应能保证标定梁工作长度内的温度不均匀度和波动不超过±2 ℃,测量动态应变的指示仪器,其不确定度小于 1%。

试验步骤:电阻测量方法采用四线制连接,应变测量方法采用三线制连接。调整设备使梁表面的机械应变水平为(1000±50) μm/m。在室温和极限工作温度下进行试验,每隔一定的循环次数或时间观察一次应变计的输出波形并记录输出幅值,直至疲劳损坏或规定的循环次数为止。

当出现下列情况之一时,即认为疲劳损坏:

① 电阻应变计断路;

② 电阻应变计输出幅值变化仅 10%;

③ 电阻应变计输出波形出现穗状尖峰。

数据处理:被测电阻应变计中任意一个最先达到疲劳损坏的循环次数,即为该批或该型号电阻应变计的疲劳寿命。

4.5 电阻应变计的选择与粘贴

4.5.1 电阻应变计的选择

电阻应变计的选择应该根据实验相关要求选择合适的电阻应变计种类、栅长及阻值等。

(1)电阻应变计种类的选择

一般情况下可选择粘贴式金属箔式电阻应变计,然后再根据工作温度范围,选择合适的电阻应变计类别。工作温度范围为－30～60 ℃的应选择常温应变计;最高工作温度高于 60 ℃但不超过 300 ℃的应选择中温应变计;最高工作温度高于 300 ℃时应选择高温应变计;最低工作温度低于－30 ℃时应选择低温应变计。当环境温度变化大,温度补偿难以实现温度补偿作用时，应选用温度自补偿电阻应变计。此外，在潮湿环境中，应选用防潮性能好的胶膜应变计，如酚醛-缩醛应变计、聚酯胶膜应变计等；在磁场环境下，电阻应变计的敏感栅材料应采用磁致伸缩效应小的镍铬合金或铂钨合金；如果是大变形情况，需要采用专门的大变形应变计。根据不同的应力状态来选择单轴电阻应变计或应变花。

(2)电阻应变计尺寸的选择

电阻应变计的尺寸一般可根据应变梯度、材料及允许的粘贴面积等进行选择。对应力集中区等应变梯度大的区域进行测试时，应选用栅长相对较小的电阻应变计，如选用栅长不大于1 mm的电阻应变计。当被测构件的材料为非均质材料(如木材、混凝土等)时，则应选用栅长较大的应变计，以消除材料不均匀带来的影响。用于混凝土表面应变测量的电阻应变计，其栅长一般应比混凝土中颗粒直径大四倍以上。对于塑料等导热性差的材料，一般选用栅长大的电阻应变计。电阻应变计的尺寸越小，则对粘贴质量的要求越高，因此，在确保测量精度和有足够安装面积的前提下，宜选用栅长较大的电阻应变计。

(3)电阻应变计电阻的选择

电阻应变计电阻一般应根据测试仪器对应变电阻值和测量应变灵敏度的要求、测试条件等进行选择。例如，进行应力-应变分析测试时，一般都选用电阻值为120 Ω的电阻应变计，主要是因为常用的电阻应变仪通常是按电阻应变计电阻值为(120±5) Ω进行设计的。而对于传感器用电阻应变计，为了提高其稳定性或输出灵敏度，通常选用较高的电阻值，如350 Ω、500 Ω、1000 Ω甚至5000 Ω的电阻应变计。此外，为了减少电阻应变计引线和连接导线的电阻对电阻应变计应变灵敏度的衰减作用，或为了提高动态应变测量的信噪比，也选用高电阻值的电阻应变计。

4.5.2 电阻应变计的粘贴

常温电阻应变计的安装通常采用粘贴法，电阻应变计的粘贴是电测法中的一个关键环节，将直接影响结果的精度。电阻应变计的粘贴主要包括以下步骤：

(1)电阻应变计的准备

贴片前应对电阻应变计进行外观检查和阻值测量。可通过肉眼或借助放大镜对电阻应变计的外观进行检查，主要检查电阻应变计的敏感栅有无锈斑、基底和覆盖层有无破损、引线是否牢固等。阻值测量可采用欧姆表进行，其目的是检查电阻应变计是否有断路、短路情况，并按阻值进行分选，以保证使用同一温度补偿片的一组电阻应变计的阻值相差不超过0.1 Ω.

(2)粘贴表面的准备

首先进行打磨工艺，主要是除去构件粘贴表面的油污、漆、锈斑、电镀层等，并用细砂布磨光。对于非常光滑的构件，需用细砂布沿45°方向交叉打磨出细纹以增加黏结力，打磨面积约为电阻应变计面积的5倍左右。打磨完毕后用钢画针轻轻画出贴片的准确方位。

然后进行清洗工艺。用浸有酒精(或丙酮)的纱布片或脱脂棉球对贴片部位进行反复擦洗，直至纱布片或棉球上看不见污迹为止。

对于混凝土、石料等建筑构件，通常需要在粘贴部位先敷一薄层环氧树脂涂料。

(3)贴片与固化

贴片工艺随所用黏结剂不同而异，贴片时最常用的是氰基丙烯酸酯黏结剂(如502胶水、501胶水黏结剂)。

用502胶水贴片的基本工艺为：待表面准备过程中的清洗剂挥发后，在贴片位置滴一点502胶水，用电阻应变计背面将胶水涂均匀，然后用镊子将电阻应变计拨动并调整好位置，接下来在电阻应变计上垫上一层聚乙烯或四氟乙烯塑料薄膜，用手指轻轻滚压，挤出多余的胶，并排除应变计下面的气泡，使应变计和试件完全贴合。过适当时间后，从应变计无引线的一端开始向有引线的一端揭掉塑料薄膜。

用502胶水完成贴片后，只要在室温下放置数小时即可充分固化。对于需要加温固化的黏结剂，应严格按规范进行。一般是用红外线灯烘烤，但加温速度不能太快，以免产生气泡。

采用接线端子连接的，应将接线端子粘贴在电阻应变计附近。

粘贴好的电阻应变计应保证位置准确、粘贴牢固、胶层均匀、无气泡和整洁干净。

(4)焊接与固定

黏结剂初步固化后，即可焊接。导线与电阻应变计引线之间一般通过接线端子进行连接，需要将电阻应变计引线和导线分别焊接在接线端子上。

常温静态应变测量时，导线可采用 $\phi 0.1 \sim 0.3$ mm 的单丝纱包铜线或多股铜芯塑料软线。动态测量应采用三芯或四芯屏蔽电缆线做导线。

常温应变计均用锡焊。为了防止虚焊，必须除尽焊接端的氧化皮、绝缘物，再用酒精、丙酮等溶剂清洗，焊接要准确、迅速。

已焊接好的导线最好与试件绑扎固定在一起。固定的方法有用胶布粘、用胶粘（如用502胶水）等。

(5)贴片质量检查

对已充分固化并已接好导线的电阻应变计，在正式使用前必须进行贴片质量检查，包括外观检查、应变计电阻和绝缘电阻测量等。外观检查主要观察电阻应变计粘贴是否牢固和无气泡，贴片方位是否正确，应变计有无损伤等。测量电阻应变计电阻可以检查有无短路和断路。应具有足够高的绝缘电阻，一般应不低于100 MΩ。

(6)防护

电阻应变计受潮会降低绝缘电阻和黏结强度，严重时会使敏感栅锈蚀，酸、碱及油类等介质浸入甚至会改变基底和黏结剂的物理性质。因此，对安装后的电阻应变计，应采取适当的防护措施。

完成贴片检查后应立即采取防护措施，一般可采用硅橡胶密封剂、环氧树脂、石蜡或凡士林等作为防护材料涂覆后形成防护层。涂覆范围包括电阻应变计及引线、接线端子及导线裸露部分等，要特别注意防止引线或导线的短路及与试件直接接触。

拓展阅读：我国电阻应变计的发展历史

我国的电阻应变计的研究、生产开始于20世纪50年代，是由苏联和英、美等国传入的。当时从美国进口电阻应变计，每片为7美元。北京航空学院（北京航空航天大学的前身）徐德治老师等从20世纪50年代开始研究以“祖国牌”命名的电阻丝应变计、黏结剂、静态应变仪等产品并实现了市场化，每片价格为人民币7分钱。当时人民币对美元的汇率为2.46元，即一片国产电阻应变计的价格仅为进口价格的1/246。机械研究院黄述章等设计的电阻应变计半自动绕制机，为提高产品性能和生产效率起了重要的作用。

20世纪60年代初，北京钢铁学院和702研究所成功研制出箔式应变计，为在应力测量和传感器方面的应用提供了良好的技术基础。在此期间，国内建立了首家以电阻应变计、应变仪及负荷传感器、压力传感器为主要产品的专业生产厂——华东电子仪器厂。

1965年至1985年，是我国各类电阻应变计研究工作最为活跃的时期。在此期间，702研究所和上海有色金属研究所共同开展了温度自补偿康铜箔材的研制，国内形成了以上海有色金属研究所和北京钢铁研究院为首的应变合金箔材研究、生产地。与此同时，702研究所与昆明贵金属研究所、天津冶金材料研究所、北京冶金研究所、武汉冶金研究所及北京钢丝厂等单位共同开展各种高温应变计用的电阻合金材料的研究，开发了用于650、700、800的铂钨合金及铁铬铝合金等。由北京航空学院和昆明贵金属研究所共同研制的高温应变计技术处于世界先进水平。航空部606研究所在高温粘贴式应变计、焊接式应变计、喷涂式应变计等研制和应用方面都取得了很大的成就。由702研究所研制成功的低温自补偿应变计，开拓了国内深低温领域(从室温至液氦温度)的应变测量技术。

随着我国在衡器与自动称量技术方面的发展，对称重传感器用的应变计的需求量越来越大，对应变计品质的需求也越来越高。但是，由于我国当时的应变计生产厂不仅规模小、产量低，产品质量也不能满足称重传感器的要求。为了彻底改变应变计技术落后的面貌，20世纪80年代中期，由中原电测仪器厂等单位先后从美国、日本等国引进了箔式应变计的生产技术，使我国传感器用应变计的性能达到了一个新的水平。1999年，国内传感器生产企业80%已采用国产应变计，国外知名企业如以色列、日本、韩国以及欧洲、北美等地用户在制造传感器时也大批量采用我国生产的电阻应变计。此后几年，国内又先后出现不少年产电阻应变计几十万片至上百万片的应变计和传感器的生产厂，为我国称重传感器的发展提供了良好的物质基础。

为了满足国内对应变计数量、品种和质量日益提高的需求，在1973年6月的沈阳3611会议上，确定了在军工系统筹建应变计的专业生产厂，即汉中521厂，并开始有关应变计标准的起草工作。1982年公布了关于电阻应变计的专业标准《电阻应变计》(ZBY 117—82)。1992年对该标准进行修改，制定了国家标准《电阻应变计》(GB/T 13992—1992)，并在2010年进行了修订，发布了新的版本《金属粘贴式电阻应变计》(GB/T 13992—2010)。

思　考　题

4-1　电测法有哪些优缺点?

4-2　简述电阻应变计的工作原理。

4-3　电阻应变计的基本结构包括哪几部分?

4-4　常见的电阻应变计有哪些类别?

4-5　什么是应变计的灵敏系数? 如何标定?

4-6　什么是应变计的横向效应系数? 如何标定?

4-7　什么是电阻应变计的热输出? 产生的原因是什么?

4-8　如何选择合适的电阻应变计?

4-9　电阻应变计的粘贴有哪些主要步骤?

5 电桥原理与电阻应变仪

5.1 概　　述

上一章介绍了电阻应变计的电阻-应变效应，利用这一效应，可以通过测量粘贴在构件表面电阻应变计的电阻变化来获得应变数据。使用应变计测量应变时，由于电阻的变化十分微小，需要更加精确地测量应变计电阻的变化才能得到更高的应变测量精度，怎样才能精确地测量应变计的电阻呢？

如何精确地测量材料电阻，早在 19 世纪物理学家就对此开展了深入研究。1833 年，英国发明家S. H. 克里斯蒂（Samuel Hunter Christie）发明了由四个电阻组成的电桥，C. 惠斯通（Charles Wheatstone）采纳克里斯蒂的发明，利用这种电桥成功地对电阻实现精确测量。由于惠斯通是第一个这么做的，并且其测量方法非常巧妙，所以人们把这种电桥称为惠斯通电桥。本章将介绍电桥的工作原理和利用这一原理制作的应变采集设备。

5.2 电 桥 原 理

应变采集的过程可以理解为把应变计接入一种特定的电路，电路的输出信号模拟电阻变化，再对这个电信号进行采集和处理。常规的电阻应变测量仪器为电阻应变仪，测量电阻变化的桥路称之为应变电桥，应变电桥能把应变计的微小阻值变化转换成输出电压的变化。本节主要讲述应变电桥的构成与工作原理。

电桥供电既可以采用交流电，也可以采用直流电。当交流供电时，线间电容会影响测量结果，直流电桥和交流电桥的原理是一致的，这里以直流电桥来介绍电桥原理。

直流电桥采用直流电提供激励，应变计对应电阻按图 5-1 方式接入电桥各桥臂，采集桥路输出电压，假定 4 个桥臂的电阻分别为 R_1、R_2、R_3、R_4。A、C 接入电压为 E 的直流电，作为电桥的输入端；B、D 两点为电桥的输出端，电桥的输出电压为 U。推导在输入端加有电压时，电桥输出电压与电阻改变量之间的表达式，最后实现通过电压测量、转化得到应变数据。

电桥的结构可以看成 R_1 和 R_2、R_3 和 R_4 分别组成的串联电路，再并联起来的电路。输出端接电压放大器和采集器等，通常这类仪表阻抗很大，分析电路时可作为开路分析。电桥的输出电压，即 B、D 两点的电位差。

输入电压 E 恒定，经过 R_1 和 R_2、R_3 和 R_4 的电流分别为：

$$I_{1,2} = \frac{E}{R_1 + R_2} \qquad I_{3,4} = \frac{E}{R_3 + R_4}$$

电阻 R_1 和 R_4 上的电压降分别为

$$U_{AB} = \frac{ER_1}{R_1 + R_2} \qquad U_{AD} = \frac{ER_4}{R_3 + R_4}$$

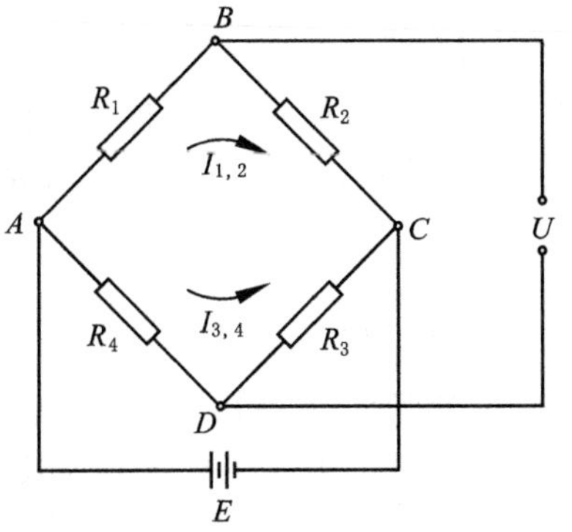

图 5-1　电桥示意图

它们分别等于 A 点与 B 点、A 点与 D 点之间的电位差，即

$$U_{AB}=U_A-U_B$$
$$U_{AD}=U_A-U_D$$

将两式相减，可得 D、B 两点间的电位差即电桥输出电压为

$$U_D-U_B=U_{AB}-U_{AD}=\left(\frac{R_1}{R_1+R_2}-\frac{R_4}{R_3+R_4}\right)E$$

记为

$$U=\frac{R_1R_3-R_2R_4}{(R_1+R_2)(R_3+R_4)}E \tag{5-1}$$

D、B 两点间的电位差为 0 时，即 $U=0$ 时，表示电桥处于平衡状态，此时 $R_1R_3=R_2R_4$，为直流电桥的平衡条件。

当各桥臂阻值分别发生变化，R_1 变为 $R_1+\Delta R_1$，R_2 变为 $R_2+\Delta R_2$，以此类推，将变化后的阻值代入式(5-1)中，可得：

$$U=\frac{(R_1+\Delta R_1)(R_3+\Delta R_3)-(R_2+\Delta R_2)(R_4+\Delta R_4)}{(R_1+\Delta R_1+R_2+\Delta R_2)(R_3+\Delta R_3+R_4+\Delta R_4)}E$$

将分子展开，代入平衡条件 $R_1R_3=R_2R_4$，可将分子部分写成下式：

$$ER_1R_3\left(\frac{\Delta R_1}{R_1}-\frac{\Delta R_2}{R_2}+\frac{\Delta R_3}{R_3}-\frac{\Delta R_4}{R_4}+\frac{\Delta R_1}{R_1}\frac{\Delta R_3}{R_3}-\frac{\Delta R_2}{R_2}\frac{\Delta R_4}{R_4}\right)$$

将分母展开，同样利用平衡条件，并令 $\frac{R_2}{R_1}=r$，经整理得：

$$R_1R_3\left\{\frac{(1+r)^2}{r}\left[1+\frac{1}{1+r}\left(\frac{\Delta R_2}{R_2}+\frac{\Delta R_3}{R_3}\right)+\frac{1}{1+r}\left(\frac{\Delta R_1}{R_1}+\frac{\Delta R_4}{R_4}\right)\right]\right.$$
$$\left.+\frac{\Delta R_1}{R_1}\frac{\Delta R_3}{R_3}+\frac{\Delta R_2}{R_2}\frac{\Delta R_4}{R_4}+r\frac{\Delta R_2}{R_2}\frac{\Delta R_3}{R_3}+\frac{1}{r}\frac{\Delta R_1}{R_1}\frac{\Delta R_4}{R_4}\right\}$$

分子和分母的展开式中都含有关于 $\frac{\Delta R}{R}$ 的二次项。在实际测量中，应变计电阻的变化很小，因此分式中关于 $\frac{\Delta R}{R}$ 的二次项相对于其他项可略去。这样，电桥的输出电压将如式(5-2)所示，即

$$U=\frac{rE}{(1+r)^2}\left(\frac{\Delta R_1}{R_1}-\frac{\Delta R_2}{R_2}+\frac{\Delta R_3}{R_3}-\frac{\Delta R_4}{R_4}\right)$$

$$\times\left[1+\frac{1}{1+r}\left(\frac{\Delta R_2}{R_2}+\frac{\Delta R_3}{R_3}\right)+\frac{1}{1+r}\left(\frac{\Delta R_1}{R_1}+\frac{\Delta R_4}{R_4}\right)\right]^{-1} \tag{5-2}$$

在电阻应变仪的设计中，应变电桥有两种方案：一种是等臂电桥，即各桥臂初始阻值相等；另一种是半等臂电桥，即 $R_1=R_2=R'$ 和 $R_3=R_4=R''$，而 $R'\neq R''$。无论哪种方案，均满足平衡条件且 $r=1$，故式(5-2)变为

$$U=\frac{E}{4}\left(\frac{\Delta R_1}{R_1}-\frac{\Delta R_2}{R_2}+\frac{\Delta R_3}{R_3}-\frac{\Delta R_4}{R_4}\right)\times\left[1+\frac{1}{2}\left(\frac{\Delta R_1}{R_1}+\frac{\Delta R_2}{R_2}+\frac{\Delta R_3}{R_3}+\frac{\Delta R_4}{R_4}\right)\right]^{-1} \tag{5-3}$$

式(5-3)表示的是电桥输入恒定电压时，其输出电压与桥臂电阻变化率之间的关系。当构件受力后，应变电桥将依此关系把应变计的阻值变化转换为其输出电压的变化。通常希望这种关系是线性的，但这种线性关系被因子 $\left[1+\frac{1}{2}\left(\frac{\Delta R_1}{R_1}+\frac{\Delta R_2}{R_2}+\frac{\Delta R_3}{R_3}+\frac{\Delta R_4}{R_4}\right)\right]^{-1}$ 破坏。令

$$1-C=\left[1+\frac{1}{2}\left(\frac{\Delta R_1}{R_1}+\frac{\Delta R_2}{R_2}+\frac{\Delta R_3}{R_3}+\frac{\Delta R_4}{R_4}\right)\right]^{-1}$$

$$C=\left[1+\frac{2}{\dfrac{\Delta R_1}{R_1}+\dfrac{\Delta R_2}{R_2}+\dfrac{\Delta R_3}{R_3}+\dfrac{\Delta R_4}{R_4}}\right]^{-1}$$

则式(5-3)可改写为

$$U=\frac{E}{4}\left(\frac{\Delta R_1}{R_1}-\frac{\Delta R_2}{R_2}+\frac{\Delta R_3}{R_3}-\frac{\Delta R_4}{R_4}\right)\times(1-C)$$

可见，U 包括 U_1 和 U_2 两部分：

$$U_1=\frac{E}{4}\left(\frac{\Delta R_1}{R_1}-\frac{\Delta R_2}{R_2}+\frac{\Delta R_3}{R_3}-\frac{\Delta R_4}{R_4}\right)$$

为线性部分，而

$$U_2=-CU_1$$

为非线性部分，其大小与 C 值有关。若略去 U_2，则将引入非线性误差，此相对误差为

$$e=\left|\frac{U_1-U}{U}\right|=\left|\frac{C}{1-C}\right|$$

将 C 的表达式代入，可得

$$e=\left|\frac{1}{2}\left(\frac{\Delta R_1}{R_1}-\frac{\Delta R_2}{R_2}+\frac{\Delta R_3}{R_3}-\frac{\Delta R_4}{R_4}\right)\right| \tag{5-4}$$

式中电阻值的增量可正可负。考虑到测点应变的正负，根据电桥的性质，在构件上布置应变计时，尽可能地保证输出的信号更大，因而希望应变电桥相邻桥臂的电阻变化异号，相对桥臂的电阻变化同号。由于式(5-4)中各项相抵，使得 e 很小。考虑一种极端情况，即只有一臂(如 R_1)接入应变计，而其他三臂阻值不变。此时的非线性误差为

$$e=\frac{1}{2}\frac{\Delta R_1}{R_1}=\frac{1}{2}K\varepsilon_1$$

若应变计灵敏系数近似于 2，则 $e\approx\varepsilon_1$。这表明，略去式(5-3)的非线性部分所引入的相对误差值与被测应变值大小相当。比如应变达到 5000 μm/m 时，$e\approx0.5\%$。可见，在一般应变范围内分析应变电桥的输出电压时，只取式(5-3)的线性部分其结果也是足够精确的。

在容许的非线性误差范围内，得到一个线性关系式，即

$$U=\frac{E}{4}\left(\frac{\Delta R_1}{R_1}-\frac{\Delta R_2}{R_2}+\frac{\Delta R_3}{R_3}-\frac{\Delta R_4}{R_4}\right) \tag{5-5}$$

从式(5-5)分析得到应变电桥的一个重要性质,电桥的输出电压与相邻两臂的电阻变化率之差、相对两臂电阻变化率之和成正比。如果相邻两臂的电阻变化率大小相等、符号相同,或相对两臂的电阻变化率大小相等、符号相反,则电桥将不会改变其平衡状态,即保持 $U=0$。

如果电桥四臂均接入相同的应变计,则根据式(5-5)有

$$U=\frac{KE}{4}(\varepsilon_1-\varepsilon_2+\varepsilon_3-\varepsilon_4) \tag{5-6}$$

5.3　温度效应补偿

贴有应变计的构件总处于某一温度场中,当环境温度发生改变后,应变计敏感栅的电阻值也会随之发生变化;另外,当敏感栅电阻丝材料的线胀系数与构件材料不一致时,电阻丝受到附加的拉伸(压缩)也会导致电阻的改变。这些变化都会导致应变计在无机械应变时出现读数变化,这种现象叫作温度效应。

根据上一章的分析,因温度变化导致的热输出为

$$\varepsilon=\frac{1}{K}[\alpha+K_s(\beta_m-\beta_s)]\cdot\Delta t \tag{5-7}$$

温度升高 1℃,应变仪测量到的应变改变可达几十个微应变,必须设法排除。

将消除温度效应影响的措施称之为温度补偿。通过观察式(5-5),温度补偿实现并不困难,可采用补偿片补偿法或工作片补偿法。贴在被测构件上的应变计叫作工作片,再采用同一规格型号的应变计作为补偿片,贴在一块与被测构件材料相同但不受外力作用的试件上。测试时,将补偿用的试件与被测构件放置在相同环境中,使它们处于同一温度场。在电桥的连接上,使工作片与补偿片处于相邻的桥臂中(图 5-2)。因工作片和补偿片粘贴位置所处的温度始终相同,所以它们因温度变化导致的电阻变化相同;又因它们处于电桥相邻的两臂,温度导致的变化量相互抵消,所以并不会造成电桥输出电压的变化,从而消除了温度效应。这一方法称为补偿片补偿法。采用补偿片补偿法实现温度补偿需要注意的是,工作片和补偿片的阻值、灵敏系数和电阻温度系数应相同。

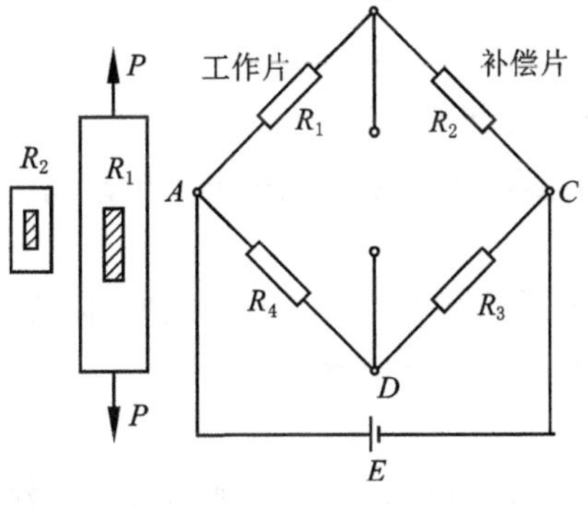

图 5-2　温度效应的补偿

在此基础上,可以进一步探讨采用工作应变计用于温度补偿。如果能预先知道处于相同温度条件下的两个工作片所感应的机械应变之间的比例关系,采取与图 5-2 类似的桥路接法,就既能起温度补偿作用,又能提高电桥的灵敏度。这种消除温度效应的方法通常称为工作片

补偿法。

此外，还可以采用温度自补偿型的电阻应变计来实现温度补偿。

5.4 电阻应变仪

5.4.1 应变仪的基本功能

应变电测技术的原理是利用敏感材料的电阻-应变效应，通过测量敏感材料的电阻变化，间接测量应变。通常，结构或构件的应变很小，要精确测量其微小应变，则需要精确测量敏感材料的电阻前后变化，至少需要六位以上精度电表才能实现，测量极为不便。通过上节所提到的测量电路，将电阻的相对变化转化为电压或电流的变化测量，其电压变化可放大，实现这一功能的电阻测量仪器，就是电阻应变仪。

电桥可把应变计感应到的应变转变成电压（或电流）信号，但是这一信号非常微弱，所以要进行放大，然后把放大了的信号再用应变表示出来，这就是电阻应变仪的工作原理。

从图 5-3 可知，电压变换器供给测量电桥稳定的直流电压，测量电桥产生的微弱电压信号，即式(5-6)中的 U，通过放大器放大和有源滤波器滤波，变为放大的模拟电压信号，经A/D转换器，最后将电压 U 转换为数字量。

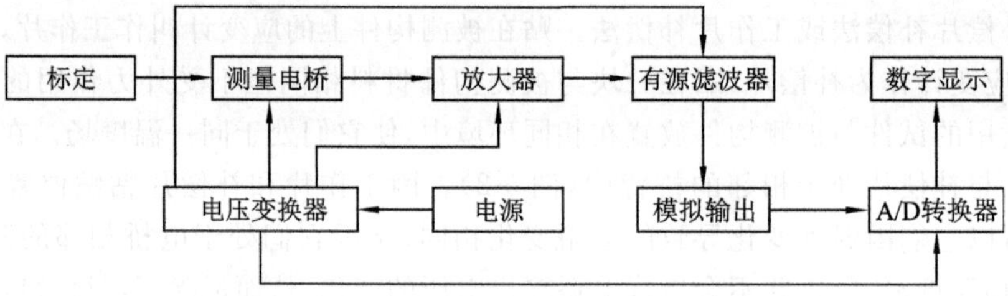

图 5-3 数字电阻应变仪工作原理方框图

由式(5-6)知，U 应与($\varepsilon_1-\varepsilon_2+\varepsilon_3-\varepsilon_4$)成正比，经过标定（标定环节在仪器出厂前已由厂方完成），再将电压量转换成应变。如果应变仪窗口显示的应变为 ε_d，则有

$$\varepsilon_d=\varepsilon_1-\varepsilon_2+\varepsilon_3-\varepsilon_4 \tag{5-8}$$

各种应变计和传感器通常需采用某种测量电路接入测量仪表，测量其输出信号。对于电阻应变计或者电阻应变计式传感器，通常采用电桥测量电路，将应变计电阻变化转换为电压信号或电流信号。

在实际测量中，可以利用电桥的基本特性，采用各种电阻应变计在电桥中不同的连接方法达到不同的测量目的，包括但不限于以下内容：

① 实现温度补偿；

② 从相对复杂的组合应变中测出指定成分而排除其他成分；

③ 扩大应变仪的读数，减少读数误差，提高测量灵敏度。

在实际测量中，常采用的电桥连接方法包括如下几种：

(1)全桥接法

在测量电桥的四个桥臂上全部连接外部电阻应变计，称为全桥接法（全桥线路），如图

5-4(a)所示。对于全桥接法，此时应变仪的应变读数为

$$\varepsilon_d = \varepsilon_1 - \varepsilon_2 + \varepsilon_3 - \varepsilon_4$$

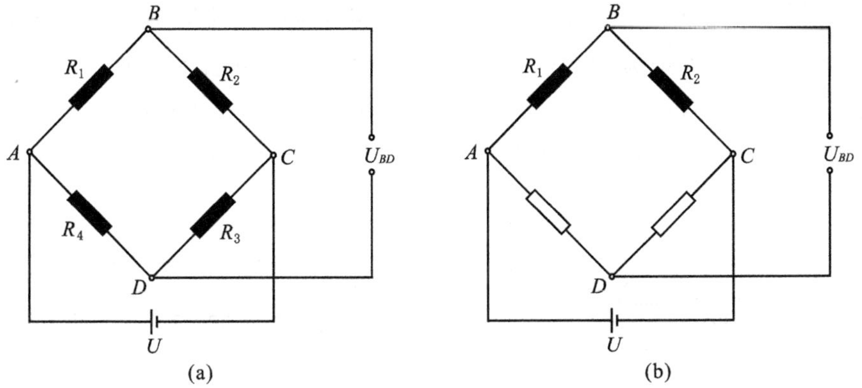

图 5-4　电桥线路

(a)全桥线路；(b)半桥线路

全桥接法主要分为以下两种情况：

① 全桥测量：电桥的四个桥臂上都接工作应变计，每个应变计均有温度效应，根据式(5-8)可知，温度效应能两两抵消，实现温度的自补偿。

② 相对两桥臂测量(对臂电桥)：电桥中相对两桥臂接工作应变计，另外相对两桥臂接温度补偿应变计，在实验室测量时，在实现温度补偿的同时，对臂电桥还可以消除拉伸、压缩等实验中由于加载偏心带来的实验误差。

(2)半桥接法

若在测量电桥的桥臂 AB 和 BC 上接应变计，而另外两桥臂 DA 和 CD 接电阻应变仪的内部固定电阻 R，即电桥中只有一半的桥路电阻是外接的，称为半桥接法(或半桥线路)，如图 5-4(b)所示。由于桥臂 DA 和 CD 接固定电阻，不感应应变，因此采用半桥接法应变仪的读数可简化为

$$\varepsilon_d = \varepsilon_1 - \varepsilon_2 \tag{5-9}$$

实际测量时，在 AB 上接工作应变计，在 BC 上接温度补偿应变计实现温度补偿，仪器显示读数就是该点该方向上的线应变。

(3)1/4 桥接法

1/4 桥接法常用于静态应变测量，最大特点是利用一个温度补偿片去补偿多个工作片，每个通道的数据表示的为贴片位置在贴片方向上的线应变，数据直观，相对于半桥接法更简便。在实际工程测量中测点数量较大，采用 1/4 桥接法可以提高测试效率，其关键是采用了多路切换技术和应变计公共补偿技术，降低测试成本。

1/4 桥接法的缺点在于，当使用同一个温度补偿片补偿多个工作片时，每个工作片所处的环境温度存在差异，影响温度补偿的效果，导致应变测量误差增大。因而，1/4 桥接法通常用于室内实验，室外采用 1/4 桥接法应尽量在夜间或清晨，无日照环境下进行测试。

(4)串联和并联接法

在应变测量中，若采用多个应变计时，也可以将应变计串联或并联后再接入测量电路，如图 5-5 所示，其中图 5-5(a)为串联半桥接法，图 5-5(b)为并联半桥接法。若每个应变计的电

阻值为R，其增量均为ΔR，则在图 5-5(a)中，$R_1=nR$，$\Delta R_1=n\Delta R$；而在图 5-5(b)中，$R_1=\frac{R}{n}$，$\Delta R_1=\frac{\Delta R}{n}$。很容易推出，两种接法中$AB$桥臂电阻相对变化量均为$\frac{\Delta R_1}{R_1}=\frac{\Delta R}{R}$，这与在桥臂$AB$上只接单个应变计时的电阻相对变化量完全相同。因此，串联和并联接线都不会增加应变读数。但是，串联后使桥臂电阻增大，在限定电流时，可以提高供桥电压，相应增加信号输出；并联后则使桥臂电阻减小，因而输出电流相应提高，这对于直接采用电流表记录的仪器是比较有利的。

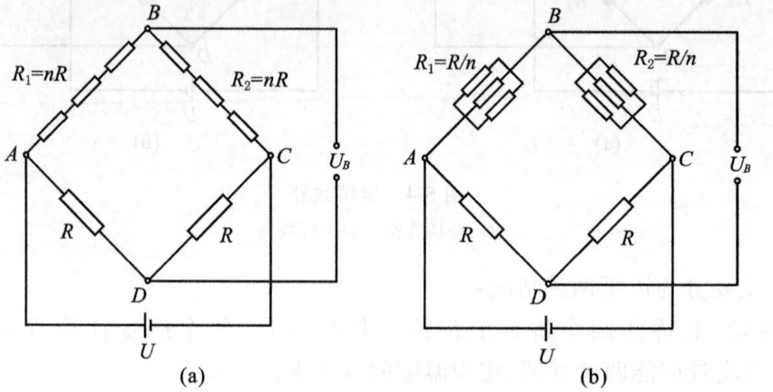

图 5-5 串联和并联接线法

(a)串联半桥电路；(b)并联半桥电路

不同的桥路接法，应变仪采集的应变数据与测点处的真实应变不是对等关系，需要分析接入桥路中每个应变计所对应的应变信息以及桥路的接法，才能得到准确的应变数据。从另一个方面讲，在实际测量中，可以根据工程项目的实际情况要求灵活应用各种接桥方式，在满足测量精度要求的前提下，采用更简单的布片和接线方案。

5.4.2 各类电桥的应用

在结构或构件表面某点沿特定方向粘贴应变计，可以测量该点该方向上的平均线应变。通常结构的受力相对复杂，应变可能是由多种内力因素引起的。在结构分析和强度校核中，常常需要在多种内力因素引起的应变中确定某一种内力因素产生的应变，而排除其他应变。通过各类电桥的使用，合理地将工作应变计以特定的顺序接入电桥中，从而实现温度补偿，保留所需的应变信息，减小误差源，以及提高测量的灵敏度。

下面以工程结构中常见的单向拉伸和弯扭组合两种工况进行详细介绍。

5.4.2.1 单向拉伸实验

单向拉伸实验需要测量材料在轴向拉力作用时的轴向应变和横向应变，实验贴片布置与拉伸加载方案如图 5-6 所示。

在拉伸试件正反两面均粘贴横向、轴向应变计各一枚，电阻分别为R_1、R_2、R_1'和R_2'；同种材质制作的补偿片上粘贴 4 枚温度补偿应变计；应变仪内部精密电阻为R_0。每个工作应变计除了有载荷F作用产生的横向应变、轴向应变，同时还包含温度变化引起的应变，每个应变计对应的应变信息为：

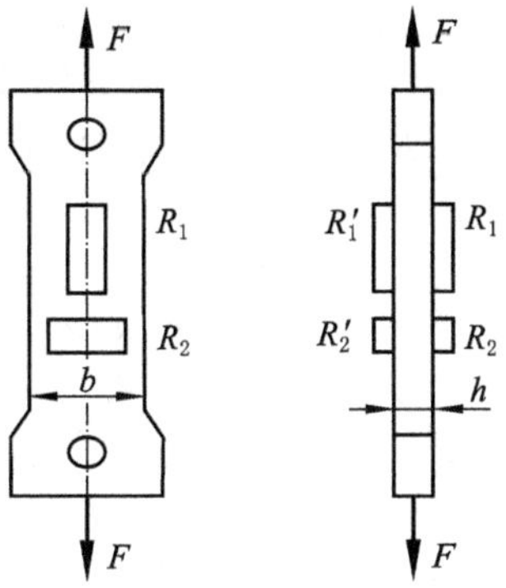

图 5-6 单向拉伸电测法示意图

$R_1:\varepsilon_x+\varepsilon_t$

$R_2:\varepsilon_y+\varepsilon_t=-\nu\varepsilon_x+\varepsilon_t$

$R_1':\varepsilon_x'+\varepsilon_t$

$R_2':\varepsilon_y'+\varepsilon_t=-\nu\varepsilon'_x+\varepsilon_t$

$R_t:\varepsilon_t$

其中，ε_x、ε_y 分别为正面的轴向应变、横向应变；ε'_x、ε'_y 分别为反面的轴向应变、横向应变；ε_t 为温度变化导致的应变输出。

(1)采用 1/4 桥接法

用同一个温度补偿片补偿 4 个工作应变计，工作片接入应变仪的 CH1、CH2、CH3、CH4 四个通道中，电桥接法如图 5-7 所示。

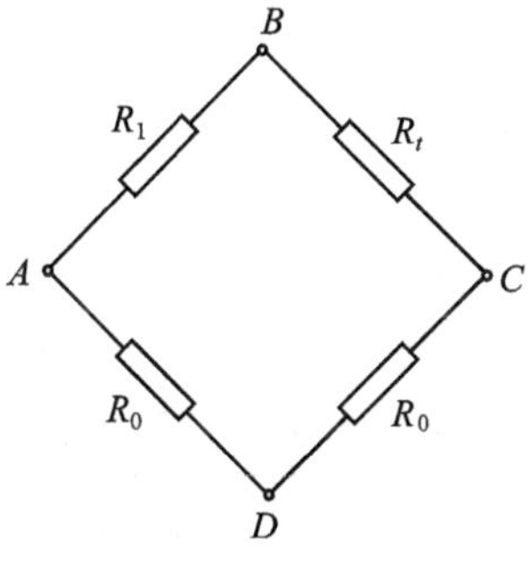

图 5-7 1/4 桥接法

按照式(5-8)计算仪器输出应变，可得

CH1：$\varepsilon_d=\varepsilon_1-\varepsilon_2+\varepsilon_3-\varepsilon_4=(\varepsilon_x+\varepsilon_t)-\varepsilon_t+0-0=\varepsilon_x$；

CH2：$\varepsilon_d=(\varepsilon_y+\varepsilon_t)-\varepsilon_t=\varepsilon_y$；

CH3：$\varepsilon_d=(\varepsilon_x'+\varepsilon_t)-\varepsilon_t=\varepsilon_x'$；

CH4：$\varepsilon_d=(\varepsilon_y'+\varepsilon_t)-\varepsilon_t=\varepsilon_y'$。

利用每个通道得到的数据，可以得到相应的轴向应变和横向应变，从而计算材料的弹性模量和泊松比。

$$E=\frac{\Delta F}{S\cdot\Delta\varepsilon}=\frac{\Delta F}{S\cdot\Delta\varepsilon_x},\quad \nu=\left|\frac{\Delta\varepsilon_{横}}{\Delta\varepsilon_{轴}}\right|=\left|\frac{\Delta\varepsilon_y}{\Delta\varepsilon_x}\right|$$

(2)采用半桥接法

根据每个应变计所包含的应变信息，接入桥路的应变计可以实现温度自补偿，即桥路中不需要接入补偿块上的补偿片。分别取 R_1、R_2 和 R'_1、R'_2 两组应变计，按图 5-8 的方式采用半桥接法。

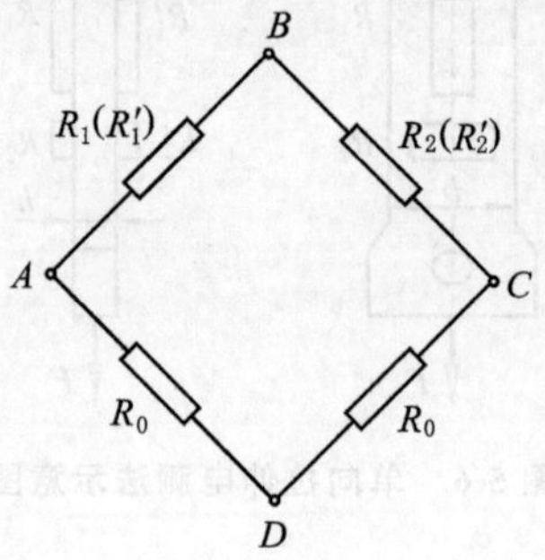

图 5-8 半桥接法

按照式(5-8)计算仪器输出应变，得

CH1：$\varepsilon_d=\varepsilon_1-\varepsilon_2=(\varepsilon_x+\varepsilon_t)-(\varepsilon_y+\varepsilon_t)=\varepsilon_x-\varepsilon_y=\varepsilon_x-(-\nu\varepsilon_x)=(1+\nu)\varepsilon_x$；

CH2：$\varepsilon_d=\varepsilon_1-\varepsilon_2=(\varepsilon'_x+\varepsilon_t)-(\varepsilon'_y+\varepsilon_t)=\varepsilon'_x-\varepsilon'_y=\varepsilon'_x-(-\nu\varepsilon'_x)=(1+\nu)\varepsilon'_x$。

利用每个通道得到的数据，不能直接得到相应的轴向应变和横向应变，需要对测量数据进行处理，即：

$$\varepsilon_x=\frac{\varepsilon_d}{1+\nu}$$

采用此种半桥接法，在消除温度影响的基础上，还将所需测量的应变量放大了$(1+\nu)$倍，提高了测量的灵敏度。

(3)采用全桥接法

1/4 桥和半桥测量结果均可以测量出所需的应变数据，接线也相对简单，那为什么还需要了解全桥接法呢？

实际实验测量的时候，并不是理想的加载状态。以本实验项目为例，理想的加载状态是夹头施加给试件的拉伸载荷作用合力是与试件轴线重合的，而实际上拉伸载荷合力与试件轴线有一定偏离，另外，试件如不平整，都会导致试件由单向拉伸状态变成拉弯受力状态，如图 5-9 所示。

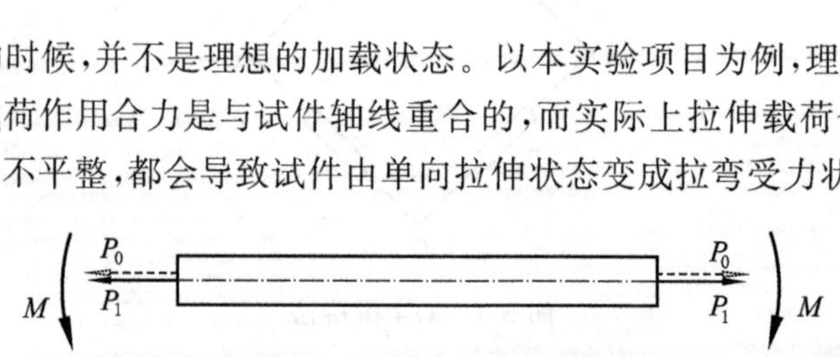

图 5-9 单轴拉伸偏心工况示意图

由于加载时试验机的同轴度、试件平行度等问题，单轴拉伸时，或多或少地出现偏心现象，根据平行移轴定理，轴向 P_0 拉力产生的作用等效于轴力 P_1 和弯矩 M 作用，试件在受力时不仅有拉伸变形导致的拉伸应变，也包含弯曲变形时产生的弯曲应变。

弯曲使得试件一面受拉，另一面受压，正反两面弯曲引起应变大小相等，符号相反。

那么图 5-6 中所对应应变计的应变信息更改为：

R_1：$\varepsilon_x+\varepsilon_M+\varepsilon_t$

R_2：$\varepsilon_y+\varepsilon_M+\varepsilon_t=-\nu\varepsilon_x+\varepsilon_M+\varepsilon_t$

R_1'：$\varepsilon_x' - \varepsilon_M + \varepsilon_t$

R_2'：$\varepsilon_y' - \varepsilon_M + \varepsilon_t = -\nu\varepsilon_x' - \varepsilon_M + \varepsilon_t$

R_t：ε_t

偏心距越小，ε_M 值越低，试件两面对应应变数据偏差越小；偏心距越大，ε_M 值越高，试件两面对应应变数据偏差越大，实验误差越大，有什么办法消除这种影响呢？

通过观测每个应变计的应变信息，结合式(5-8)，可以采用下面两种全桥的方式来解决。

① 对臂全桥

按照图 5-10，选择试件正反两面的轴向应变计 R_1、R_1'和两个温度补偿片 R_t 组成对臂全桥，测量轴力引起的应变变化。

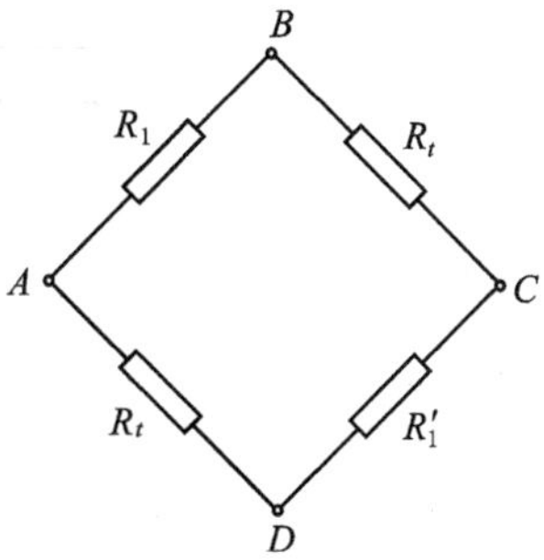

图 5-10 对臂全桥接法

按照式(5-8)计算仪器输出轴向应变，可得

$$\begin{aligned}\text{CH1}:\ \varepsilon_d &= \varepsilon_1 - \varepsilon_2 + \varepsilon_3 - \varepsilon_4\\ &= (\varepsilon_x + \varepsilon_M + \varepsilon_t) - \varepsilon_t + (\varepsilon_x' - \varepsilon_M + \varepsilon_t) - \varepsilon_t\\ &= 2\varepsilon_x\end{aligned}$$

同理，可接入横向应变计测量轴力作用，因泊松效应引起的横向应变，可得

$$\begin{aligned}\text{CH2}:\ \varepsilon_d &= (\varepsilon_y + \varepsilon_M + \varepsilon_t) - \varepsilon_t + (\varepsilon_y' - \varepsilon_M + \varepsilon_t) - \varepsilon_t\\ &= 2\varepsilon_y = -2\nu\varepsilon_x\end{aligned}$$

通过合理的全桥接法，可以消除弯矩和温度变化的影响，仅测量轴力引起的应变数据，将所需测量的应变量放大了两倍，提高了测量的灵敏度。

② 工作片补偿全桥

按照图 5-11，选择试件正反两面的轴向应变计 R_1、R_1'和两个横向应变计 R_2、R_2'组成自补偿全桥，测量轴力引起的应变变化。

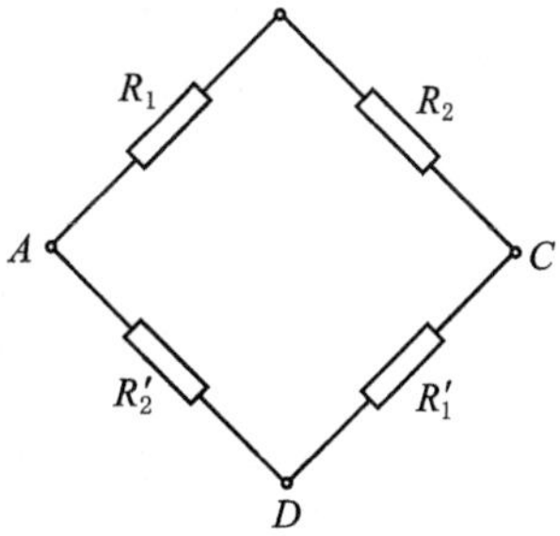

图 5-11 工作片补偿全桥

按照式(5-8)计算仪器输出轴向应变,可得

$$\begin{aligned}\text{CH1}:\varepsilon_d &= \varepsilon_1-\varepsilon_2+\varepsilon_3-\varepsilon_4\\ &=(\varepsilon_x+\varepsilon_M+\varepsilon_t)-(\varepsilon_y+\varepsilon_M+\varepsilon_t)+(\varepsilon_x'-\varepsilon_M+\varepsilon_t)-(\varepsilon_y'-\varepsilon_M+\varepsilon_t)\\ &=2(\varepsilon_x-\varepsilon_y)=2(1+\nu)\varepsilon_x\end{aligned}$$

采用此种全桥接法时,桥路中的应变计都是工作应变计,消除温度影响,称之为工作片自补偿桥路;将所需测量的应变放大了 $2(1+\nu)$ 倍,提高了测量的灵敏度。

5.4.2.2　弯扭组合实验

通过弯扭组合实验了解如何测量内力时,拉伸加载方案和实验贴片布置如图 5-12 所示。

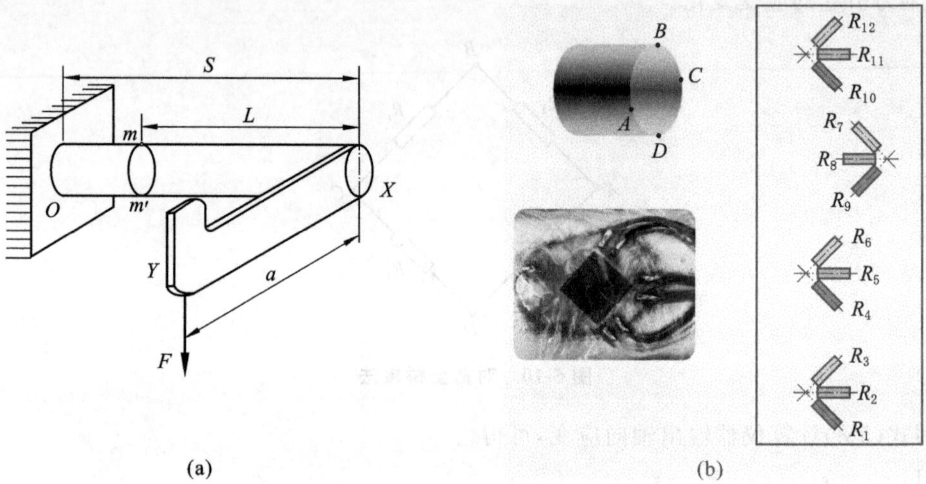

图 5-12　弯扭组合装置及贴片示意图

(a)弯扭组合装置;(b)m—m'截面贴片布置图

A、B、C、D 四点各贴一枚 $-45°/0°/45°$ 三向应变花。分析每枚应变花上三个方向应变计在外载荷 F 作用下的应变信息,可通过不同的桥路组合完成确定点主应力测量,弯扭组合作用下弯曲应变和扭转应变以及相应的应力测量。

(1)主应力测试

用实验方法测定弯扭组合作用下表面一点处的主应力大小和方向,首先在该点测量应变,以确定该点的主应变 ε_1、ε_3 的大小和方向,然后利用广义胡克定律算得主应力 σ_1、σ_3 的大小和方向。

根据应变分析原理,要确定一点处的主应变,需要知道该点处沿 x、y 两个相互垂直方向的三个应变分量 ε_x、ε_y、γ_{xy}。由于在实验中测量切应变很困难,而用应变计测量线应变比较简便,所以通常采用测量一点处与轴线成三个不同方向且已知夹角的线应变 ε_a、ε_b、ε_c。

$$\begin{cases}\varepsilon_a=\dfrac{\varepsilon_x+\varepsilon_y}{2}+\dfrac{\varepsilon_x-\varepsilon_y}{2}\cos 2\alpha_a-\dfrac{\gamma_{xy}}{2}\sin 2\alpha_a\\ \varepsilon_b=\dfrac{\varepsilon_x+\varepsilon_y}{2}+\dfrac{\varepsilon_x-\varepsilon_y}{2}\cos 2\alpha_b-\dfrac{\gamma_{xy}}{2}\sin 2\alpha_b\\ \varepsilon_c=\dfrac{\varepsilon_x+\varepsilon_y}{2}+\dfrac{\varepsilon_x-\varepsilon_y}{2}\cos 2\alpha_c-\dfrac{\gamma_{xy}}{2}\sin 2\alpha_c\end{cases}$$

观察上式,测量一点已知方向的三个应变,代入上式组成一个三元一次方程组,即可解出

ε_x、ε_y、γ_{xy}。

以 A 点为例，贴一枚－45°/0°/45°三向应变花，对应上式中的 ε_a、ε_b、ε_c，即 $\varepsilon_{-45°}$、$\varepsilon_{0°}$、$\varepsilon_{45°}$。解三元一次方程，得

$$\left.\begin{aligned}\varepsilon_x &= \varepsilon_{0°}\\ \varepsilon_y &= \varepsilon_{45°}+\varepsilon_{-45°}-\varepsilon_{0°}\\ \gamma_{xy} &= \varepsilon_{45°}+\varepsilon_{-45°}\end{aligned}\right\}\tag{5-10}$$

则主应变大小及方向

$$\left.\begin{aligned}\begin{matrix}\varepsilon_1\\ \varepsilon_3\end{matrix} &= \frac{\varepsilon_x+\varepsilon_y}{2}\pm\sqrt{\left(\frac{\varepsilon_x-\varepsilon_y}{2}\right)^2+\left(\frac{\gamma_{xy}}{2}\right)^2}\\ \tan 2\alpha_0 &= -\frac{\gamma_{xy}}{\varepsilon_x-\varepsilon_y}\end{aligned}\right\}\tag{5-11}$$

根据广义胡克定律确定主应力

$$\left.\begin{aligned}\sigma_1 &= \frac{E}{1-\nu^2}(\varepsilon_1+\nu\varepsilon_3)\\ \sigma_3 &= \frac{E}{1-\nu^2}(\varepsilon_3+\nu\varepsilon_1)\end{aligned}\right\}\tag{5-12}$$

将测量结果代入式(5-10)，解得 ε_x、ε_y、γ_{xy}，结果代入式(5-11)，解得 ε_1、ε_3，结果再代入式(5-12)，解得主应力 σ_1、σ_3，即

$$\begin{matrix}\sigma_1\\ \sigma_3\end{matrix} = \frac{E(\varepsilon_{45°}+\varepsilon_{-45°})}{2(1-\nu)}\pm\frac{\sqrt{2}E}{2(1+\nu)}\sqrt{(\varepsilon_{45°}-\varepsilon_{0°})^2+(\varepsilon_{-45°}-\varepsilon_{0°})^2}$$

$$\tan 2\alpha_0 = (\varepsilon_{45°}-\varepsilon_{-45°})/(2\varepsilon_{0°}-\varepsilon_{-45°}-\varepsilon_{45°})$$

测量 $\varepsilon_{-45°}$、$\varepsilon_{0°}$、$\varepsilon_{45°}$，可以采用1/4 桥、半桥，将工作应变计与温度补偿片接到电阻应变仪，记录不同载荷等级时应变的增量。

(2)内力素测定

测定弯扭组合变形时指定截面上的弯矩、扭矩和剪力引起的应力，这里以薄壁圆筒为例，圆筒尺寸满足 $\frac{t}{D}\leqslant\frac{1}{21}\sim\frac{1}{15}$。图 5-12(b)给出了应变花位置以及每个应变计的方向，先分析每个应变计所包含的应变信息。

前后 A、C 两点均为纯剪切应力状态，分别为扭矩 T 与弯曲剪力 Q 产生的切应力，如图 5-13所示。

$$\begin{cases}\varepsilon_1 = \dfrac{1+\nu}{E}(\tau_T+\tau_Q)\\ \varepsilon_2 = 0\\ \varepsilon_3 = \dfrac{1+\nu}{E}(-\tau_T-\tau_Q)\end{cases}$$

$$\begin{cases}\varepsilon_7 = \dfrac{1+\nu}{E}(\tau_T-\tau_Q)\\ \varepsilon_8 = 0\\ \varepsilon_9 = \dfrac{1+\nu}{E}(-\tau_T+\tau_Q)\end{cases}$$

上下 B、D 两点应力分别为弯矩 M 产生的正应力与扭矩 T 产生的切应力。

$$\varepsilon_5 = \varepsilon_M$$

$$\varepsilon_{11} = -\varepsilon_M$$

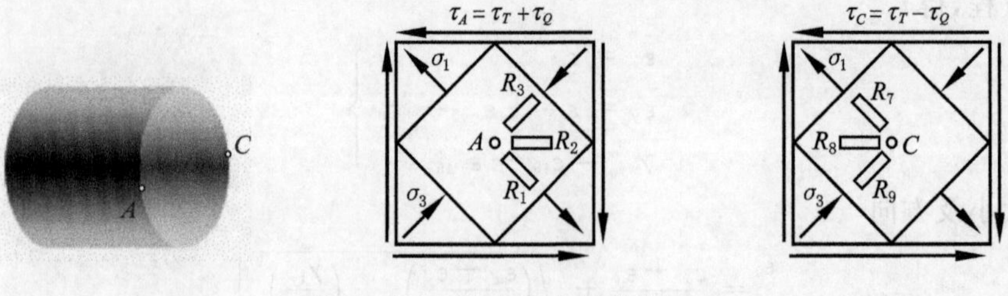

图 5-13　*A*、*C* 点应力状态分析

为分析 B、D 两点 $\pm 45^\circ$ 方向正应变，以 B 点为例，其应力状态如图 5-14 所示，将单元体旋转 45°，得到图 5-15 所示单元体。

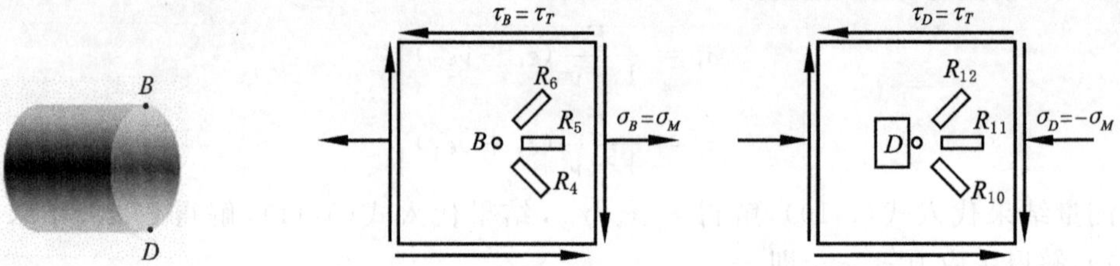

图 5-14　*B*、*D* 点应力状态分析

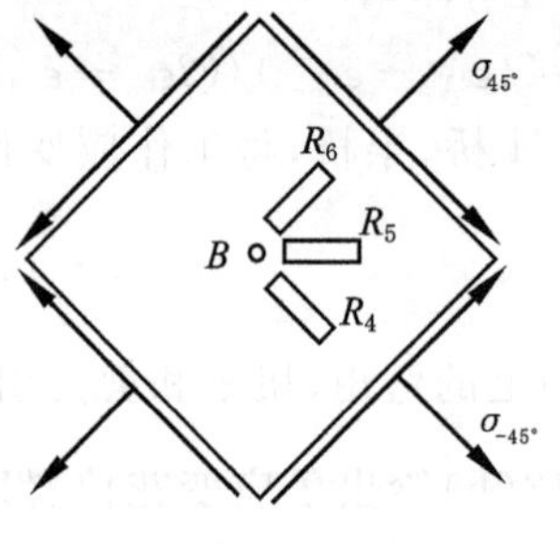

图 5-15　*B* 点单元体

由平面应力状态任意方向应力公式：

$$\sigma_\alpha = \frac{\sigma_x + \sigma_y}{2} + \frac{\sigma_x - \sigma_y}{2}\cos 2\alpha - \tau_{xy}\sin 2\alpha$$

可得：

$$\sigma_{45^\circ} = \sigma_{R6} = \frac{\sigma_M}{2} - \tau_T$$

$$\sigma_{-45^\circ} = \sigma_{R4} = \frac{\sigma_M}{2} + \tau_T$$

由广义胡克定律：

$$\varepsilon_4 = \frac{1}{E}(\sigma_{R4} - \nu\sigma_{R6}) = \frac{1}{E}\left[(1-\nu)\frac{\sigma_M}{2} + (1+\nu)\tau_T\right]$$

$$\varepsilon_6 = \frac{1}{E}(\sigma_{R6} - \nu\sigma_{R4}) = \frac{1}{E}\left[(1-\nu)\frac{\sigma_M}{2} - (1+\nu)\tau_T\right]$$

弯扭组合变形下，各应变计对应的应变信息如式(5-13)所示。

$$\left.\begin{aligned}
\varepsilon_1 &= \frac{1+\nu}{E}(\tau_T+\tau_Q)\\
\varepsilon_2 &= 0\\
\varepsilon_3 &= \frac{1+\nu}{E}(-\tau_T-\tau_Q)\\
\varepsilon_4 &= \frac{1}{E}\left[(1-\nu)\frac{\sigma_M}{2}+(1+\nu)\tau_T\right]\\
\varepsilon_5 &= \varepsilon_M = \frac{1}{E}\sigma_M\\
\varepsilon_6 &= \frac{1}{E}\left[(1-\nu)\frac{\sigma_M}{2}-(1+\nu)\tau_T\right]\\
\varepsilon_7 &= \frac{1+\nu}{E}(\tau_T-\tau_Q)\\
\varepsilon_8 &= 0\\
\varepsilon_9 &= \frac{1+\nu}{E}(-\tau_T+\tau_Q)\\
\varepsilon_{10} &= \frac{1}{E}\left[-(1-\nu)\frac{\sigma_M}{2}+(1+\nu)\tau_T\right]\\
\varepsilon_{11} &= -\varepsilon_M = -\frac{1}{E}\sigma_M\\
\varepsilon_{12} &= \frac{1}{E}\left[-(1-\nu)\frac{\sigma_M}{2}-(1+\nu)\tau_T\right]
\end{aligned}\right\} \tag{5-13}$$

① 弯矩 M 引起的正应力测定

使用 B、D 两点 0°方向的应变片，此处弯曲正应力最大、弯曲切应力为零，且 $\varepsilon_5=\varepsilon_M$，$\varepsilon_{11}=-\varepsilon_M$，取两个温度补偿片 R_t 或者工作片 R_2、R_8，将它们组成图 5-16 所示的全桥，则应变仪读数为

$$\varepsilon_d = \varepsilon_5-\varepsilon_{11} = 2\varepsilon_M$$

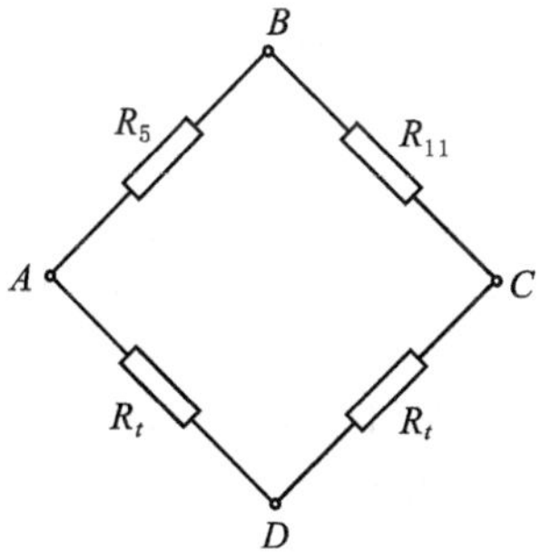

图 5-16　弯矩 M 引起正应力测定桥路图

由胡克定律得弯矩引起的正应力为

$$\sigma_M = E\varepsilon_M = \frac{E\varepsilon_r}{2}$$

② 扭矩 T 引起的切应力测定

由式(5-13)的分析结果，测量结果与扭矩 T 相关的有 8 个应变计，根据应变计对应的应变

信息，实现的方案不止一种，此处选取两种方案进行测试比较。

方案1：消弯测扭

使用B、D两点（仅由弯矩M与扭矩T引起的变形，剪力Q引起变形为零）±45°方向的应变片，将它们组成图5-17所示全桥，则应变仪读数

$$\varepsilon_d = \varepsilon_4 - \varepsilon_6 + \varepsilon_{10} - \varepsilon_{12} = \varepsilon_T - (-\varepsilon_T) + \varepsilon_T - (-\varepsilon_T) = 4\varepsilon_T$$

由广义胡克定律

$$\varepsilon_T = \frac{1}{E}(\sigma_1 - \nu\sigma_3) = \frac{1}{E}[\tau_T - \nu(-\tau_T)] = \frac{1+\nu}{E}\tau_T$$

则

$$\tau_T = \frac{E}{1+\nu}\varepsilon_T = \frac{E\varepsilon_d}{4(1+\nu)}$$

方案2：消剪测扭

使用A、C两点（纯剪切状态主应力沿±45°方向）−45°方向和45°方向的应变片，将它们组成图5-18所示全桥，则应变仪读数为：

$$\varepsilon_d = \varepsilon_1 - \varepsilon_3 + \varepsilon_7 - \varepsilon_9 = (\varepsilon_Q + \varepsilon_T) - (-\varepsilon_Q - \varepsilon_T) + (\varepsilon_T - \varepsilon_Q) - (-\varepsilon_T + \varepsilon_Q) = 4\varepsilon_T$$

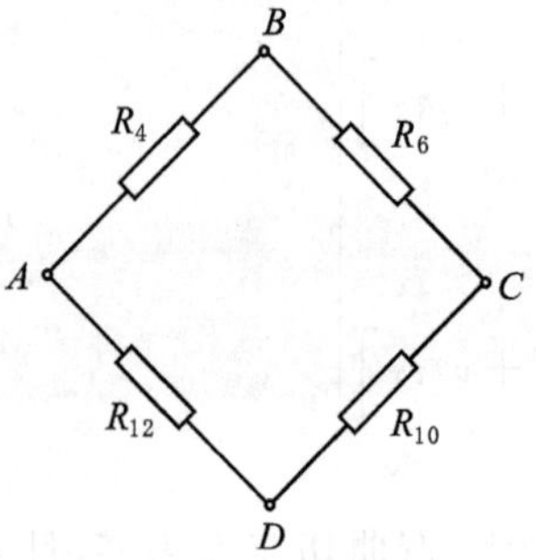

图5-17　消弯测扭桥路图

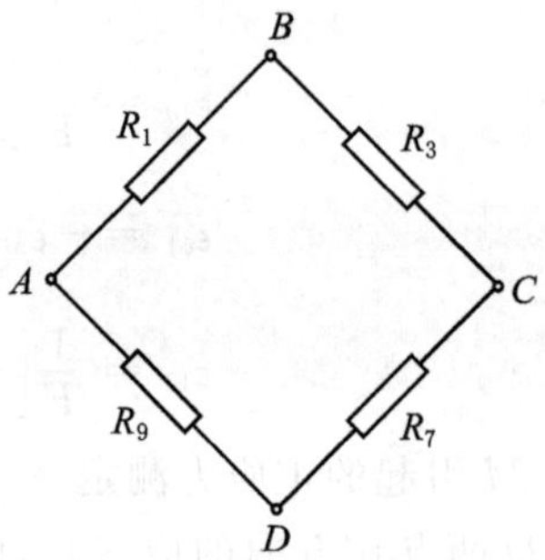

图5-18　消剪测扭桥路图

由广义胡克定律

$$\varepsilon_T = \frac{1}{E}(\sigma_1 - \nu\sigma_3) = \frac{1}{E}[\tau_T - \nu(-\tau_T)] = \frac{1+\nu}{E}\tau_T$$

则

$$\tau_T = \frac{E}{1+\nu}\varepsilon_T = \frac{E\varepsilon_d}{4(1+\nu)}$$

③ 剪力Q引起的切应力测定

为测剪力，选用A、C两点，此两点处于弯曲变形中性层位置，弯曲正应力为0，弯曲切应力最大，两点均只能感知扭矩与剪力产生的应变。使用A、C两点−45°方向和45°方向的应变片组成如图5-19所示全桥，则应变仪读数为

$$\varepsilon_d = \varepsilon_1 - \varepsilon_3 + \varepsilon_9 - \varepsilon_7 = (\varepsilon_Q + \varepsilon_T) - (-\varepsilon_Q - \varepsilon_T) + (\varepsilon_Q - \varepsilon_T) - (-\varepsilon_Q + \varepsilon_T) = 4\varepsilon_Q$$

由广义胡克定律可得剪力Q引起的切应力

$$\tau_Q = \frac{E\varepsilon_d}{4(1+\nu)}$$

本节主要选取了几组代表性的接桥方案介绍桥路的应用，还有其他的接桥方案可以完成实验测试要求，可以自行思考。

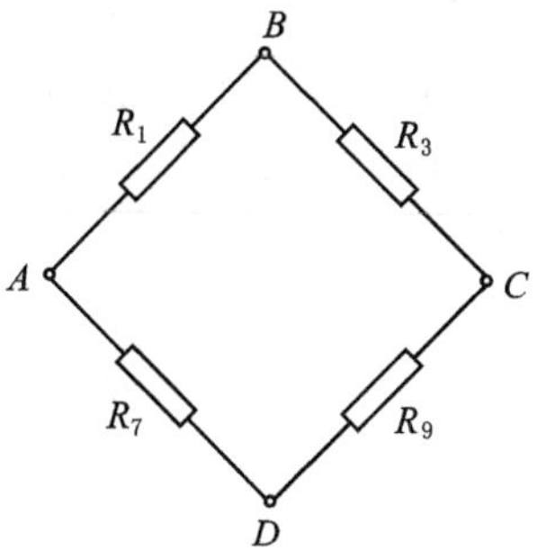

图 5-19　弯矩 M 引起正应力测定桥路图

5.4.3　电阻应变仪的工作特性

应变仪是测量结构及材料在载荷作用下变形的应力分析仪器。如果连接相应的传感器，也可测量力、压强、扭矩、位移、振幅等物理量或物理量变化过程。它是实验应力分析的可靠工具。应变仪按其测量应变变化频率范围可分为静态应变仪和动态应变仪。按供桥电压的不同，又可分为直流供桥型和交流供桥型。

静态应变仪的主要性能包括：分辨率、量程、线性度、灵敏系数误差、稳定度等。

(1)仪器分辨率及量程

仪器读数的最小刻度为分辨率，例如 1 μm/m，量程有 $\pm$10000 μm/m、$\pm$20000 μm/m 等。

(2)线性度

采用标准应变源或应变模拟仪校准或检定静态应变仪时，采用与应变源桥路一致的桥路模式。标准应变源模拟的应变为 ε_B，其满量程值为 ε_{BF}，可分为若干应变值 ε_{Bi}($i=1,2,\cdots,n$)，一般为 10 个值，应变仪的灵敏系数 $K_i=2.00$，应变仪采集到的应变数据为 ε_i，用最大偏差表示的线性度误差 δ_l 为

$$\delta_l=\frac{|\varepsilon_{Bi}-\varepsilon_i|_{\max}}{\varepsilon_{BF}}\times 100\% \tag{5-14}$$

(3)灵敏系数误差

将应变仪的灵敏系数置于某一 K 值。然后由应变源产生一标准应变 ε_{BF}，应变仪的读数为 ε_i，因为应变源设定的灵敏系数为 2.00，理论的灵敏系数为 $K_i=\frac{2\varepsilon_{BF}}{\varepsilon_i}$，而应变仪实际灵敏系数为 K，故其误差为

$$\delta_K=\left|\frac{K-K_i}{K_i}\right|=\left|1-\frac{K\varepsilon_i}{2\varepsilon_{BF}}\right|\times 100\% \tag{5-15}$$

(4)稳定度

零位漂移：将标准应变源按指定桥路接入应变仪，应变源示值置于零位，进行零位平衡后，从应变仪读取零位值 a_0。在 4 小时内，第 1 小时每隔 15 分钟，以后每隔 30 分钟，分别从应变仪读数装置上读取相应的零位值 a_i，零位漂移计算公式为：

$$\Delta_{Z_i}=a_i-a_0 \tag{5-16}$$

示值稳定性：将标准应变源按指定桥路接入应变仪，进行零位平衡后，应变源示值置于应变仪基本量程的上限值，从应变仪上读取读数为 A_0。然后将应变源示值置回零位，从应变仪

上读取零位值 a_0。在 4 小时内，第 1 小时每隔 15 分钟，以后每隔 30 分钟，重复进行将标准应变源示值置于应变仪基本量程的上限值，从应变仪上读取读数为 A_j；然后将应变源示值置回零位，从应变仪上读取零位值 a_{j0}，示值稳定性计算公式为

$$\delta_{sj} = \frac{(A_j - a_{j_0}) - (A_0 - a_0)}{A_0 - a_0} \times 100\% \tag{5-17}$$

动态应变仪主要技术指标有非线性误差、频率响应特性、标定误差和稳定性等。

(1)非线性误差

由标准应变源依次给出应变仪基本量程上限值的 0%、20%、40%、60%、80%、100%对应的标准应变值 ε_i（ε_{max}为基本量程上限值），从应变仪读取对应的输出读数值 a_i，其非线性误差计算公式为

$$\delta_{L_i} = \frac{(a_i - a_0) - A_i}{A_{max}} \times 100\% \tag{5-18}$$

其中，A_{max}为基本量程上限值的标准应变源输出值减去零位(a_0)后的值，$A_i = \frac{\varepsilon_i}{\varepsilon_{max}} \times A_{max}$。

(2)频率响应误差

利用动态特性校准仪与振荡器组成动态应变模拟仪，用来测量动态应变仪的频响特性。用动态应变特性校准仪给出指定幅值的输入信号 U_{f_0}，使输出电压在 20 Hz 时为动态应变仪基准量程上限值时输出电压的 $1/\sqrt{2}$倍。按规定工作频率改变动态应变特性校准仪的频率，从 20 Hz直至工作频率上限，同时分别读取输出读数值 U_{f_1}，测定点不少于 10 个，频率响应误差计算公式为

$$\delta_f = 20\lg \frac{U_{f_i} - U_{f_0}}{U_{f_0}} \ (\text{db}) \tag{5-19}$$

(3)标定误差

动态应变仪标定误差一般不大于±0.5%～±1%，标定误差测定方法是根据标定值，分别用标准应变模拟仪给出符号相同、数值相等的应变值，同时从电表上读取各自减去零偏值的输出读数值，顺序测定各标定值，标定误差计算公式为：

$$\delta_B = \left| \frac{a_B - A_B}{A_B} \right| \times 100\% \tag{5-20}$$

式中 A_B——标准应变源给出的标准应变值时电表读数值；

a_B——动态应变仪标定装置给出的读数值。

(4)稳定性

动态应变仪的稳定性检测步骤与静态应变仪稳定性的检测步骤相同，区别只在于动态应变仪稳定性的考核时间规定为 2 小时，分别在 15 分钟、30 分钟、60 分钟、90 分钟、120 分钟时读数。

5.4.4 应变仪发展现状

随着电子技术的发展，应变仪可进行多通道快速测量、采集、传输、存储与处理；无线传输技术的发展、4G/5G 技术的成熟与推广、无线静态应变仪的出现实现了远程在线测量，为应变电测拓宽了应用空间。

电阻应变仪的分类：

电阻应变仪按照采样频率分为静态电阻应变仪和动态电阻应变仪，实物图如图 5-20、

图 5-21所示。

静态电阻应变仪的采样频率不大于 1 Hz，主要应用于静态应变或静力试验中力学量的测量。常见的静态应变仪通道数为 10 通道、30 通道、60 通道不等，可同时测量多个位置点的应变数据，单项测试如需更多通道同时测量，可通过串联多个应变仪机箱实现，连接方式如图 5-20 所示。

动态电阻应变仪（图 5-21）的采样频率可到 5 kHz，在实际测试中依据数据需求进行设置。对于一些测量冲击、爆炸等瞬态实验，可以采用应变数据采集系统，应变信号经过信号调理、模数转换成数字数据，经接口电路送到计算机存储，采用不同的采集芯片，其采样频率可到达 256 kHz、2 MHz不等。

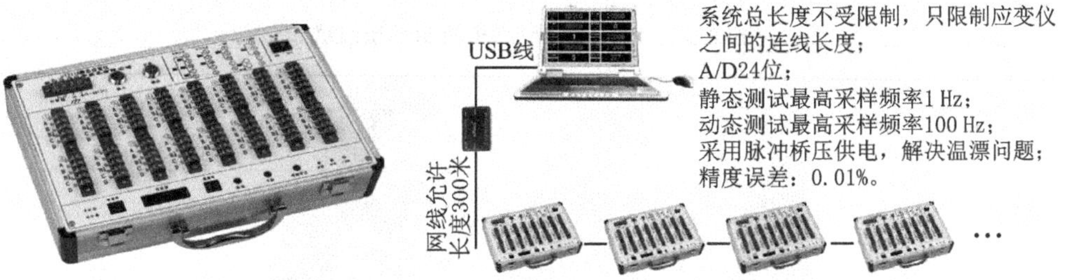

图 5-20　静态电阻应变仪和模块机箱系统级联

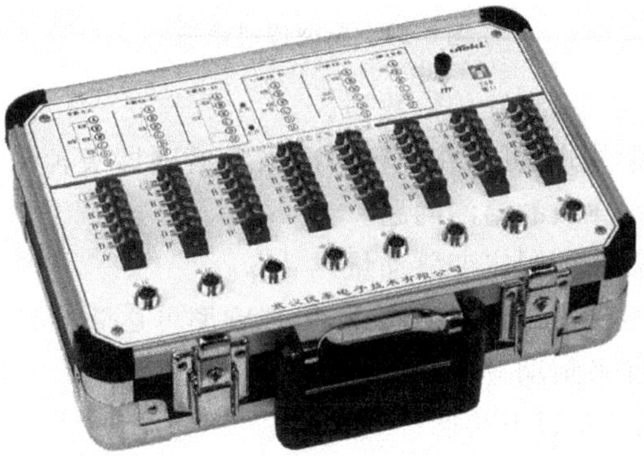

图 5-21　动态电阻应变仪

电阻应变仪按数据传输方式分为有线电阻应变仪和无线电阻应变仪。

有线电阻应变仪的采集电路、数据传输电路均为传统的有线方式。

无线电阻应变仪是采用常规的采集电路与无线模块通信相结合的应变仪，图 5-22 为多个无线应变节点机箱和系统级联示意图。可避免有线传输信号距离远、受干扰严重、布线烦琐等现场测试的问题，同时，实验过程中实验人员可以远离实验现场，提高安全性。无线应变仪越来越多地应用在机械制造、大型桥梁工程、航空航天等领域。

电阻应变仪随着电子技术的发展不断地升级改进，相较于以前的老式应变仪，静态应变仪和动态应变仪均有不同程度的改进。

部分新型静态应变仪具备以下功能：

(1)分辨率达 0.1 μm/m。

(2)采用数字校正方法，使应变测量误差达到 0.01%。

(3)力矩斜插式端子，可靠耐用，容易接线，如图 5-23 所示。

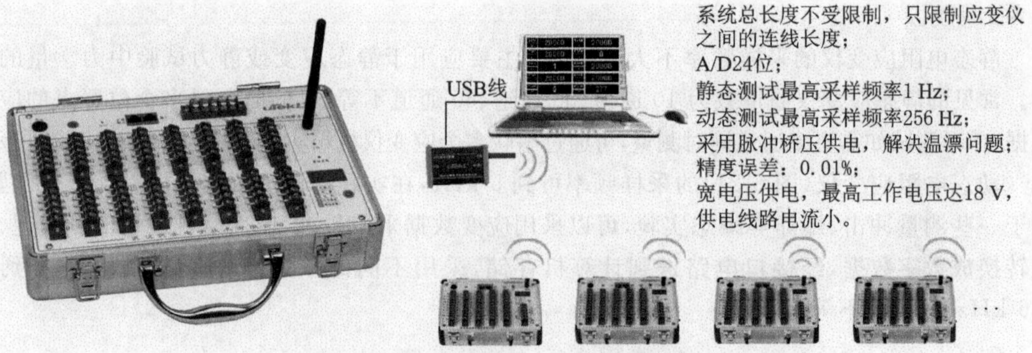

图 5-22　无线应变节点机箱和系统级联

图 5-23　新型连接端子

(4)断电续传，断电后来电，继续传输数据。

(5)内置脉冲桥压工作方式，可以在进行一次采集后随即关掉采集设备的桥压开关，使其不工作，以避免长时间工作导致的温漂问题。

(6)小波去噪功能将有效抑制应变跳动量。

(7)可任选一个测量通道作为动态测试点，采样频率可达 256 Hz。如桥梁静载测试后，不用更换设备，打开动态软件采集动应变数据。

部分新型动态应变仪具备以下功能：

(1)抗干扰接法，能有效抑制工频(50 Hz)干扰信号。抗干扰接法如图 5-24 所示。

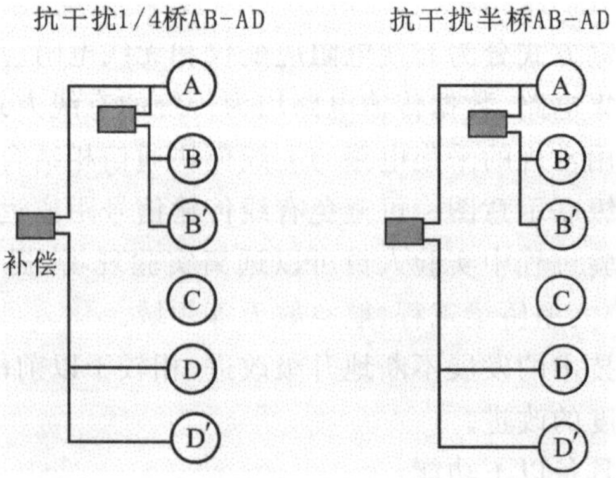

图 5-24　抗干扰接法

(2)点频信号消除：自动捕捉并一键消除 50 Hz，以及高次谐波(100 Hz、150 Hz 等)工频干扰、周期脉冲干扰，并且不影响任何其他频率成分。

图 5-25、图 5-26 分别为同一时间段采集的应变数据和经过点频信号消除处理的应变数据，图 5-26 所示数据曲线符合测点受外载作用的响应情况。

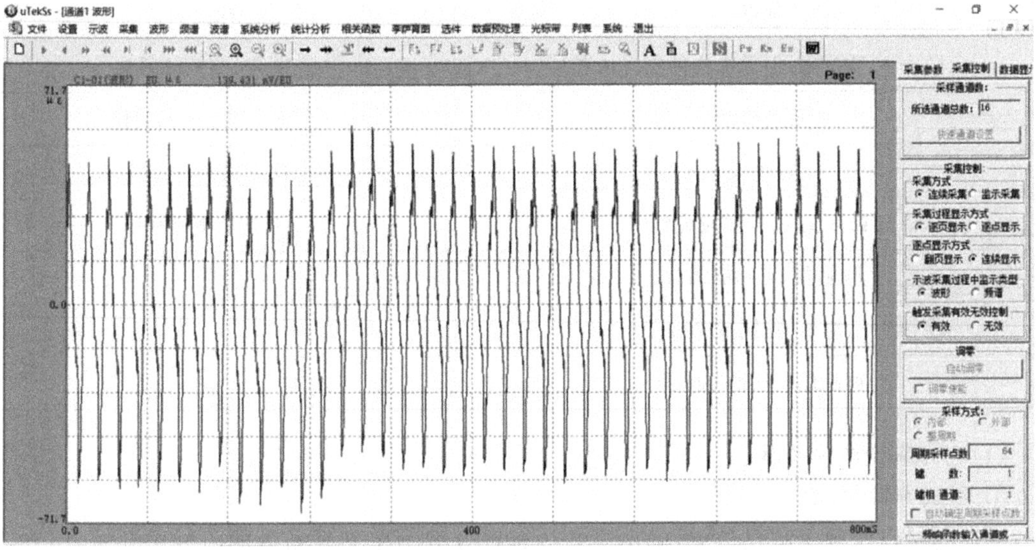

图 5-25　原始应变数据

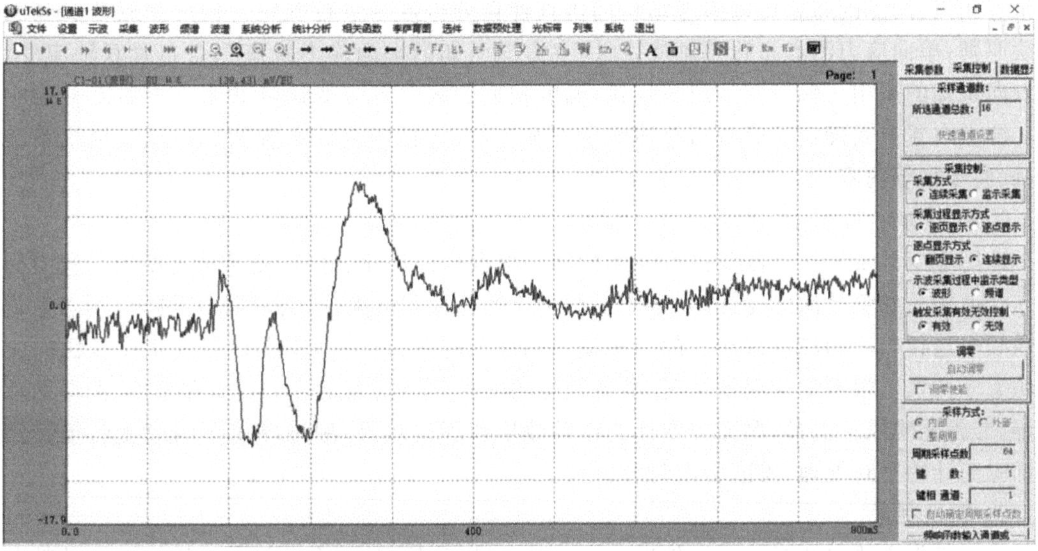

图 5-26　点频信号消除后的应变数据

5.5　应变电测的工程应用

5.5.1　工程应变测试方案设计

应变电测传感技术主要包括电阻应变计和应变式传感器两部分。随着技术进步，应变计的发展速度很快，适用范围从最早常温应变计到高、低温应变计，测量范围扩大到大应变，从静态测量到动态测量。应变电测法的优缺点如表5-1所示。

表5-1 应变电测法的优缺点

优点	缺点
尺寸小、质量轻,不干扰构件应力状态	点测量、非全域测量
灵敏度高	主要应用于表面测量
量程大	应力梯度大时,误差较大
栅长可设计,可测应力集中	长期监测漂移
频响快,可动态测量	
适应不同温度场测量	
可制作成各种传感器	

(1)应力应变电测步骤

① 测试方案制定

根据测量目的确定测点位置,确定应变计布置方案。在工程测量的时候主要关注结构的危险点、危险截面,因而在确定测点位置要考虑受载构件应力分布,在应力较大或特殊的若干点布置测点,测点的布置可以参考结构的仿真计算分析数据进行确定。构件受载情况和温度补偿原则:单向应力测点布置单轴应变计,主方向已知的平面应力状态测点布置双轴应变计,主方向未知的采用三轴应变计或应变花;温度相近的区内各应变计可共用一个温度补偿应变计。测点布置方式确定后应编写总体测量方案文件,包括应变计布置图、编号、测量线路及仪器、试验步骤等内容。

② 实验室准备

选用应变计及测量仪器并进行性能检测。根据构件尺寸、材料、测量精度要求和应力梯度选择合适栅长和型号的应变计,并事先对所用应变计检测电阻值。根据精度要求、测点数目及采样频率选择相应的测量仪器。静态测量采用静态应变仪,应力应变状态变化比较快的应考虑动态应变仪。根据测量现场情况,准备相应的贴片、布线、固定等工具。在寒冷、潮湿的环境下,需准备电吹风等工具,保证应变计的粘贴效果和焊接效果;潮湿环境下的应变测量特别要注意应变计的密封处理,需准备密封胶材料。

③ 现场测量

现场工作主要包括对被测构件进行应变计粘贴、接线、检查和防护。电阻应变计的粘贴技术直接影响测量精度和数据的准确性,根据应变计的类型采用相应的黏结剂。导线的布置要避开电磁场的干扰,可以考虑采用屏蔽线。接线前检查应变计电阻值和绝缘电阻大小,接线后检查编号,确认无误后进行防潮处理。先进行数据预采集,确定每个测量通道是否都正常。室外测量时,由于环境噪声等干扰,数据会出现明显波动,可以通过将应变仪接地的方式降低环境的干扰信号。

(2)现场测量常见故障排除

① 单个通道数据不能平衡或无显示。应变计粘贴或焊接问题,出现短路、断路现象,桥路选择有问题,应变计接入方式与所选桥路不匹配。

② 部分通道数据跳动异常。工程检测因测点数多，常采用1/4桥路，一个补偿片补偿多个通道的应变计，一旦同一列数据跳动，一般为温度补偿片出现问题。

③ 所有通道数据出现异常跳动或者显示连接故障。现场电磁干扰比较严重，需将应变仪与连接导线(屏蔽层)接地；在实际测量中，因为导线存在电阻，长距离串联应变仪时，压降导致部分应变仪的供电不足，出现连接故障。

(3)测量数据常见问题分析

应变计栅长选择有误：应变计是通过测量栅长范围内的平均应变来表示所贴位置的应变，其精度由栅长大小和其应变梯度决定。另一种情况，材料材质的不均匀性也会严重影响测量精度，例如混凝土，由于石子、砂子和水泥的弹性模量差别大，内部的应变分布不均匀，在进行混凝土结构测量时应选用标距更大的应变计。

粘贴方向：应变计粘贴的方向与测点要求的方向不重合，会给测量结果带来误差，与主应变方向夹角越大，误差也越大。在关键测点处，可以通过粘贴多枚应变计来保证测量准确性。

测量采用长导线的误差：大型结构测量时，应变计粘贴处需要较长的导线才能连接到测试仪器，这样导线的电阻相对于应变计电阻不可忽略，导线引起的分布电容也会影响应变测量的结果，可以按测量桥路公式进行修正。

接线的牢固度也会影响工程测量结果，接线不牢固，在测试过程中，导线的错动就会导致应变计与应变仪连接处的接触电阻发生变化，导致测量数据出现错误。

电阻应变仪的稳定性在检定标准中有规定，仪器满足4 h内的零漂要求，但如果用电阻应变仪来测量长期应变，累计的零漂对测试数据的影响不可被忽略。

5.5.2 工程应变测试案例

应变电测因成本经济、数据可靠，广泛应用于工程测量中。

叶片是风力发电机组核心部件之一，其涉及气动设计、载荷设计、材料选择、结构设计等技术。叶片的质量直接决定了风机能否安全、高效地工作，随着风电机组单机容量不断地增加，风机叶片长度也不断变长，其制造工艺难度增大和成本也随之增加，一旦在运行阶段出现损坏，将会给风电厂家造成巨大的损失，因而叶片的质量越来越受到重视。对叶片进行全尺寸检测是必不可少的环节，实验数据不但可以检验叶片的质量，而且也为叶片设计优化、工艺制造改进提供依据。

全尺寸叶片检测主要内容包括：叶片基本属性检测(质量分布、刚度分布、各阶固有频率等)、叶片静力荷载和叶片疲劳荷载实验。参考国际标准IEC61400-23规定，静态应变测试的目的就是验证叶片承受极限载荷的能力，以及测量叶片在极端载荷下的变形情况，是叶片测试的重要内容之一。

叶片静力检测主要设备包括固定底座、静力加载控制装置、数据采集系统和被测叶片。叶片通过高强度螺栓固定在底座上，通过加载装置在预定的加载位置和方向上进行加载，测试叶片的强度、刚度及其屈曲稳定性和叶尖处最大变形。

利用电测法测量叶片在加载工况下的叶片载荷、位移、应变、扭转角等，将测试数据与理论及仿真计算结果进行比较，综合评价叶片性能。

静力加载装置上布置有载荷传感器、位移传感器，通过静态电阻应变仪来测量载荷和应变的大小；用于加载的钢丝绳通过夹具与叶片相连。根据理论分析和规范要求，在特定的点布置应变计，用于测量叶片在载荷作用下的应变。

实验加载前，进行传感器调零，消除叶片和夹具自重影响。依次将载荷加到最大载荷的20%、50%、80%、100%、105%、110%，记录下叶片对应测点处的位移、应变以及各个加载点对应的实际加载载荷。图 5-27 给出了某企业进行新叶片静力实验的现场图片。

图 5-27　新叶片静力实验现场图片

本项目测量中有以下几个问题需要注意：

(1)叶片尺寸大，需要在不同位置粘贴应变计，如图 5-28 所示，以全面评估叶片的力学性能。不同测点之间的距离很长，在布置应变计连接导线时，导线的长度从几米到几十米，导线长度不同且导线的电阻不能忽略，在做数据处理时要考虑导线电阻的影响。

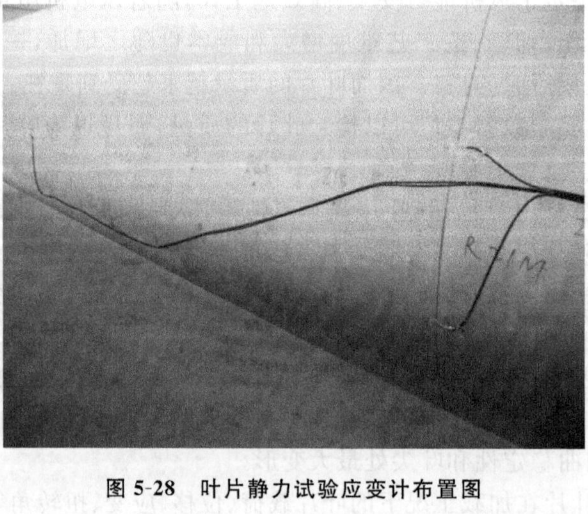

图 5-28　叶片静力试验应变计布置图

(2)工程测量时，测点数量大，常采用 1/4 桥路，采用同一个温度补偿片补偿多个通道的应变。叶片测试有时在室外进行，测点在选择公共温度补偿片时要注意自身是向阳还是背阳，需要考虑温度补偿片是否能真正实现温度补偿。实验应避开太阳照射的时段，太阳的炙烤使得叶片表面温度升高明显，会使测量结果出现明显误差。

根据实验数据计算分析得到在外载荷作用下，叶片表面的应变分布规律等信息，验证了叶片极限承载力，同时也为后期叶片的优化设计提供参考依据。

拓展阅读：惠斯通电桥的由来

1843年，英国科学家C. 惠斯通(Charles Wheatstone)利用四个电阻器，两两串联后再并联在一起组成电路，通过测量输出电压的变化分析计算得到精确桥路电阻大小。图5-29所示的电路就是惠斯通电桥，那电桥的发明者是不是惠斯通呢？

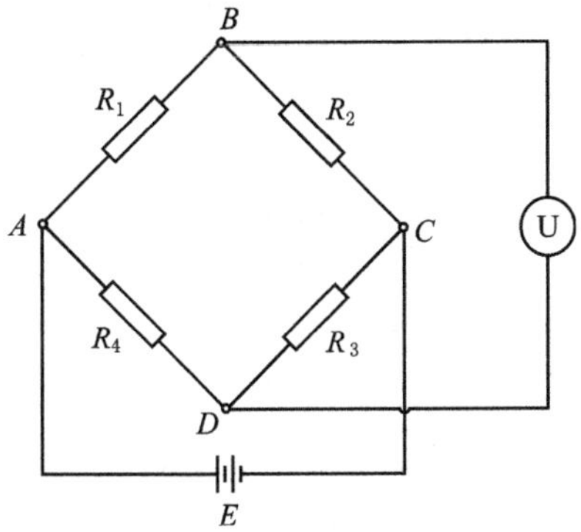

图5-29　惠斯通电桥

惠斯通用来测量电阻的电桥早在10年前的1833年就被发明出来了，发明者是S. H. 克里斯蒂(Samuel Hunter Christie)。如果以发明者的名字命名的话，这个著名电桥的名字应该是克里斯蒂桥。为什么以推广它的人惠斯通的名字命名呢？下面来了解一下其中的故事。

科学家兼数学家S. H. 克里斯蒂发明了测量未知电阻的电路，并于1833年首次描述了这种电路。电桥之所以能工作，是因为四个电阻在电路中特殊的排列布置。桥路电源的电流分成两个平行的电路分支，其中一条分支接入已知电阻值的电阻器和一个已知电阻值的可调电阻器。另一条分支接入一个固定的已知电阻，另一个为待测电阻。通过使用一个检流计来平衡流过两个分支的电流，从而确定未知电阻的值。

此后的10年里，很少有人知道这座“桥”。后来，C. 惠斯通偶然发现了克里斯蒂对这种仪器的描述，惠斯通称其为“差分电阻测量仪”。惠斯通作为伦敦皇家学会的杰出成员，在1843年的一次演讲中介绍了克里斯蒂的发明，并且利用这种电桥成功地对电阻做了精确测量。这种桥路测量方法逐渐被更多的科学家采用，并得到有效的推广。不久之后，它就被称为惠斯通电桥。

除了使该设备引起公众注意之外，惠斯通还改进了设计。惠斯通通过开发变阻器(一种可变电阻器)，扩大了电桥的应用领域；改变桥路中包含的元件类型，惠斯通电桥可以用于确定未知的电容、电感、频率和其他特性。除惠斯通外，还有其他科学家帮助扩大了该设备的应用范围，包括W. 汤姆森(William Thomson)、J. C. 麦克斯韦(James Clerk Maxwell)等。

这种灵敏、准确的测量电阻的方法至今仍被广泛使用。

思 考 题

5-1　推导±45°/0°、±60°/0°等不同角度应变花的主应力、主应变计算公式。

5-2　采用1/4桥进行多点应变测量，如何正确应用公共温度补偿技术？有哪些注意事项？

5-3　应变式载荷传感器有四根引出线，上面的标识已无法辨认，结合电桥原理，给出一个辨别引线接入应变仪顺序的方案，并说明理由。

5-4　应变式力传感器结构示意图如图5-30所示，在弹性体圆周上每间隔90°粘贴了横向和纵向应变计，一共8枚，请设计一种全桥接法实现力值测量的功能，要求灵敏度高，且受压时输出为负应变。

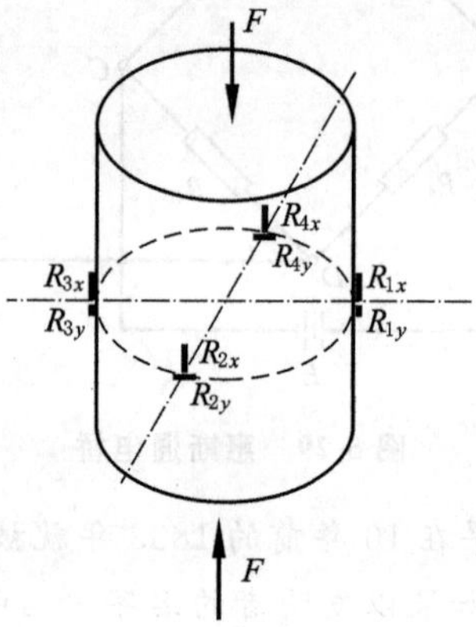

图5-30　题5-4图

6 电测法测量误差分析

6.1 概　　述

电测法测量结果存在各种误差。有的误差较小，对测量结果影响很小，可以忽略；有的误差比较大，对测量结果有重要影响，不能忽略；还有些误差在有的情况下是可以忽略的，在有的情况又不可忽略。因此，需要对电测法各种误差进行分析，确定误差产生的原因及其影响，并能够对那些对测量结果有重要影响的误差进行修正。

本章将对应变计栅长、应变计粘贴方向、应变计横向效应、应变仪灵敏系数、长导线等因素对电测法测量结果的影响进行分析，给出了部分误差的修正方法，并对动态测量时的栅长及频率的影响进行了分析。

6.2 应变计栅长对测量结果的影响

根据电阻应变计测量的基本原理，电测法所得到的测量结果是电阻应变计栅长范围内的平均应变，而实际上需要测定的是一个点的应变，通常是应变计栅长中点处的应变。因此，采用电阻应变计进行电测所得的测量结果，实际上是以电阻应变计栅长范围内的平均应变来表示这一长度内中点的应变。平均应变与中点应变一般是不同的，因此，实际测量的结果通常并不是所希望测得的结果。如图 6-1 所示，需要测量的是 $L/2$ 处这一点的应变，但由于应变计栅长为 L，实际测量得到的是 L 长度区间范围内的平均应变，而图中所示的 $L/2$ 处的应变明显要大于整个 L 区间内的平均应变。

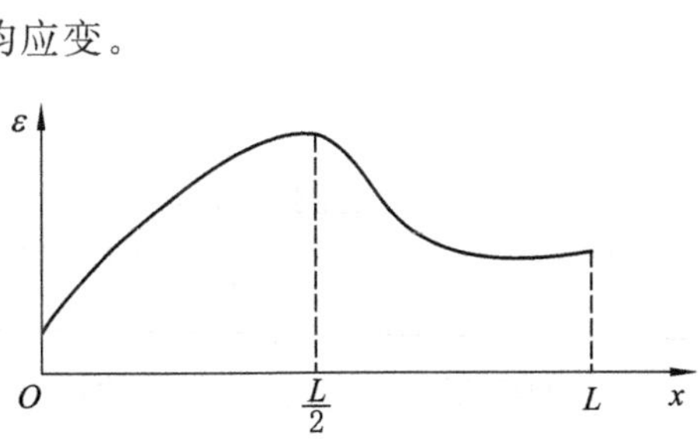

图 6-1　应变计栅长影响

显然，栅长越小，测量结果越接近于真实结果，栅长对测量结果有直接影响。

为了分析电阻应变计栅长对测量结果的影响，假设结构上在栅长范围内的应变满足如下多项式的关系：

$$\varepsilon_x = a_0 + a_1 x + a_2 x^2 + a_3 x^3 + \cdots \tag{6-1}$$

式中　a_0, a_1, a_2, a_3——待定系数。

为了使问题简化，只取前面的三项进行分析，则栅长范围内的应变为

$$\varepsilon_x = a_0 + a_1 x + a_2 x \tag{6-2}$$

根据以上函数关系，通过积分可得栅长范围内的平均应变为

$$\varepsilon_a = \int_0^L \varepsilon_x \frac{\mathrm{d}x}{L} = a_0 + \frac{a_1}{2}L + \frac{a_2}{3}L^2 \tag{6-3}$$

而中点应变为

$$\varepsilon_M = a_0 + \frac{a_1}{2}L + \frac{a_2}{4}L^2 \tag{6-4}$$

由此得到两者之间的差值为

$$\delta_\varepsilon = \varepsilon_a - \varepsilon_M = \frac{a_2}{12}L^2 \tag{6-5}$$

该差值即为电阻应变计栅长影响产生的应变测量误差。分析该差值可知，电阻应变计栅长对测量结果的影响，一方面由栅长自身决定，另一方面也与应变的分布规律相关。当结构上的应变分布规律确定后，上式中的 a_2 是一个确定的值，那么也就是说误差最终取决于 L，并且是与 L^2 成正比的。由此可见，栅长对测量结果影响非常大。上面的分析中应变分布规律只取到 x 的平方项，如果取到三次项或者更高，误差表达式后面将会增加若干项，栅长的影响将进一步增大。多项式的项数越多或系数越大，表示应变在该范围变化越大。因此，在应变测量时，为了减少误差，需要选择合适的电阻应变计栅长，尤其是当结构上的应变梯度较大时，如应力集中区域，应尽量采用栅长较小的电阻应变计进行测量。

在应变分布相对比较均匀的情况下，应尽量选择栅长较大的应变计，因为在栅长较大的情况下，应变计易于粘贴，横向影响也比较小，这样更容易操作，测试结果也相对准确一点。并且对于一些非均质材料制作的构件，如混凝土，其内部是由一些石子、砂子、水泥等构成，各组分材料的弹性模量相差比较大，导致内部应变分布非常不均匀，此时就必须采用栅长较大的应变计进行测量。如果仍然采用栅长很小的应变计，实际测量的就不是混凝土整个结构的应变，而有可能只是砂子或者石子的应变，达不到测量混凝土整体结构应变的目的。在这种情况下，栅长至少应该是粒料材料直径的 4～5 倍。

6.3 应变计粘贴方向对测量结果的影响

在实际制定电测测量方案时，有一个预定的测量方向，如测量沿着与 x 方向的夹角为 φ 方向的应变，即需要沿着与 x 方向的夹角为 φ 方向来粘贴应变计，但是在实际应变计粘贴过程中肯定会由于操作误差与实际方向会有一个偏离。设偏离角为 $\Delta\varphi$，使得应变计实际与 x 方向的夹角变成了 φ'。通常情况下 φ' 方向的应变并不等于 φ 方向的应变，因此需要对粘贴方向与实际方向不同带给测量结果的影响进行分析。

对于如图 6-2 所示的平面问题，设主应变 ε_1、ε_2 分别沿着 x 和 y 方向，则与 x 方向夹角为 θ 和 θ' 方向的应变可根据材料力学基本公式得到，即

$$\left.\begin{aligned} \varepsilon_\theta &= \frac{\varepsilon_1 + \varepsilon_2}{2} + \frac{\varepsilon_1 - \varepsilon_2}{2}\cos 2\theta \\ \varepsilon_{\theta'} &= \frac{\varepsilon_1 + \varepsilon_2}{2} + \frac{\varepsilon_1 - \varepsilon_2}{2}\cos 2\theta' \end{aligned}\right\} \tag{6-6}$$

两个夹角之间的关系为

$$\theta' = \theta + \Delta\theta \tag{6-7}$$

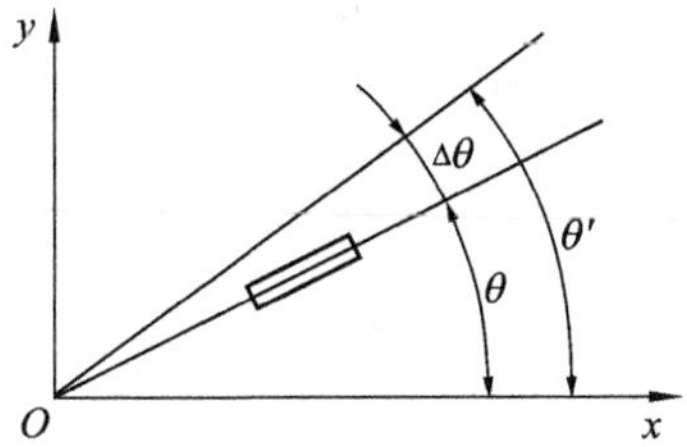

图 6-2 应变计粘贴方向

由此可得需要测量方向的应变与实际测量方向的应变之差为

$$\begin{aligned}\Delta\varepsilon_\theta &= \varepsilon'_\theta - \varepsilon_\theta \\ &= \frac{\varepsilon_1-\varepsilon_2}{2}[\cos2(\theta+\Delta\theta)-\cos2\theta] \\ &= (\varepsilon_2-\varepsilon_1)\sin(2\theta+\Delta\theta)\sin\Delta\theta \qquad (6\text{-}8)\end{aligned}$$

从式(6-8)可以看出，两者之间的差值 $\Delta\varepsilon_\theta$ 不仅与粘贴角度误差——实际贴片方向的误差 $\Delta\theta$ 有关，还与所要测的方向 θ 有关，该结论对实际制定应变电测方案时有重要意义。对于一个有经验的实验人员，粘贴应变计时其角度误差 $\Delta\theta$ 通常可以控制在一定的范围内，或者基本保持不变。假设 $\Delta\theta$ 不变，根据上式可知，当 $\theta=-\frac{\Delta\theta}{2}$ 或者 $\theta=90^\circ-\frac{\Delta\theta}{2}$ 时，$\Delta\varepsilon_\theta$ 最小；而当 $\theta=45^\circ-\frac{\Delta\theta}{2}$ 时，$\Delta\varepsilon_\theta$ 最大。由于 $\Delta\theta$ 通常比较小，可近似认为 $\theta=0$ 或者 90°时，即预贴片方向与主应变方向恰好重合时，$\Delta\varepsilon_\theta$ 最小；当 $\theta=45^\circ$，即预贴片方向与主应变方向成 45° 角时，$\Delta\varepsilon_\theta$ 最大。因此，为了减少误差，在制定实际应变电测方案时，贴片方向尽可能与主应变方向一致，并尽可能避免与主应变方向成 45°角。

下面通过一个例子来看一下应变计粘贴方向产生的误差大小。

【例 6-1】 处于单向应力状态下的构件，材料的泊松比为 0.285，粘贴方向的角度误差是 5°，沿着主应变的方向和沿着与主应变成 45°方向粘贴应变计，分别测量这两个方向的应变，现在分析一下测量误差分别是多少。

【解】 对于单向应力状态，设沿应力方向的应变为 ε_1，则

$$\varepsilon_2=-\nu\varepsilon_1$$

首先分析测量主应变方向应变的误差。将 $\theta=0$、$\varepsilon_2=-\nu\varepsilon_1$、$\Delta\theta=5^\circ$ 代入式(6-8)得：

$$\delta=\frac{\Delta\varepsilon_\theta}{\varepsilon_1}=-(1+\nu)\sin^2\Delta\theta=-(1+0.285)\times0.0872^2\approx-0.976\%$$

45°方向的应变为 $\varepsilon_{45^\circ}=\frac{1-\nu}{2}\varepsilon_1$，则对于测量 45°方向应变的误差，将 $\theta=45^\circ$、$\varepsilon_2=-\nu\varepsilon_1$、$\Delta\theta=5^\circ$ 代入式(6-8)得

$$\delta=\frac{\Delta\varepsilon_\theta}{\varepsilon_{45^\circ}}=-\frac{1+\nu}{1-\nu}\sin^2\Delta\theta=\frac{1+0.285}{1-0.285}\times0.1736\approx-31.2\%$$

可以发现，后者的误差是前者的 32 倍。

在上述算例中，如果假设最大主应变为 1000 μm/m，则预设测量方向的应变与实际测量方向的应变差值随着预设测量方向角度和角度误差的关系见图 6-3。

相对误差随着预设测量方向角度和角度误差的关系见图 6-4。对比图 6-3 和图 6-4 可以

发现，最大绝对误差和最大相对误差出现在不同的预设测量方向上。图 6-4 是按每隔 5°取值得到的，进一步分析表明，当预设测量方向为 61.9°时，真实应变为 0，相对误差会出现无穷的情况。

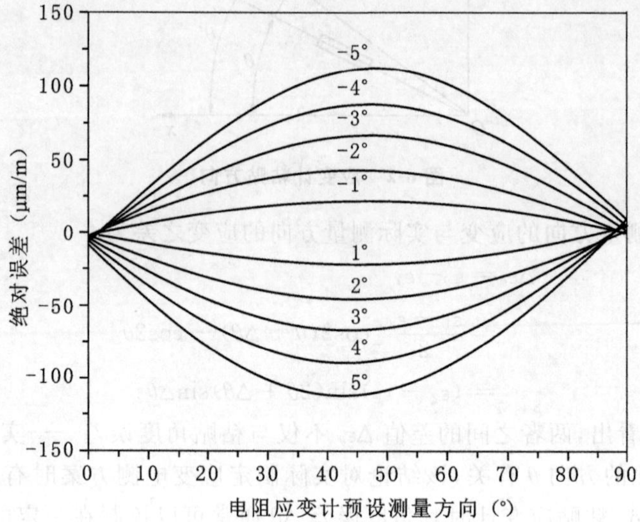

图 6-3 应变计粘贴方向影响——绝对误差

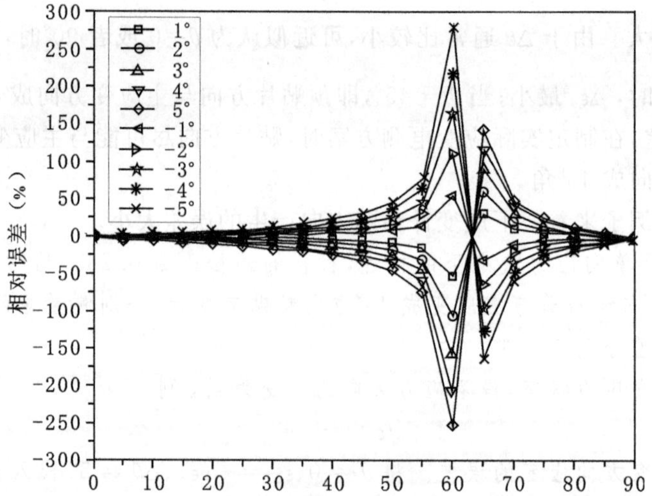

图 6-4 应变计粘贴方向影响——相对误差

6.4 应变仪灵敏系数的影响及修正

根据电阻应变计和应变仪的测量原理，电阻的变化率等于电阻应变计的灵敏系数 K 乘以电阻应变计的应变，也等于应变仪的灵敏系数 K_0 乘以应变仪的读数应变，即

$$\frac{\Delta R}{R}=K\varepsilon=K_0\varepsilon_i \tag{6-9}$$

根据式(6-9)可知，只有当电阻应变计的灵敏系数 K 和应变仪的灵敏系数 K_0 相同时，应

变仪的读数 ε_i 才恰好等于电阻应变计的实际应变 ε。在应变仪上都会有一个灵敏系数的调节装置，有的应变仪是通过旋钮调节使得应变仪上显示的灵敏系数等于电阻应变计的灵敏系数，有的应变仪直接在软件中输入电阻应变计的灵敏系数即可。

但是有时候无法调节应变仪的灵敏系数，或者一台应变仪同时连接了灵敏系数不同的多个电阻应变计而无法对每一个电阻应变计输入灵敏系数时，就需要对测试结果进行修正。此时应变仪的灵敏系数 K_0 可任意给出，得到读数应变 ε_i 后，根据式(6-9)可得实际应变的计算公式为

$$\varepsilon = \frac{K_0}{K}\varepsilon_i \tag{6-10}$$

式中，K 值取相应电阻应变计的灵敏系数。

在后面的分析中，如果没有特殊说明，均按应变仪与电阻应变计的灵敏系数相同考虑。

6.5 应变计横向效应对测量结果的影响及修正

金属应变计的敏感栅除了轴向丝栅外还有圆弧形或直线形横栅，如图 6-5 所示，虚线框中即为横栅。轴向应变使敏感栅电阻发生变化，其横向应变也将使敏感栅的横栅部分的电阻发生变化，应变计的这种既受纵向应变影响，又受横向应变影响而引起电阻变化的现象称为应变计的横向效应。在前面的章节中定义了横向灵敏系数与轴向灵敏系数之比称为横向效应系数 H，也就是

$$H = K_y/K_x \tag{6-11}$$

式中 K_y——横向灵敏系数；

K_x——纵向灵敏系数。

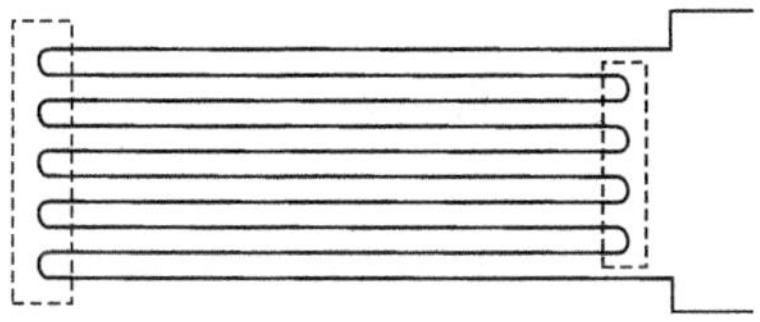

图 6-5 横栅

首先分析一下电阻应变计的灵敏系数 K 与横向效应系数 H 的关系。

根据电阻应变计的基本原理，任意情况下，电阻应变计总的电阻相对变化为

$$\frac{\Delta R}{R} = K_x\varepsilon_x + K_y\varepsilon_y \tag{6-12}$$

采用单向应力梁对电阻应变计灵敏系数的标定时，若标定梁的材料的泊松比为 ν_0，x 方向为应力方向，则横向应变和纵向应变在单向应力状态下满足下式：

$$\varepsilon_y = -\nu_0\varepsilon_x \tag{6-13}$$

根据式(6-12)、式(6-13)及横向效应系数的定义式可得

$$\frac{\Delta R}{R} = K_x\varepsilon_x(1-\nu_0 H) \tag{6-14}$$

此外，根据电阻应变计灵敏系数的定义式有

$$\frac{\Delta R}{R}=K\varepsilon \tag{6-15}$$

根据电阻应变计的标定过程可知，用于计算电阻应变计灵敏系数的应变就是轴向应变，即有

$$\varepsilon=\varepsilon_x \tag{6-16}$$

结合式(6-14)、式(6-15)和式(6-16)可得

$$K=K_x(1-\nu_0 H) \tag{6-17}$$

由此可见，在电阻应变计灵敏系数的定义及采用单向应力梁标定过程中，已经考虑了横向效应 H 的影响，并且也考虑了标定材料自身的泊松比 ν_0。

下面分三种情况分析由于电阻应变计横向效应的存在对实际测量结果的影响，以及如何来对结果进行修正。

(1)实际测量结构与电阻应变计标定时的应力状态、贴片方式及泊松比完全相同

如果实际测量结构的情况与电阻应变计标定时的情况完全一样，即被测结构处于单向应力状态，电阻应变计沿应力方向粘贴，被测材料的泊松比与应变计灵敏系数标定时所用材料的泊松比相同。根据式(6-14)，则结构上实际的轴向应变为

$$\varepsilon_x=\frac{\dfrac{\Delta R}{R}}{K_x(1-\nu_0 H)} \tag{6-18}$$

根据电阻应变计测量原理，实际测量时的读数应变为

$$\varepsilon_{ix}=\frac{\dfrac{\Delta R}{R}}{K} \tag{6-19}$$

结合式(6-17)，由上面两式可得

$$\varepsilon_{ix}=\varepsilon_x \tag{6-20}$$

即测试得到的读数应变就是结构上实际的轴向应变。在此种情况下不需要考虑横向效应系数的影响。

(2)实际测量结构与电阻应变计标定时的应力状态、贴片方式相同，但泊松比不同

被测结构处于单向应力状态，电阻应变计沿应力方向粘贴，但是被测材料的泊松比与电阻应变计灵敏系数标定时所用材料的泊松比不同，若被测材料的泊松比为 ν_1，根据前面的分析可知，结构上实际的轴向应变为

$$\varepsilon_x=\frac{\dfrac{\Delta R}{R}}{K_x(1-\nu_1 H)} \tag{6-21}$$

电阻应变计沿轴向测试得到的读数应变仍然可以按式(6-19)进行计算，结合式(6-17)和式(6-21)可得

$$\varepsilon_{ix}=\frac{1-\nu_1 H}{1-\nu_0 H}\varepsilon_x \tag{6-22}$$

显然，此时测试得到的读数应变 ε_{ix} 并不等于结构上实际的轴向应变 ε_x，其误差为

$$\delta_x=\frac{\varepsilon_{ix}-\varepsilon_x}{\varepsilon_x}=\frac{(\nu_0-\nu_1)H}{1-\nu_0 H} \tag{6-23}$$

因此，需要对测试结果进行修正，若测试得到的读数应变为 ε_{ix}，则结构上实际的轴向应

变为

$$\varepsilon_x = \frac{1-\nu_0 H}{1-\nu_1 H}\varepsilon_{ix} \tag{6-24}$$

采用同样的方法分析横向应变的测试结果，可得横向测试应变为

$$\varepsilon_{iy} = \frac{\nu_1 - H}{\nu_1(1-\nu_0 H)}\varepsilon_y \tag{6-25}$$

可得横向应变的误差为

$$\delta_y = \frac{\varepsilon_{iy}-\varepsilon_y}{\varepsilon_y} = \frac{(\nu_0\nu_1 - 1)H}{\nu_1(1-\nu_0 H)} \tag{6-26}$$

应采用式(6-27)对横向测试应变进行修正

$$\varepsilon_y = \frac{\nu_1(1-\nu_0 H)}{\nu_1 - H}\varepsilon_{iy} \tag{6-27}$$

由式(6-24)和式(6-27)可得按测试应变直接计算的泊松比与材料实际泊松比之间的关系为

$$\nu_i = \frac{\nu_1 - H}{1-\nu_1 H} \tag{6-28}$$

则泊松比的修正公式为

$$\nu_1 = \frac{\nu_i + H}{1+\nu_i H} \tag{6-29}$$

(3)实际测量结构处于二向应力状态

对于二向应力状态，轴向应变和横向应变不再有 $\varepsilon_y = -\nu_0\varepsilon_x$ 这样一个简单的关系，根据横向效应系数的定义，沿两个方向分别有

$$\left.\begin{aligned}\left(\frac{\Delta R}{R}\right)_x &= K_x\varepsilon_x + K_y\varepsilon_y = K_x(\varepsilon_x + H\varepsilon_y)\\ \left(\frac{\Delta R}{R}\right)_y &= K_x\varepsilon_y + K_y\varepsilon_x = K_x(\varepsilon_y + H\varepsilon_x)\end{aligned}\right\} \tag{6-30}$$

再根据式(6-17)和式(6-19)，得到读数应变与实际应变之间的关系为

$$\left.\begin{aligned}\varepsilon_{ix} &= \frac{\varepsilon_x + H\varepsilon_y}{1-\nu_0 H}\\ \varepsilon_{iy} &= \frac{\varepsilon_y + H\varepsilon_x}{1-\nu_0 H}\end{aligned}\right\} \tag{6-31}$$

则在实际测试中需要采用下式对测量结果进行修正

$$\left.\begin{aligned}\varepsilon_x &= \frac{1-\nu_0 H}{1-H^2}(\varepsilon_{ix} - H\varepsilon_{iy})\\ \varepsilon_y &= \frac{1-\nu_0 H}{1-H^2}(\varepsilon_{iy} - H\varepsilon_{ix})\end{aligned}\right\} \tag{6-32}$$

对于二向应力状态的情况，当主应力方向已知时，只需沿着两个主应力方向分别粘贴应变计测量得到 ε_{i1}、ε_{i2}，然后根据式(6-32)可以直接计算得到两个方向的主应变的真实值 ε_1 和 ε_2。但是，如果在主应力方向未知的情况下，这时就需采用三轴 45°应变花或采用其他的应变花进行测量。如果采用三轴 45°应变花测量，为了后面的计算，需要虚设一个 135°方向的应变计，那么，这样就可以导出以下公式

$$\left.\begin{aligned}\varepsilon_{0^\circ}&=\frac{1-\nu_0 H}{1-H^2}(\varepsilon_{i0^\circ}-H\varepsilon_{i90^\circ})\\\varepsilon_{90^\circ}&=\frac{1-\nu_0 H}{1-H^2}(\varepsilon_{i90^\circ}-H\varepsilon_{i0^\circ})\\\varepsilon_{45^\circ}&=\frac{1-\nu_0 H}{1-H^2}(\varepsilon_{i45^\circ}-H\varepsilon_{i135^\circ})\\\varepsilon_{135^\circ}&=\frac{1-\nu_0 H}{1-H^2}(\varepsilon_{i135^\circ}-H\varepsilon_{i45^\circ})\end{aligned}\right\}\tag{6-33}$$

根据应变之间的关系

$$\varepsilon_{0^\circ}+\varepsilon_{90^\circ}=\varepsilon_{45^\circ}+\varepsilon_{135^\circ}\tag{6-34}$$

由此可得到3个方向的实际应变为

$$\left.\begin{aligned}\varepsilon_{0^\circ}&=\frac{1-\nu_0 H}{1-H^2}(\varepsilon_{i0^\circ}-H\varepsilon_{i90^\circ})\\\varepsilon_{45^\circ}&=\frac{1-\nu_0 H}{1-H^2}[(1+H)\varepsilon_{i45^\circ}-H(\varepsilon_{i0^\circ}-H\varepsilon_{i90^\circ})]\\\varepsilon_{90^\circ}&=\frac{1-\nu_0 H}{1-H^2}(\varepsilon_{i90^\circ}-H\varepsilon_{i0^\circ})\end{aligned}\right\}\tag{6-35}$$

同理可得，采用三轴60°应变花的修正公式为

$$\left.\begin{aligned}\varepsilon_{0^\circ}&=\frac{1-\nu_0 H}{1-H^2}[\varepsilon_{i0^\circ}-H(\varepsilon_{i60^\circ}+H\varepsilon_{i90^\circ})]\\\varepsilon_{60^\circ}&=\frac{1-\nu_0 H}{1-H^2}[\varepsilon_{i60^\circ}-H(\varepsilon_{i120^\circ}+H\varepsilon_{i0^\circ})]\\\varepsilon_{120^\circ}&=\frac{1-\nu_0 H}{1-H^2}[\varepsilon_{i120^\circ}-H(\varepsilon_{i0^\circ}+H\varepsilon_{i60^\circ})]\end{aligned}\right\}\tag{6-36}$$

【例 6-2】 设电阻应变计标定材料的泊松比 $\nu_0=0.28$，电阻应变计横向效应系数 $H=5\%$，测试结构处于单向应力状态，其泊松比 $\nu_1=0.40$，分别计算采用电阻应变计测量该材料的轴向（应力方向）和横向（垂直于应力方向）的读数应变的相对误差。

【解】 根据单向应力下的横向效应误差计算公式

$$\delta_x=\frac{(\nu_0-\nu_1)H}{1-\nu_0 H},\delta_y=\frac{(\nu_0\nu_1-1)H}{\nu_1(1-\nu_0 H)}$$

直接可得

$$|\delta_x|=\frac{0.05\times(0.28-0.40)}{1-0.05\times0.28}=-0.6\%$$

$$|\delta_y|=\frac{0.05\times(0.28\times0.40-1)}{0.40\times(1-0.05\times0.28)}=-11.3\%$$

下面结合该算例结果对电阻应变计横向效应的影响进行简单的分析。如果测点处于单向应力状态，应变计按照应力方向来粘贴，此时的读数应变误差一般都不大，比如上例中误差为0.6%，通常不超过1%；但是，如果测量应变计和应力的方向不同时，比如这里沿着轴向加载，应力方向为轴向，但沿横向贴片测量横向应变，此时的读数应变误差高达11.3%，必须按前面的公式进行修正。

6.6　长导线的影响及修正

(1)半桥接法

图 6-6 所示的工作电阻应变计和补偿电阻应变计,分别通过两根导线接到应变仪的 A、B 点和 B、C 点上。

设每根导线的电阻均为 R_L,则电桥工作臂 AB 之间的电阻变化率为

$$\frac{\Delta R}{R+2R_L}=\frac{\Delta R}{R}\times\frac{1}{1+\dfrac{2R_L}{R}}\tag{6-37}$$

根据应变仪的工作原理,读数应变与电桥工作臂之间的电阻变化的关系为

$$\frac{\Delta R}{R+2R_L}=K\varepsilon_i\tag{6-38}$$

而根据应变计灵敏系数的定义有

$$\frac{\Delta R}{R}=K\varepsilon\tag{6-39}$$

由此得此种情况下的应变修正公式为

$$\varepsilon=\left(1+\frac{2R_L}{R}\right)\varepsilon_i\tag{6-40}$$

也可采用如图 6-7 所示的接线方法,先将工作电阻应变计和补偿电阻应变计的一端连接到某一个点 B' 上,然后再通过一根导线接到应变仪的点 B 上,这种接法称为三线桥接法。

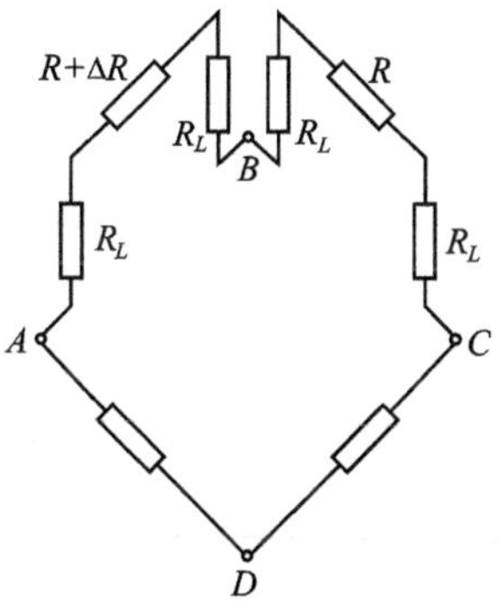

图 6-6　半桥接法的导线电阻影响

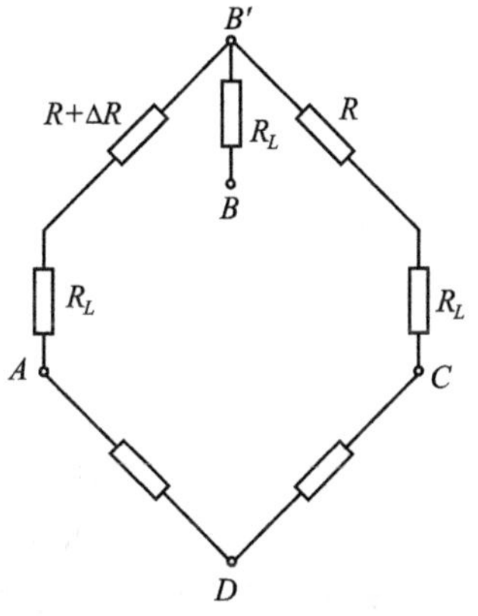

图 6-7　三线桥接法的导线电阻影响

此时工作臂实际为 AB',只有一根导线接入了桥臂,另外一根导线的电阻并没有直接连入桥臂中。采用与前面相同的方法进行分析,得到此种情况下的应变修正公式为

$$\varepsilon=\left(1+\frac{R_L}{R}\right)\varepsilon_i\tag{6-41}$$

(2)全桥接法

在图 6-8 所示的全桥接法中,连接导线由 A、B、C、D 四个点引出,此时四根导线的电阻都没有接在桥臂内,那么,导线电阻对桥臂的电阻变化是没有影响的,但是,导线电阻的存在会影响电桥电压。

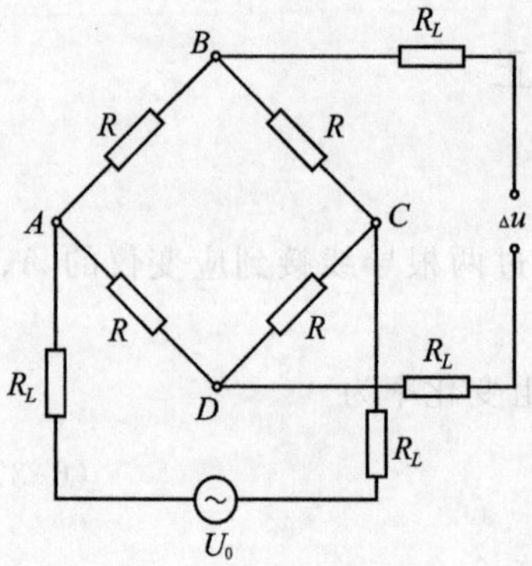

图 6-8 全桥接法的导线电阻影响

对于 A、C 两点，施加的电压是 U_0，但是由于导线电阻的存在，A、C 两点的实际电压并不是 U_0 了，其实际电压为

$$U_{AC}=\frac{R}{R+2R_L}U_0 \tag{6-42}$$

根据前面分析得到的电桥中的应变和电压之间的关系，读数应变还是采用默认的输入电压进行计算的，即有

$$\varepsilon_i=\frac{4\Delta u}{U_0K} \tag{6-43}$$

而实际应变应该采用实际施加在电桥上的电压进行计算，即有

$$\varepsilon=\frac{4\Delta u}{U_{AC}K} \tag{6-44}$$

由此可得应变的修正公式为

$$\varepsilon=\frac{4\Delta u}{U_{AC}K}=\frac{U_0}{U_{AC}}\varepsilon_i=\left(1+\frac{2R_L}{R}\right)\varepsilon_i \tag{6-45}$$

【例 6-3】 电阻应变计电阻 $R=120\ \Omega$，电阻应变计的灵敏系数 $K=2.0$，电阻应变仪的灵敏系数设置为 $K_0=2.0$，一根导线的电阻为 $R_L=2\ \Omega$，采用三线桥接法。若电阻应变仪显示 $\varepsilon_i=3000\ \mu\text{m/m}$，则应变计的实际应变及相对误差是多少？若采用调整电阻应变仪灵敏系数的方法进行修正，则实际应输入电阻应变仪的灵敏系数 K_0' 是多少？

【解】 根据三线桥接法应变修正公式可得电阻应变计实际应变为

$$\varepsilon=\left(1+\frac{R_L}{R}\right)\varepsilon_i=\left(1+\frac{2}{120}\right)\times 3000=3050\ \mu\text{m/m}$$

相对误差为

$$\delta=\frac{\varepsilon_i-\varepsilon}{\varepsilon}=\frac{3000-3050}{3050}=-1.64\%$$

采用调整灵敏系数的方法修正导线误差，即使得读数应变恰好为修正后的实际应变，根据 $K_0\varepsilon_i=K'_0\varepsilon$ 可得

$$K'_0=K_0\frac{\varepsilon_i}{\varepsilon}=2\times\frac{3000}{3050}=1.967$$

虽然电阻应变计的灵敏系数是 2.0，但是在电阻应变仪的灵敏系数中并不输入 2.0，而采用 1.967，这样电阻应变仪的灵敏系数会产生误差，长导线也会产生误差，两者刚好抵消，应变仪上显示的应变就是测点的实际应变。

6.7 动态测量结果与影响分析

在实际测量中有时候可能是静态应变测量，有时候需要对动态应变进行测量。对于动态应变，构件上应变的传播有一个过程。首先是沿着厚度方向——就是电阻应变计粘贴的厚度方向，应变波首先进入粘接层，然后从粘接层到达电阻应变计的基底，最后再传到敏感栅。由于粘接层、基底以及敏感栅都是非常薄的，所以传输的时间大概是微秒级的，对实际测量结果的影响非常小，因此，在实际测量时一般可以忽略这一过程的影响。

应变波的另一个传波方向就是沿着栅长的方向——应变波会沿着电阻应变计的栅长方向

进行传播。由于电阻应变计的栅长相对比较长，所以这时的影响就不能忽略。下面重点分析一下沿电阻应变计栅长传播过程中的应变响应情况。

在构件表面上的 A 点处粘贴了一个长度为 L 的一个应变计，设应变波沿着栅长方向呈正弦规律进行传播，波长是 λ，幅值是 ε_m，某时刻电阻应变计所在位置的应变分布如图 6-9 所示。

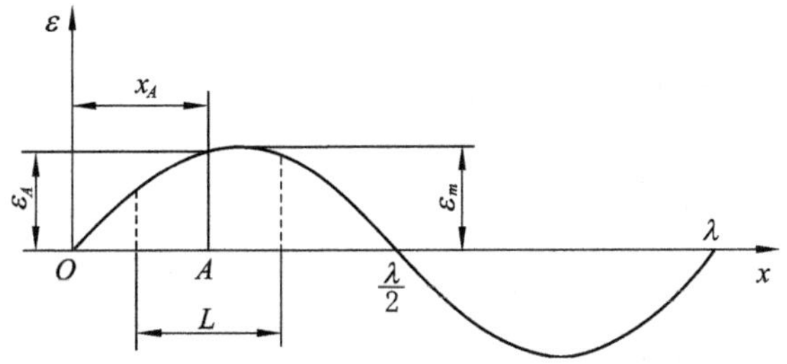

图 6-9　应变分布

任意位置应变的表达式可表示为

$$\varepsilon = \varepsilon_m \sin \frac{2\pi}{\lambda} x \tag{6-46}$$

则此时电阻应变计中点 A 处的应变为

$$\varepsilon_A = \varepsilon_m \sin \frac{2\pi}{\lambda} x_A \tag{6-47}$$

这也就是 A 点真实应变的表达式。

由于电阻应变计实际测得的并不是该点的应变，而是 L 长度范围内的平均应变。下面分析 A 点应变测量的读数值，也就是电阻应变计长度范围的平均应变，可由以下积分式计算得到

$$\varepsilon_A' = \frac{1}{L}\int_{x_A-L/2}^{x_A+L/2} \varepsilon_m \sin \frac{2\pi}{\lambda} x \, dx \tag{6-48}$$

由式(6-48)计算可得

$$\varepsilon_A' = \varepsilon_m \sin \frac{2\pi}{\lambda} x_A \frac{\sin \frac{\pi L}{\lambda}}{\frac{\pi L}{\lambda}} \tag{6-49}$$

有了 A 点的真实应变和测量应变，就可以进行误差分析了。

相对误差为

$$\delta = \frac{\varepsilon_A' - \varepsilon_A}{\varepsilon_A} = 1 - \frac{\sin \frac{\pi L}{\lambda}}{\frac{\pi L}{\lambda}} \tag{6-50}$$

通常情况下，应变计的栅长远小于应变计的波长，因此，$\frac{\pi l}{\lambda}$ 是远小于 1 的，则有以下近似计算公式

$$\frac{\sin \frac{\pi l}{\lambda}}{\frac{\pi l}{\lambda}} \approx 1 - \frac{\left(\frac{\pi l}{\lambda}\right)^2}{6} \tag{6-51}$$

则相对误差也可以近似表达为

$$\delta = \frac{1}{6}\left(\frac{\pi L}{\lambda}\right)^2 \tag{6-52}$$

根据波长与频率的关系

$$\lambda = \frac{v}{f} \tag{6-53}$$

式中 v——应变波在被测构件中的传播速度；

f——应变变化的频率。

将式(6-53)代入式(6-52)，可得

$$\delta = \frac{1}{6}\left(\frac{\pi L f}{v}\right)^2 \tag{6-54}$$

由于在同一种介质里传播速度 v 是一个常数，则由式(6-54)可知，动态应变测量的相对误差主要取决于电阻应变计栅长和动态应变自身的频率，可以根据电阻应变计栅长和动态应变频率计算误差。

如果给定允许的相对误差，根据式(6-54)可以进行以下分析：

(1)当动态应变的最大频率已知时，可以确定电阻应变计的最大栅长；

(2)当电阻应变计的栅长确定后，可以得到该电阻应变计所能测量的极限频率。

也就是说，根据式(6-54)可以选择电阻应变计，或者确定某一个电阻应变计的测量范围。

【例 6-4】 应变波在钢材中的传播速度是 5000 m/s，若允许的相对误差为 1%。(1)当动态应变的最大频率为 50000 Hz 时，所能选择的电阻应变计的最大栅长是多少？(2)如果采用栅长为10 mm的电阻应变计测量此结构，结构上允许的极限频率是多少？

【解】 根据式(6-54)可得

(1)应变计的最大栅长为

$$L_{\max} = \frac{v}{\pi f}\sqrt{6\delta} = \frac{5000}{3.14\times 50000}\sqrt{6\times 1\%} = 0.0078\ \text{m} = 7.8\ \text{mm}$$

(2)结构上允许的极限频率为

$$f_{\max} = \frac{v}{\pi L}\sqrt{6\delta} = \frac{5000}{3.14\times 0.01}\sqrt{6\times 1\%} \approx 39000\ \text{Hz}$$

接下来对这个结果进行讨论。

当应变计栅长为 10 mm 时，如果被测动态应变的频率远小于 39000 Hz，则应变计的动态误差可忽略不计。因为在 39000 Hz 的情况下误差是 1%，如果频率远小于它，那么误差将远小于 1%，可以忽略动态响应的误差。对于一般机械工程中的动态应变测试，由于频率相对较低，若采用栅长小于 20 mm 的应变计时，动态误差一般可以忽略。

拓展阅读：电阻应变计横向效应对复合材料测试结果的影响

复合材料是由有机高分子、无机非金属和金属等几类不同材料通过复合工艺组合而成的新型材料，它既能保留原组分材料的主要特色，又通过复合效应获得原组分材料所不具备的性能。可以通过材料设计使各组分的性能互相补充并彼此关联，从而获得更加优越的性能，以便在各类工程结构中得到更好的应用。与传统材料相比，复合材料在力学上有一个显著特点就是各向异性，即在不同的方向上具有不同的力学性能，如两个方向的泊松比将会差别很大，尤

其是垂直于纤维方向的泊松比较小，该特点将对电测法测量结果的误差带来重要影响。

按图 6-10 所示的受力和贴片方式分别测试铝和单向复合材料垂直于纤维方向的泊松比，电阻应变计的横向效应系数为 1%。若实际铝的泊松比为 0.33，单向复合材料垂直于纤维方向的泊松比为 0.015，如不进行任何修正直接根据测试应变计算泊松比，则根据本章第 6.5 节相关公式可得测试所得铝的泊松比为 0.321，相对于实际泊松比的误差为 2.7%，误差相对较小；而单向复合材料垂直于纤维方向的测试泊松比为 0.005，相对于其实际泊松比的误差高达 66.7%。因此，对于该类复合材料而言，如果测试其垂直于纤维方向的泊松比，必须按本章第 6.5 节相关要求进行修正。

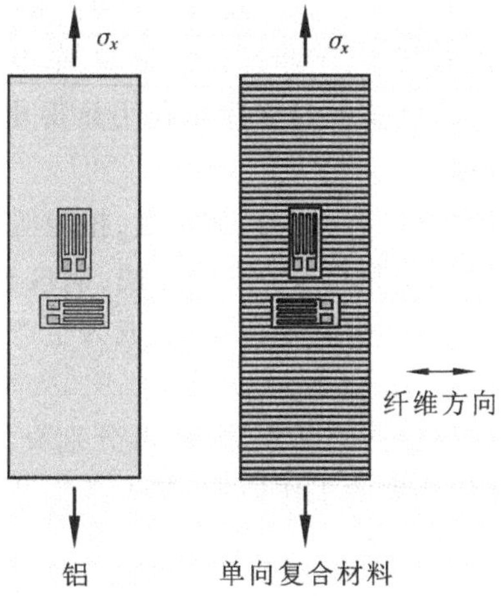

图 6-10 不同材料的泊松比测试

思 考 题

6-1 电阻应变计栅长对测量结果有什么样的影响？如何选择合适栅长的电阻应变计？

6-2 某测点处于单向应力状态，$\nu=0.3$，采用电测法贴片方向偏差 3°，求预定测点主应变 ε_1 和与 ε_1 成 45°方向时应变的相对误差。

6-3 已知某电阻应变计的横向效应系数为 5%，标定梁 $\nu_0=0.33$，有机玻璃 $\nu_1=0.40$，若有机玻璃处于单向应力状态，试求采用该电阻应变计测量轴向应变的相对误差。

6-4 采用电测法测量某单轴应力状态构件的应变，沿轴向布置电阻应变计，已知材料泊松比为 0.45，横向效应系数为 3%，应变计灵敏系数标定时所用材料的泊松比为 0.285，读数应变为 500 μm/m，在不考虑其他影响因素的情况下，试确定该点的实际轴向应变。

6-5 电阻应变计的灵敏系数为 2.08，导线电阻为 3 Ω，应变计电阻为 120 Ω，采用三线桥接法，为使读数应变恰好为测点应变，应变仪的灵敏系数应设为多少？

6-6 电阻应变计的灵敏系数为 2.05，测点应变为 1000 μm/m，应变仪的灵敏系数为 1.90，在不考虑其他影响因素的情况下，试确定应变仪的读数应变及相对误差。

6-7 在被测构件表面上 A 点处贴一栅长为 l 的电阻应变计。频率为 80000 Hz 的应变波以恒速 5000 m/s 沿栅长方向按正弦规律传播，要求由动态响应产生的相对误差不大于 3%，试确定电阻应变计的最大栅长 l_{max}。

7　电阻应变式传感器

7.1　概　述

传感器技术是信息技术的三大支柱之一。随着计算机、微电子、材料和通信等关键基础技术，以及应用技术的快速发展，机械制造、工业过程控制、汽车电子产品、通信电子产品、消费电子产品和专用设备等应用领域对信息技术的掌握和利用显得更加迫切，传感器作为信息技术的一部分，发挥着举足轻重的作用。

电阻应变式传感器是一种把位移、力、压力、加速度、扭矩等非电物理量转化为电阻值变化的传感器。它具有尺寸小、质量轻、结构简单、使用方便、响应速度快等优点。广泛应用于冶金、电力、交通、石化、商业、生物医学和国防等行业，已成为生产过程检测及实现生产自动化不可缺少的手段之一。

本章将首先介绍电阻应变式传感器的基本原理，再分别介绍测力传感器、压力传感器、位移传感器、扭矩传感器和加速度传感器的工作原理、基本结构及特点。

7.2　电阻应变式传感器基本原理

电阻应变式传感器主要由弹性元件、电阻应变计、测量线路三部分构成。它的工作原理：弹性元件受到被测物理量(如载荷、压力、位移、加速度等)的作用而产生变形，并使附着其上的电阻应变计一起变形，电阻应变计再将变形转换为电阻值的变化，电阻应变式传感器就这样将被测物理量的变化转换成电信号的变化。

利用电阻应变计测量应变的原理制成的应变式传感器，是应用十分广泛的一类传感器，它有以下优点：

(1)测量精度高，一般为0.5%，最高可达0.1%。

(2)测量范围广，如应变计式测力传感器由10^{-2} N到10^{7} N，压力传感器由10^{-1} Pa到10^{8} Pa。

(3)输出特性线性好、性能稳定、工作可靠。

(4)能在各种环境下工作，经专门的设计可在高温、低温、振动和核辐射等恶劣条件下可靠地工作。

在力、扭矩及流体压力的测量中，通常把被测物理量直接作为弹性元件所承受的载荷；在静位移的测量中，利用刚性极小的弹性元件直接感受位移的变化；在振动测量中，则按照惯性式测振原理，利用一个由弹性元件和惯性质量块构成的质量-弹簧系统，来反映被测振动的位移、速度或加速度。

7.2.1　弹性元件

弹性元件是一种在力的作用下产生变形，当外力去掉后又能完全恢复其原来状态的元件。

弹性元件是传感器的关键组成部分，要求具有良好的弹性、足够的精度和良好的稳定性和抗腐蚀性。通常要求弹性元件具有以下性能：

(1)弹性储能(应变能)高，在使用过程中不发生永久变形。

(2)具有较强的抗压(或抗拉)强度，在高载荷下有足够的安全性能。

(3)受温度影响小。弹性模量温度系数小而稳定，热膨胀系数小。

(4)具有良好的机械加工和热处理性能，易于机械加工及热处理。

(5)具有良好的重复性和稳定性。

(6)热处理后应有均匀、稳定的组织，且具有各向同性。

(7)具有高的抗氧化、抗腐蚀性能。

(8)弹性元件有效工作区应具有最大应变值。在载荷作用下的弹性元件具有较高的灵敏度和较长的疲劳寿命。

传感器弹性元件的材料主要是合金钢，如 40Cr、35CrMnSiA、50CrMnA、50CrVA、40CrNiMoA、65Si2MnWA、铍青铜 QBe2、硬铝 LY12 及超硬铝 LC4 等。

7.2.2　传感器的标定及电路补偿

同一类型的传感器，常因弹性元件的加工和应变计工作特性指标的差异，以及其他各种原因，输出往往不同。因此，传感器制成以后，必须经过严格的标定，即以标准量(如拉力、单位压力、位移或加速度等)作用在传感器的弹性元件上，随同相应的测试仪器测其输出值(读数应变)，从而由输出值(读数应变)反映被测量的大小，这一过程称为标定。标定要在下列条件下进行：

(1)标定时传感器的加载情况与实测条件应一致，使用工作环境也应注明。

(2)标准量的精度必须比所需标定的传感器的精度高一级。例如，被标定的测力传感器为三等测力计，则其标定必须在二等测力计上进行，方能满足精度要求。

(3)测试仪器同样应高于传感器所要求的精度的 3～5 倍。

(4)标定过程中，为了减少滞后误差，一般要在满量程(最大载荷)下反复加载、卸载 3～5 次，然后将额定量程(或额定载荷)分成 5～10 级加、卸载，并读取相应的数值，至少连续三次取值，再取平均值，制成图或表供实际使用。同时可按不确实度理论计算出传感器的不确实度。

传感器精度的性能指标一般用如下三个典型技术指标来表示：

(1)非线性度：在传感器的标定曲线图[即输入(载荷)-输出(电压或应变)特性曲线图]中，标定曲线与理论直线(连接零点与额定载荷对应点所作的直线)的最大输出偏差与额定载荷下输出值之比，即表示非线性度。

(2)滞后：载荷从零增至额定值，然后回到零，在输出的特性曲线上，上升时输出和下降时输出之间的最大偏差与额定值之比称为滞后。

(3)重复性：指在同一工作条件下，按同一方式，做数次(三次以上)加载至额定值时，特性曲线的一致性。它的数值为特性曲线上的点与理论直线上相应点间最大差值对满量程的百分比。

传感器的性能指标，还有温度效应、偏载效应、常温蠕变、动态特性等，可参照有关标准，或按提出的特殊要求来标定。

由于弹性元件实际所用的材料和应变计的实际性能参数都不可能十分理想，会产生桥路的初始不平衡、零点漂移、输出灵敏度漂移和输出非线性等缺陷，为了提高传感器的精度，还应采用电路的补偿技术进行相关补偿。

补偿电路如图 7-1 所示，图中 R_1、R_2、R_3、R_4 为应变计，R_z 为初始不平衡补偿，R_t 为零点漂移补偿，R_E 为灵敏度漂移补偿，R_L 为非线性补偿，R_S 为输出灵敏度补偿。通过调整各补偿电阻的阻值可以对相应的缺陷进行一定程度的补偿。

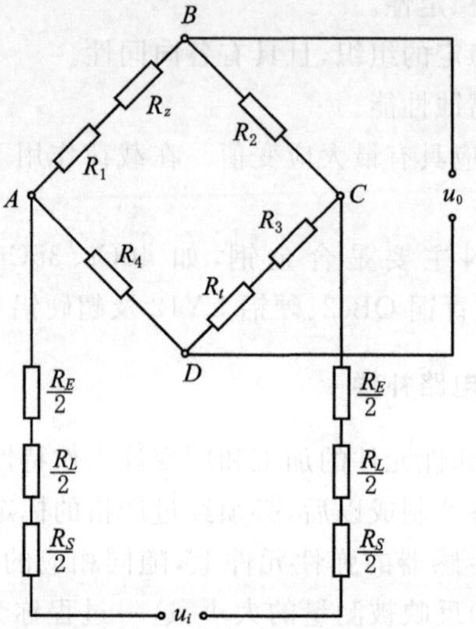

图 7-1 传感器的补偿电路

7.3 测力传感器

测力传感器根据测量的对象不同，习惯上又称为力传感器、载荷传感器、荷重传感器等。主要由弹性体、应变计和外壳组成。它主要用作各种电子秤、测力元件、发动机的推力测试、水坝坝体承载状况监测等。

测力传感器的弹性元件有多种形式，根据结构形式可分为柱式、梁式、环式、轮辐式等。根据弹性元件上粘贴应变计处的变形特点可分为：拉压弹性元件、弯曲弹性元件和剪切弹性元件。

7.3.1 柱(筒)式测力传感器

测量拉力或压力的传感器，其弹性元件常采用空心圆柱或圆筒，但壁厚不宜太薄，以防承受压力时失稳。

柱式、筒式测力传感器的弹性元件如图 7-2(a)、(b)所示。应变计粘贴在弹性元件外壁应力分布均匀的中间部分，四个轴向片和四个横向片对称粘贴，应变计在圆柱面上的展开位置及其在桥路中的连接如图 7-2(c)、(d)所示。当圆柱受压后，其轴向应变为 ε，各个桥臂的应变分别为

$$\varepsilon_1 = \varepsilon_3 = -\varepsilon + \varepsilon_t$$

$$\varepsilon_2 = \varepsilon_4 = \nu\varepsilon + \varepsilon_t$$

式中，ε_t 为由温度变化产生的应变。

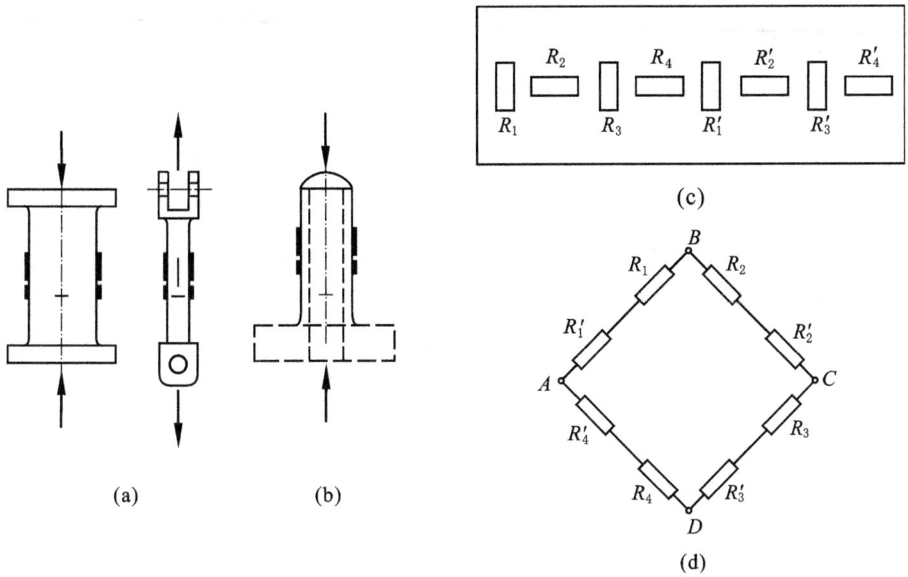

图 7-2 柱(筒)式测力传感器工作原理图

由式(5-8)得到读数应变为

$$\varepsilon_d = \varepsilon_1 - \varepsilon_2 + \varepsilon_3 - \varepsilon_4 = -2(1+\nu)\varepsilon$$

由此可知圆柱的轴向应变为

$$\varepsilon = -\frac{\varepsilon_d}{2(1+\nu)}$$

压力 F_T 为

$$F_T = \sigma A = E\varepsilon A = -\frac{EA}{2(1+\nu)}\varepsilon_d \tag{7-1}$$

式中 A——圆柱横截面面积；

E——弹性模量；

ν——泊松比。

柱式结构传感器测量范围为几百千克到几百吨，精度可达±0.5%～0.3%，其中高精度拉压测力传感器精度可达 0.05%FS。

7.3.2 悬臂梁式测力传感器

悬臂梁式测力传感器是一种低外形、高精度，抗偏、抗侧性能优越的测力传感器，所以多用于较小力的测量。例如，民用电子秤中就多采用悬臂梁式力传感器。图 7-3 为悬臂梁式弹性元件示意图。在梁固定端附近截面的上下表面各粘贴两个应变计[图 7-3(a)]，R_1、R_3 感受的弯曲应变为 ε_M，R_2、R_4 感受的弯曲应变为 $-\varepsilon_M$。按图 7-3(b)接线成全桥线路。由式(5-8)，可得读数应变

$$\varepsilon_d = \varepsilon_1 - \varepsilon_2 + \varepsilon_3 - \varepsilon_4 = 4\varepsilon_M$$

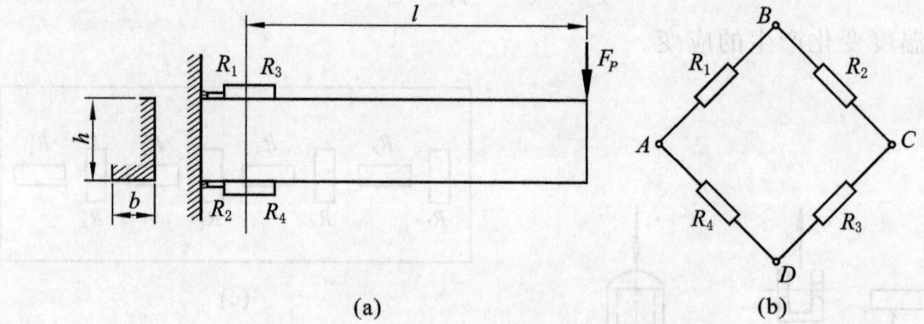

图 7-3　悬臂梁式测力传感器工作原理图

由材料力学可知

$$\varepsilon_M = \frac{\sigma}{E} = \frac{M}{EW} = \frac{6F_P l}{Ebh^2}$$

则力 F_P 为

$$F_P = \frac{bh^2 E}{24l}\varepsilon_d \tag{7-2}$$

7.3.3　圆环式测力传感器

圆环式测力传感器常用于测几十千克以上的大载荷，与柱式相比，它的特点是应力分布变化大，且有正有负，便于接成差动电桥。

纯圆环弹性元件[图 7-4(a)]的弯矩图如图 7-4(b)所示。截面 A、B 的弯矩值分别为

$$M_A = +0.318F_P R$$
$$M_B = -0.182F_P R$$

式中，R 为圆环的平均半径。

如果按图 7-4(a)所示粘贴应变计，R_1、R_3 感受的弯曲应变为 ε_M，R_2、R_4 感受的弯曲应变为 $-\varepsilon_M$。按图 7-4(c)接线成全桥线路，则读数应变与 ε_M 的关系为

$$\varepsilon_d = \varepsilon_1 - \varepsilon_2 + \varepsilon_3 - \varepsilon_4 = 4\varepsilon_M$$

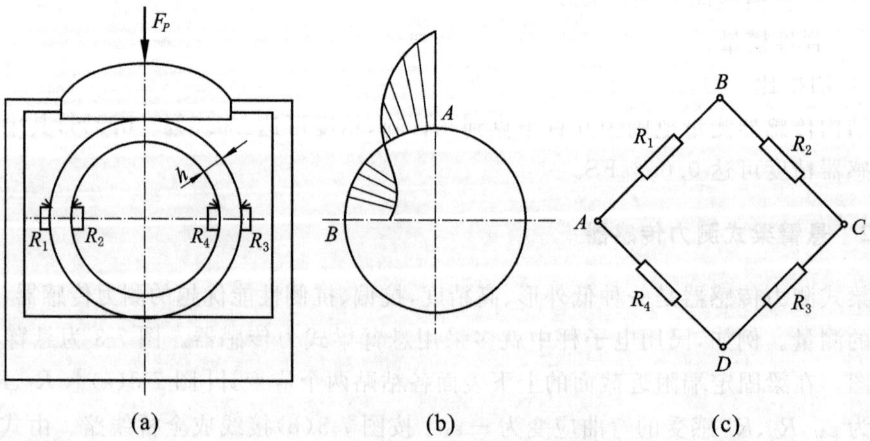

图 7-4　圆环式测力传感器工作原理图

对于$\frac{R}{h}>5$的小曲率圆环，可忽略圆环曲率的影响，则贴片处的弯曲应变大小为

$$\varepsilon_M = \frac{\sigma}{E} = \frac{M}{EW} = \frac{1.09F_PR}{Ebh^2}$$

式中 b——圆环截面厚度；

h——圆环截面宽度。

则力 F_P 为

$$F_P = \frac{Ebh^2}{4.36R}\varepsilon_d \tag{7-3}$$

7.3.4 轮辐式测力传感器

轮辐式测力传感器是一种剪切测力传感器，轮辐式弹性元件形似一个平放的车轮，其辐条的横截面形状是矩形。应变计粘贴在辐条侧面的中点处，并与轴线成 45°角，其结构示意图如图7-5所示。

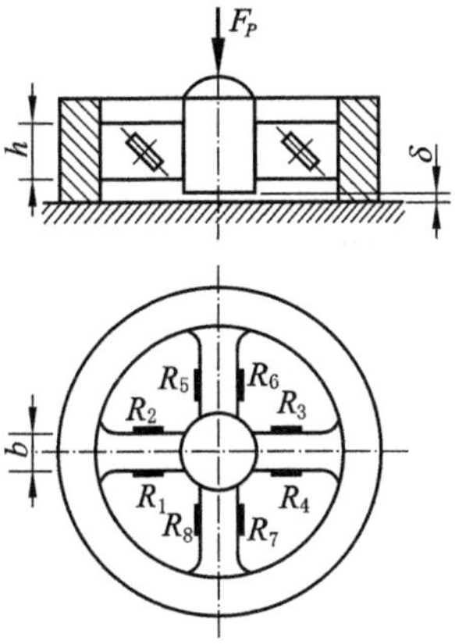

图 7-5 轮辐式测力传感器工作原理图

当弹性元件承受荷重 F_P 作用时，在辐条中间截面的中性轴附近，材料处于纯剪切应力状态，横截面上有最大切应力为

$$\tau_{\max} = \frac{3F_Q}{2A} = \frac{3F_Q}{2bh} = \frac{3F_P}{2nbh}$$

式中 F_Q——横截面上的剪力；

A——轮辐横截面面积；

b——横截面宽度；

h——横截面高度；

n——轮辐的数目。

在与轴线成 45°角的方向上，辐条侧面的最大拉应变、压应变的数值为

$$\varepsilon_{45^\circ} = \frac{1+\nu}{E}\tau_{\max}$$

若轮辐的数目为 4，则

$$\tau_{45^\circ} = \frac{1+\nu}{E} \cdot \frac{3F_P}{8bh}$$

在弹性范围内，ε_{45° 与 F_P 呈线性关系，若测得 ε_{45°，则载荷 F_P 为

$$F_P = \frac{2nbhE\varepsilon_{45^\circ}}{3(1+\nu)} \tag{7-4}$$

轮辐式测力传感器有良好的线性，力作用点位置偏移对传感器精度影响较小，可抗受大的偏心和侧向力，具有扁平的外形，抗过载能力大，可做成拉压型，测量范围宽，为 $5\times10^3 \sim 5\times10^6$ N。因此，轮辐式测力传感器得到了广泛应用。

7.4 压力传感器

压力传感器广泛用于测量流体压力，例如管道内部压力，内燃机燃气压力，喷射压力以及化学反应、发动机、导弹和火箭实验中的压力等。它由电阻应变计、弹性元件、外壳及补偿电阻组成。应变式压力传感器大多采用膜片式或圆筒式弹性元件。

7.4.1 膜片式压力传感器

膜片式压力传感器的弹性敏感元件为一周边固定的圆形金属平膜片，如图 7-6(a)所示。当膜片一面受压力 P 作用时，膜片的另一面（应变计粘贴面）上的径向应变 ε_r 和切向应变 ε_θ 分别为

$$\varepsilon_r = \frac{3p}{8h^2E}(1-\nu^2)(a^2-3r^2)$$

$$\varepsilon_\theta = \frac{3p}{8h^2E}(1-\nu^2)(a^2-r^2)$$

式中 r——贴片点的半径；

a——膜片工作部分半径；

p——压强；

h——膜片的厚度。

应变 ε_r 和 ε_θ 沿 r 的变化规律如图 7-6(a)所示。

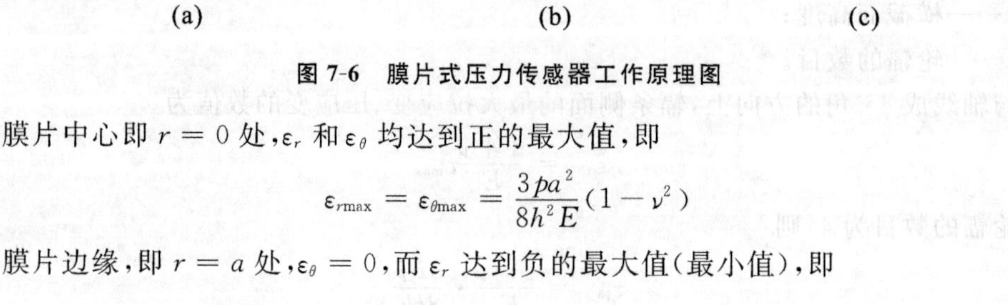

图 7-6 膜片式压力传感器工作原理图

在膜片中心即 $r=0$ 处，ε_r 和 ε_θ 均达到正的最大值，即

$$\varepsilon_{r\max} = \varepsilon_{\theta\max} = \frac{3pa^2}{8h^2E}(1-\nu^2) \tag{7-5}$$

在膜片边缘，即 $r=a$ 处，$\varepsilon_\theta=0$，而 ε_r 达到负的最大值（最小值），即

$$\varepsilon_r = -\frac{3pa^2}{4h^2E}(1-\nu^2) = -2\varepsilon_{r\max} \tag{7-6}$$

在 $r = r_0 = \dfrac{a}{\sqrt{3}}$ 处，$\varepsilon_r = 0$。

若用小栅长应变计，两片贴于正值应变区的中心点处[图 7-6(b)中的 R_1 及 R_3]，另两片贴于负值应变区($r_2 > r_0$)[图 7-6(b) 中的 R_2 及 R_4]，接线成全桥线路，如图 7-6(c)所示，则有

$$\varepsilon_1 = \varepsilon_3 = \varepsilon_{r\max} + \varepsilon_\theta, \quad \varepsilon_2 = \varepsilon_4 = -\varepsilon_r + \varepsilon_\theta$$

则读数应变为

$$\varepsilon_d = \varepsilon_1 - \varepsilon_2 + \varepsilon_3 - \varepsilon_4 = 2(\varepsilon_{r\max} + |\varepsilon_r|) \tag{7-7}$$

将式(7-5)及式(7-6)代入式(7-7)，得到读数应变与压强 p 之间的关系为

$$\varepsilon_d = \frac{3(1-\nu^2)}{4h^2E}(a^2 + |a^2 - 3r_2^2|)p \tag{7-8}$$

由式(7-8)可知，在材料的线弹性范围内，ε_d 与 p 之间呈线性关系。根据读数应变 ε_d，可以确定板所承受的均布压力 p。该类传感器一般可测 $10^5 \sim 10^6$ Pa 的压力。

7.4.2　圆筒式压力传感器

测较大压力时，多采用圆筒式压力传感器，其以薄壁或厚壁圆筒作为弹性元件，如图 7-7(a)所示，圆筒的一端闭合，另一端有法兰与被测系统连接。当厚壁圆筒受内压 p 作用时，外表面处沿圆周方向和沿轴线方向的应变分别为

$$\varepsilon_\theta = \frac{p(2-\nu)}{E\left[\left(\dfrac{D}{d}\right)^2 - 1\right]}$$

$$\varepsilon_x = \frac{p(1-2\nu)}{E\left[\left(\dfrac{D}{d}\right)^2 - 1\right]}$$

式中　D——圆筒的外径；

　　d——圆筒的内径。

由上式可知，在材料的线弹性范围内，圆筒表面应变 ε_θ 或 ε_x 与内压 p 呈线性关系。若测得表面应变 ε_θ 或 ε_x，则可确定圆筒所承受的内压 p。

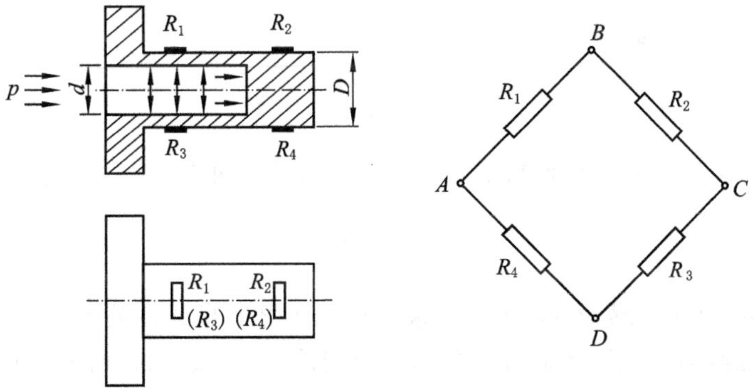

(a)　　(b)

图 7-7　圆筒式压力传感器工作原理图

应变计的粘贴及接桥方法如图 7-7(b)所示。R_1、R_3 沿圆周方向对称地粘贴在圆筒中部外表面上，用以感受应变 ε_θ。相应的温度补偿片 R_2、R_4 贴在厚度与直径相当的圆筒的底部，它不受内压 p 的影响。采用全桥接法，有

$$\varepsilon_1 = \varepsilon_3 = \varepsilon_\theta + \varepsilon_t \qquad \varepsilon_2 = \varepsilon_4 = \varepsilon_t$$

则读数应变为

$$\varepsilon_d = \varepsilon_1 - \varepsilon_2 + \varepsilon_3 - \varepsilon_4 = 2\varepsilon_\theta = \frac{2p(2-\nu)}{E\left[\left(\frac{D}{d}\right)^2 - 1\right]} \tag{7-9}$$

这种传感器结构简单，制造方便，适用性强，在火箭、炮弹以及火炮的动态压力测量方面有广泛的用途。可测 $10^6 \sim 10^7$ Pa 或更高的压力。

7.5 位移传感器

电阻应变式位移传感器有多种结构形式，通常测位移的大小从 10^{-1} mm 到 10^3 mm。图 7-8为梁式位移传感器的工作原理图，弹性元件为一端固定、一端自由的矩形截面悬臂梁，应变计粘贴在固定端的上下表面处。

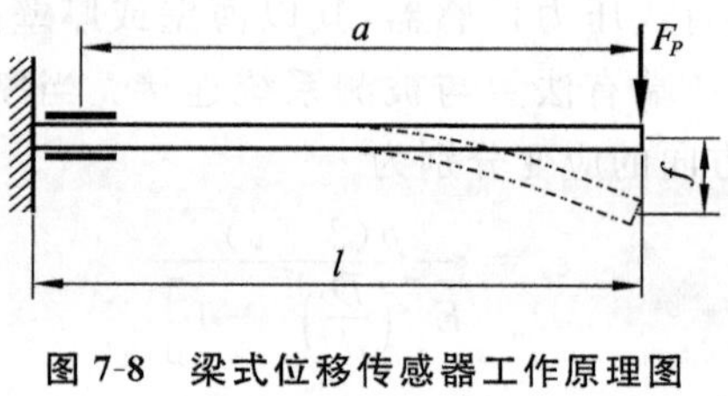

图 7-8 梁式位移传感器工作原理图

在小变形条件下，梁自由端的挠度 f 与载荷 F_P 间的关系为

$$f = \frac{F_P l^3}{3EI} \tag{7-10}$$

式中 $I = \frac{bh^3}{12}$——梁横截面的惯性矩；

b——梁横截面的宽度；

h——梁横截面的高度。

贴片处梁的应变 ε 与载荷 F_P 之间的关系为

$$\varepsilon = \frac{F_P a}{EW} \tag{7-11}$$

式中，$W = \frac{bh^3}{6}$ 为梁横截面的抗弯截面系数。由式(7-10)和式(7-11)可得

$$\varepsilon = \frac{3ah}{2l^3} f \tag{7-12}$$

式(7-12)表明，应变计感受的应变 ε 与被测位移 f 之间呈线性关系。

在固定端附近截面的上下表面各粘贴两个应变计，并组成全桥线路。读数应变 ε_d 与位移 f 之间的关系为

$$\varepsilon_d = \varepsilon_1 - \varepsilon_2 + \varepsilon_3 - \varepsilon_4 = 4\varepsilon = \frac{6ah}{l^3} f \tag{7-13}$$

这种传感器的优点是精度高，不足之处是动态范围窄。

7.6 扭矩传感器

在力学测量中常遇到扭矩（扭转力矩）的测量，例如各种发动机转子的旋转力矩、汽车方向盘旋转等。常用于扭矩传感器的弹性元件为实心或空心圆轴，由材料力学可知，圆轴受扭后在轴线的±45°方向受拉、压正应力，且正应力等于最大剪应力，在±45°方向粘贴应变片，其应变 ε_{45° 与扭矩 M_e 的关系为

$$\varepsilon_{45^\circ} = \frac{1+\nu}{E}\tau_{\max} = \frac{16(1+\nu)}{\pi D^3 E}M_e \tag{7-14}$$

式中，D 为实心圆轴的直径。

电阻应变计布片方式如图 7-9(a)所示，在横截面圆周上的四个等分点处，沿与轴线相交成正、负 45°角的方向各粘贴一个应变计。应变计在圆轴面上的展开位置如图 7-9(b)所示。把方向相同的应变计作为电桥中相对的桥臂，R_1、R_3 感受的拉应变为 ε_{45°，R_2、R_4 感受的压应变为 $-\varepsilon_{45^\circ}$。四片应变计组成全桥，如图 7-9(c)所示。

$$\varepsilon_d = \varepsilon_1 - \varepsilon_2 + \varepsilon_3 - \varepsilon_4 = 4\varepsilon_{45^\circ}$$

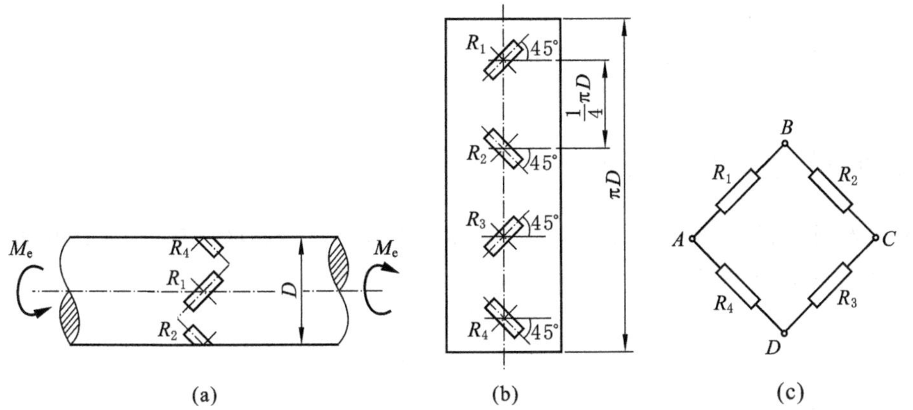

图 7-9 扭矩传感器工作原理图

全桥接线法灵敏度高，在实现温度补偿的同时，还可消除轴向力、弯矩产生的影响。

对于旋转轴的扭矩测量，一般有两种方法：(1)使用扭矩传感器；(2)将应变计直接粘贴在被测的工作轴上。对于旋转轴的扭矩测量，不论是在工作轴上直接贴片还是采用传感器，都应妥善地解决信号的传输问题。根据具体情况和要求的不同，可以采用有线传输方式，即使用集流环装置，也可以采用无线传输方式，即使用遥测装置。

这种扭矩传感器使用范围广，能测量瞬时扭矩及起动扭矩（动态测量），而且结构简单，测量精度高。

7.7 加速度传感器

应变式加速度传感器主要用于物体加速度的测量，其基本工作原理是物体的加速度与作用在其上的力成正比，与物体质量成反比，即 $a = \frac{F}{m}$。图 7-10 是应变式加速度传感器结构图。

图中悬臂梁的自由端安装质量块，另一端固定在壳体上。悬臂梁上粘贴四个电阻应变计，为了调节振动系统阻尼系数，在壳体内充满硅油。

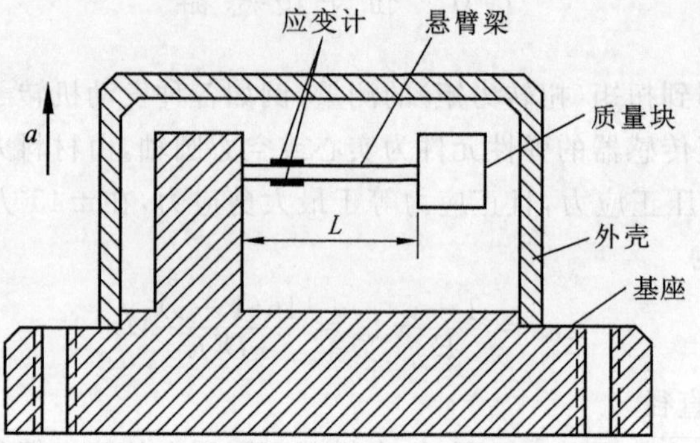

图 7-10　应变式加速度传感器结构图

测量时，将传感器壳体与被测对象刚性连接，当被测物体以加速度 a 运动时，质量块受到一个与加速度方向相反的惯性力作用，使悬臂梁变形，该变形被粘贴在悬臂梁上的应变计感受到并随之产生应变，从而使应变计的电阻发生变化。电阻的变化引起应变计组成的桥路出现不平衡，产生输出电压，从而可得出加速度 a 值。

应变式加速度传感器不适用于频率较高的振动和冲击，一般适用于频率为 10～60 Hz 范围。

拓展阅读：传感器发展历史

传感器与通信、计算机被称为现代信息技术的三大支柱和物联网基础，其应用涉及国民经济及国防科研的各个领域，是国民经济基础性、战略性产业之一。当前备受国际关注的物联网、大数据、云计算技术，乃至智慧城市中的各种技术实现，对于传感器技术的需求也是显著的。今后几十年内，影响并改变着世界经济格局和人们生活方式的十大科技领域，传感器名列十大领域之首，它是一切数据获取的基础设施。

(1)机械化时代(人类出现—1870 年前后)——开创人类传感器的雏形

从冷兵器时代到蒸汽机时代的这段漫长的时期里，科技先驱和能工巧匠发明创造的机械式传感器，开创了人类传感器的雏形，通过群组化和制度化的推广使用，极大地推动了当时生产生活方式的进步和文明社会发展制度的建立与完善。

① 指南车——史料记载最早的传感器

指南车又称司南车，相传公元前 2700 年中国的轩辕黄帝发明了指南车，黄帝用指南车在大雾中辨别方向，打败了蚩尤。

② 仰韶陶质量具、商代骨尺、楚墓天平、日晷仪、地动仪——最早的度量衡传感器

③ 气体温度计——世界上最早的温度传感器

1593 年，意大利科学家伽利略·伽利雷(Galileo Galilei)发明了第一支气体温度计。

(2)电气自动化时代(1870 年前后—2009 年)——传感器成为不可或缺的关键性配套器件

自动控制理论和信息论持续引领了第二次、第三次工业革命。以电力电子和气动为基础的生产自动化趋于成熟，以内燃机带动的汽车、飞机、火箭等现代化交通运载工具持续大发展，

以通信和互联网为代表的信息化爆发性增长。此时，真正意义上的传感器已成为这些重要发展领域、重大工程项目中不可或缺的关键配套器件。

① 铂电阻温度计——最早输出电信号的传感器

1876 年，德国西门子制造出第一支铂电阻温度计。

② 结构型传感器——工业批量化生产的第 1 代传感器

当前意义上的传感器技术是在 20 世纪的中期真正开始的，该时期的传感器主要是结构型传感器，主要利用结构参量变化来感受和转化信号，如电阻应变传感器等。

③ 固体传感器——工业批量化生产的第 2 代传感器

20 世纪 70 年代后期，随着集成技术、分子合成技术、微电子技术及计算机技术的发展，出现了集成传感器，即传感器本身的集成化和传感器与后续电路的集成化。这种传感器由半导体、电介质、磁性材料等固体元件构成，是利用材料某些特性制成的。如：利用热电效应、霍尔效应、光敏效应分别制成热电偶传感器、霍尔传感器、光敏传感器等。

(3)智能时代(2009 年至今)——传感器已成为发展瓶颈，同时也是物联网的核心基础和突破口

21 世纪的重大变革就是，通过网络，把物质世界连接起来，并赋予它一个电子神经系统，使它具有能够感知信息的生命，而能够担当这一重任的核心就是传感器。将传感器基础技术与应用称为“Sensor Revolution(传感器革命)”。

到目前，全球已有约 35000 种传感器，它们与人类活动息息相关，覆盖各个门类和学科，呈现出强烈的时代特点——网络化、智能化、规模化。

随着传感器的持续壮大，度量衡器具、各类专属的仪器仪表已经形成独立门类并呈现规模化发展态势。而在专业领域探索新型应用、面向人类未知的大量高精尖新型传感器、高性价比传感器等，正处于需求引领、加大力度优先发展的局面。

思　考　题

7-1　电阻式应变传感器有哪几种分类方法？各有什么特点？

7-2　电阻式应变传感器的工作原理是什么？

7-3　电阻式应变传感器的电路补偿有哪些？

7-4　简述各种电阻式应变测力传感器的优缺点。

7-5　电阻应变计直接测量的量是什么？简述如何利用电阻应变计设计测力传感器和加速度传感器？

7-6　用等强度梁制作测力传感器，以 4 片应变计 $R_1=R_2=R_3=R_4$ 作变换元件组成全桥形式。

(1) 画出应变计布置图及桥路连接图。

(2) 分析荷重与读数应变的关系。

7-7　举例说明电阻式应变传感器在工程中的应用。

8 光测法基础

8.1 概 述

光测法也称光测力学、光测实验力学，或简称光力学，是应用光学的基本原理，结合力学的理论，通过数学工具的推演，以实验为手段去研究结构物中的位移、应变和应力等力学量的一门学科。与电测法一样，光测法也是进行结构应力分析时广泛采用的方法，是实验力学学科的一个重要分支。

光测法包括古典光测弹性力学（简称光弹性）和现代光测力学，其基本特征是以模型的光学条纹图像显示出所研究的结构物的力学量的大小和分布规律。

1816 年，D. 布伦斯特（D. Brenster）发现透明的光学各向同性非晶材料受到载荷作用后，它将变成光学各向异性，而且直到载荷被移去，材料的光学各向异性才消失。D. 布伦斯特把非晶材料展现出的这种现象称为暂时双折射现象。实验力学中的光弹性方法就是建立在透明非晶材料这一物理性质基础上的。到了 19 世纪中叶，J. C. 麦克斯韦（J. C. Maxwell）、F. E. 钮曼（F. E. Neumann）找到了暂时双折射非晶物体中一点的应力状态与沿主应力方向入射到该点的光的折射率之间的定量关系，建立了应力-光性定律，它是光弹性实验的基本方程，由此打开了实验应力分析光测技术研究的大门。1931 年，E. G. 柯克（E. G. Coker）和 L. N. G. 菲隆（L. N. G. Filon）合著并出版 *A Treatise on Photoelasticity* 一书为光弹性奠定了科学体系，形成了古典光测弹性力学，包括平面光弹性、三向光弹性、光弹性贴片法、光弹性散光法等以暂时双折射为基础的经典光弹性及所派生的相关方法。

随着 20 世纪 60 年代以激光技术为基础的现代光学的发展，以及光电子技术、数字图像处理和计算机等技术的发展，开始形成了以现代光学方法在力学测量中的应用为其主要内容的现代光测力学。现代光测力学采用了现代光测测量技术（如激光技术、CCD 技术、全息技术、散斑技术、云纹技术和光纤技术等）和数字图像处理技术（如图像变换技术、图像滤波技术、图像相关技术和相位检测技术等），使光测法的理论和技术有了快速的发展，测试技术丰富多彩，尤其在信息提取的能力方面有了质的变化，使光测法成为常规的技术。现代光测力学是结合了力学、光学、数学、电子与计算机技术等的一门交叉学科，光测法除了在传统的机械、水利、土木等行业中有广泛的应用外，在国防、航空航天中也是一种不可或缺的测试方法，并且在新兴的电子、纳米材料、生物力学等方面也发挥着越来越重要的作用。

如今，光测法不仅灵敏度大大提高，而且已发展成为常规的测试手段和现场测试技术，在基础研究的探索和解决工程实际问题中都发挥了重要的作用。

光测法的主要特点如下：

(1) 全场测量。光测法可进行全场测量，使测试者获得全面的观测，能够了解结构应力（或位移）分布的全貌。

(2) 直观性强。大部分光测法都是以干涉条纹的形式显示，非常直观，通过应力光图可以直接确定边界应力和应力集中系数。

(3)可以进行无损检测。大部分光测法都是非接触式的,是非破坏性的测试。

(4)可以进行三维应力分析。其他方法一般只能进行表面的测试,但是三向光弹性法可以获得结构内部的应力。

(5)高灵敏度。光干涉法可以达到波长量级,通过差分法还可以提高到波长的千分之一。可以足够精确地获得平面模型的任一点的主应力大小和方向,相当精确地获得三向模型任一点的主应力大小和方向。

(6)适应范围广。可用于静载荷,也可用于动载荷进行动态测量;一般用于模型实验,但通过贴片法也可以用于原型实验;可用于弹性范围,也可用于弹-塑性范围;可适应不同温度下的测量。

8.2　光的概念

根据近代物理学的研究,光具有波粒二象性,即光既具有波动性,又具有粒子性。在光测法中所遇到的光学现象,一般可用光的波动性进行解释。根据光的波动性理论,光波是一定波长范围内的电磁波,其中能够引起人眼视觉的那部分电磁波称为可见光,它的波长范围为400～760 nm。白光是红、橙、黄、绿、青、蓝、紫七种可见光的混合,单色光是指只有一种波长或频率的光。光弹性实验中常用的光源有白光、汞光和钠光等,汞光加绿色滤色片可获得546.1 nm的单色绿光,钠光是589.3 nm的单色黄光。

光是一种电磁波,是电磁场中电场强度矢量与磁感应强度矢量周期性变化在空间的传播。实验证明,电磁波中能引起视觉和使感光材料感光的原因主要是振动着的电场强度,因而在光测法中只关心电场的振动,并把电场的简谐振动称为光振动,电场强度矢量称为光矢量。光振动实质上是指光矢量按简谐振动规律作周期性变化。光矢量的振动方向与它的传播方向垂直,因此光波是一种横波。

根据简谐振动规律,光矢量的数值可用振动方程表示为

$$E = a\sin(\omega t + \alpha_0) \tag{8-1}$$

式中　E——光矢量数值;

a——振幅,指光矢量振动时离开平衡位置的最大距离;

ω——圆频率,指光矢量在 2π 秒内完成全振动的次数;

t——时间;

α_0——初相位,表示光矢量初始的位置和运动状态。

$(\omega t+\alpha_0)$称为相位,相位反映了光矢量在某一时刻的位置和运动状态,是光弹性原理中一个十分重要的概念。

为了进一步描述光振动,下面再给出几个与光相关的基本概念:

频率(f):光矢量每秒完成全振动的次数;

周期(T):光矢量完成一次全振动的时间;

波长(λ):指光波在传播过程中,相位差为 2π 的两点之间的距离;

波速(v):光波每秒传播的距离。

根据以上概念,有以下关系

$$\omega = 2\pi f \tag{8-2}$$

$$T = \frac{1}{f} \tag{8-3}$$

$$v = \frac{\lambda}{T} = \lambda f \tag{8-4}$$

设光波的传播速度为v，在O点光矢量的振动方程为式(8-1)，则在与O点相距为x的任意一点A，将在O点开始振动后经过$\frac{x}{v}$时间才开始振动，因此，A点的振动方程为

$$E = a\sin\left[\omega\left(t - \frac{x}{v}\right) + \alpha_0\right] \tag{8-5}$$

上式称为光的波动方程，反映了任一点x在任一时刻t的光振动。上式也可写为

$$E = a\sin(\omega t + \alpha_0 - kx) \tag{8-6}$$

式中　k——波数，$k = \frac{\omega}{v} = \frac{2\pi}{\lambda}$。

某一时刻t不同点的光振动如图8-1(a)所示，表示的是光波的空间分布；某一位置x在不同时间的光振动如图8-1(b)所示，表示的是光波的时间分布。

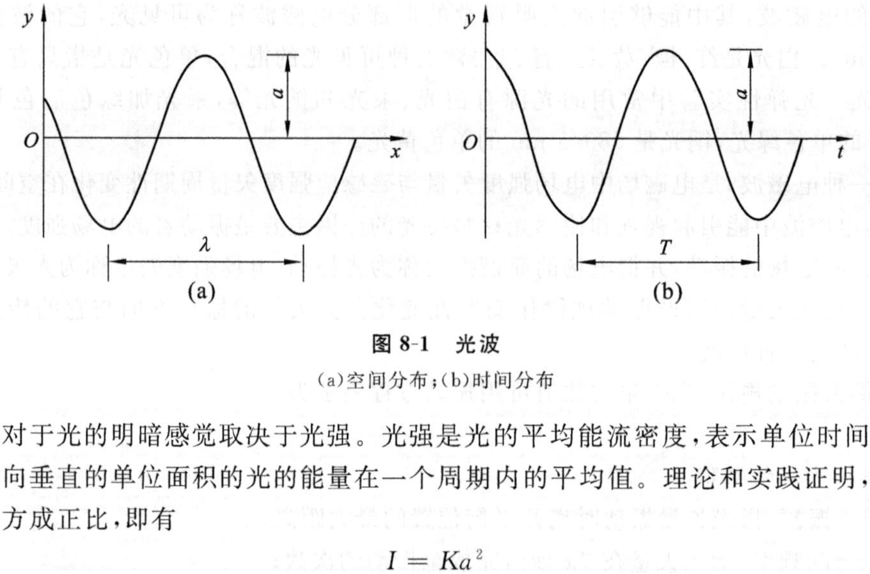

图8-1　光波

(a)空间分布；(b)时间分布

人眼对于光的明暗感觉取决于光强。光强是光的平均能流密度，表示单位时间内通过与光传播方向垂直的单位面积的光的能量在一个周期内的平均值。理论和实践证明，光强与其振幅的平方成正比，即有

$$I = Ka^2 \tag{8-7}$$

式中　I——光强；

　　　K——比例常数。

8.3　光的反射与折射

对于两种不同的介质，当光经过一种介质到达这两种介质的界面时，一部分光在界面上改变方向返回到这种介质，这种现象称为光的反射；另一部分光则进入另一介质内，这种现象称为光的折射(图8-2)。

入射光线和法线的夹角θ_1叫作入射角；反射光线和法线的夹角θ_1'叫作反射角；折射光线和法线的夹角θ_2叫作折射角。

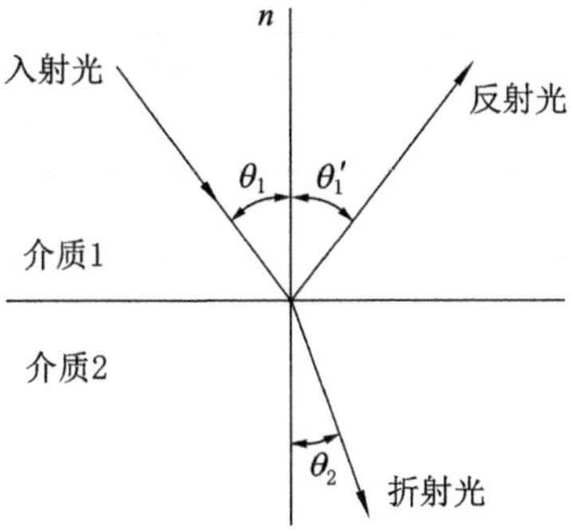

图 8-2 光的反射与折射

光的反射遵循以下光的反射定律：

(1)反射光线、入射光线和界面的法线在同一平面内，反射光线和入射光线分别位于法线的两侧；

(2)反射角 θ_1' 等于入射角 θ_1。

在反射现象中，光路是可逆的。

光的折射遵循以下光的折射定律：

(1)折射光线、入射光线和界面的法线在同一平面内，折射光线和入射光线分别位于法线的两侧；

(2)入射角的正弦与折射角的正弦之比是一个常量，等于光在第一种介质中的速度 v_1 和第二种介质中的速度 v_2 之比，即：

$$\frac{\sin\theta_1}{\sin\theta_2} = \frac{v_1}{v_2} = n_{21} \tag{8-8}$$

式中，n_{21} 为介质 2 对于介质 1 的相对折射率。

在折射现象中，光路也是可逆的。

由折射定律可知：光从一种介质射入另一种介质时，尽管折射角的大小随着入射角的大小在变化，但是两个角的正弦之比为常量。但是，对于不同介质，比值 n_{21} 的大小并不相同。

当光从真空中射入介质时，此时入射角的正弦与折射角的正弦之比称为该介质的绝对折射率或简称折射率 N，则有

$$N = \frac{c}{v} \tag{8-9}$$

式中 c——光在真空中的速度；

v——光在介质中的速度。

由于光在空气中的速度非常接近于真空中的速度，因此，常以介质相对于空气的折射率作为介质的绝对折射率。光在不同介质中的传播速度不同，介质折射率 N 越大，光传播速度 v 越小。

同一种光在不同介质中传播时，其频率不变，则在真空中波长为 λ 的单色光，在折射率为 N 的介质中传播时，其波长 λ_N 为

$$\lambda_N = \frac{v}{f} = \frac{c}{Nf} = \frac{\lambda}{N} \tag{8-10}$$

由于光在真空中的速度大于在介质中的速度，即有 $N>1$，因此，同一光波在介质中的波长比在真空中的波长要短。介质折射率 N 越大，波长也就越短。

光波在传播过程中的相位变化，与介质的性质以及传播距离有关。无论是在真空中还是在介质中，光波传播一个波长的距离，相位改变 2π。如果光波在不同的介质中传播，由于在不同介质中光波的波长不同，在不同介质中光传播相同距离时其相位的变化并不相同。

设有两束频率相同、初相位相同的光，在真空中传播距离分别为 l_1 和 l_2，真空中的波长均为 λ，则其相位变化分别为

$$\alpha_1 = 2\pi \frac{l_1}{\lambda} \tag{8-11}$$

$$\alpha_2 = 2\pi \frac{l_2}{\lambda} \tag{8-12}$$

两束光的相位差为

$$\Delta\alpha = \alpha_2 - \alpha_1 = 2\pi \frac{l_2 - l_1}{\lambda} \tag{8-13}$$

如果这两束光分别在同一介质中传播了 l_1 和 l_2，设该介质的折射率为 N，则此时这两束光的相位变化分别为

$$\alpha'_1 = 2\pi \frac{l_1}{\lambda_N} = 2\pi \frac{Nl_1}{\lambda} \tag{8-14}$$

$$\alpha'_2 = 2\pi \frac{l_2}{\lambda_N} = 2\pi \frac{Nl_2}{\lambda} \tag{8-15}$$

则此时的相位差为

$$\Delta\alpha' = \alpha'_2 - \alpha'_1 = 2\pi \frac{N(l_2 - l_1)}{\lambda} \tag{8-16}$$

如果这两束光分别在不同的介质中传播了 l_1 和 l_2，设这两种介质的折射率分别为 N_1 和 N_2，则此时这两束光的相位变化分别为：

$$\alpha''_1 = 2\pi \frac{l_1}{\lambda_{N_1}} = 2\pi \frac{N_1 l_1}{\lambda} \tag{8-17}$$

$$\alpha''_2 = 2\pi \frac{l_2}{\lambda_{N_2}} = 2\pi \frac{N_2 l_2}{\lambda} \tag{8-18}$$

则此时的相位差为

$$\Delta\alpha'' = \alpha''_2 - \alpha''_1 = 2\pi \frac{N_2 l_2 - N_1 l_1}{\lambda} \tag{8-19}$$

考虑到以上不同情况，为了便于分析，定义光程 R 为

$$R = Nl \tag{8-20}$$

式中 l——光实际传播的距离。

引入光程，相当于把光在不同介质中的传播距离都折算到真空中计算。光程差为

$$\delta = R_2 - R_1 = N_2 l_2 - N_1 l_1 \tag{8-21}$$

则对于上面三种情况，相位变化均可以写成：

$$\Delta\alpha = 2\pi \frac{\delta}{\lambda} \tag{8-22}$$

由上式可见，相同的光程差对应着相同的相位差，与传播介质无关。

8.4 光的干涉

在通常情况下，光在空间传播时，遵从波的叠加原理。当几列光波在空间传播时，它们都将保持原有的特性，此即光波的独立传播原理。但是，在它们交叠的区域内各点的光振动是各列光波单独存在时在该点所引起的光振动的矢量和，这就是光的叠加原理。下面讨论一种特殊情况下的两列波的叠加。

设两列频率相同、振动方向相同的光波在空间某点相遇，这两列光波在该点的光振动数值可分别用振动方程表示为

$$E_1 = a_1\sin(\omega t + \alpha_1) \tag{8-23}$$

$$E_2 = a_2\sin(\omega t + \alpha_2) \tag{8-24}$$

则由叠加原理，该点的合振动为

$$E = E_1 + E_2 \tag{8-25}$$

式中 E——合振动的光矢量数值。

根据式(8-23)、式(8-24)和式(8-25)，经过三角运算可得

$$E = a\sin(\omega t + \gamma) \tag{8-26}$$

上式中：

$$a = \sqrt{a_1^2 + a_2^2 + 2a_1a_2\cos(\alpha_2 - \alpha_1)} \tag{8-27}$$

$$\gamma = \tan^{-1}\frac{a_1\sin\alpha_1 + a_2\sin\alpha_2}{a_1\cos\alpha_1 + a_2\cos\alpha_2} \tag{8-28}$$

由式(8-28)，当 $\alpha_2 - \alpha_1 = n\pi$ （n 为 0 或整数）时，可得

$$a = |a_1 \pm a_2| \tag{8-29}$$

即在这些特殊的位置，合振动的振幅有最大值或最小值。由于光强与其振幅的平方成正比，那么在这些振幅有最大值或最小值的特殊位置上相应的光强最强或最弱，即其合振动最强或最弱。多列光也会出现类似的情况。

当两列或多列光波在空间相遇，在其交叠区域的某些位置上，振动始终加强；而在另一些位置上，振动始终减弱或抵消，从而光强产生明暗变化，这种现象称为光的干涉。此时，光的分布图案在平面屏幕上的投影通常是一些明暗相间的条纹，称为干涉条纹。但并不是任何两列光波在空间相遇时都能产生干涉。产生干涉是有条件的，即干涉是特殊条件下的叠加。产生干涉的两列光波应满足：

(1) 频率相同；

(2) 振动方向相同；

(3) 具有恒定的相位差。

能产生干涉现象的光叫相干光，产生这种光的光源称为相干光源。

两束光的干涉情况取决于相位差，根据式(8-22)相位差与光程差的关系，可以转换为分析它们的光程差来分析干涉情况。

8.5 光的偏振

所谓偏振，是指振动方向对于传播方向的不对称性。偏振现象是横波所特有的，是横波区

别于纵波的最明显的标志。光波是横波，光矢量的振动方向与光的传播方向垂直。在垂直于光的传播方向的平面内，光矢量可以有各种不同的振动状态，称为光的偏振态。光的偏振态可分为五种：自然光、平面偏振光、部分偏振光、椭圆偏振光和圆偏振光。

普通光源中各原子或分子发出的波列的初相位和振动方向是随机分布的，互不相关的。平均而言，在垂直于光的传播方向的平面内，各方向振动的概率相同，沿各个方向振动的光矢量都有，光矢量的振动和光波传播的方向始终正交，且各个方向光振动的振幅相同，这种光称为自然光，如图 8-3 所示。

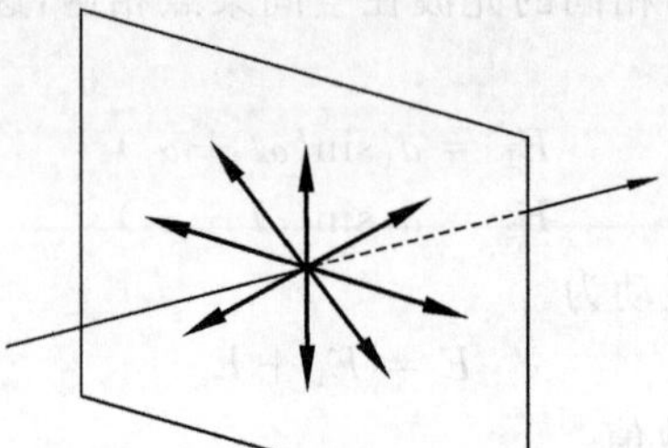

图 8-3 自然光

若在垂直于光的传播方向的平面内光矢量只沿某一方向振动时，则称这种光为平面偏振光。光矢量的振动方向与光的传播方向构成的平面称为振动面，平面偏振光的振动面是固定不动的。在垂直于光传播方向的平面上，光矢量端点的轨迹为一直线，所以又称为线偏振光。平面偏振光的表示如图 8-4 所示。

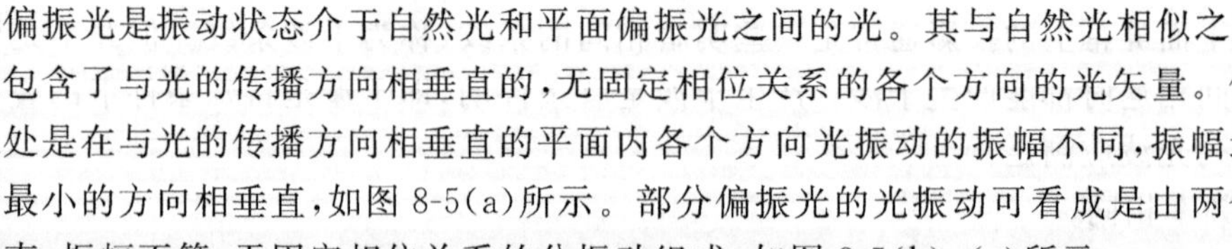

图 8-4 平面偏振光

部分偏振光是振动状态介于自然光和平面偏振光之间的光。其与自然光相似之处是部分偏振光也包含了与光的传播方向相垂直的，无固定相位关系的各个方向的光矢量。但与自然光不同之处是在与光的传播方向相垂直的平面内各个方向光振动的振幅不同，振幅最大的方向与振幅最小的方向相垂直，如图 8-5(a)所示。部分偏振光的光振动可看成是由两个振动方向相互垂直、振幅不等、无固定相位关系的分振动组成，如图 8-5(b)、(c)所示。

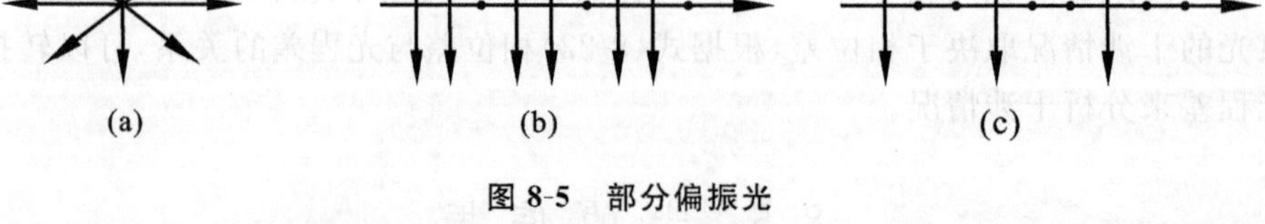

图 8-5 部分偏振光

在垂直于光的传播方向的平面内，光矢量以一定角速度（即光的圆频率）旋转，若光矢量端点的轨迹是一个椭圆，则称这种光为椭圆偏振光，如图 8-6 所示。若光矢量端点的轨迹是一个圆，则称为圆偏振光，如图 8-7 所示。椭圆（或圆）偏振光按光矢量旋转方向不同分为右旋和左旋两种。我们规定，迎着光的传播方向看时，光矢量顺时针旋转的，称为右旋椭圆（或圆）偏振光；迎着光的传播方向看时，光矢量逆时针旋转的，称为左旋椭圆（或圆）偏振光。

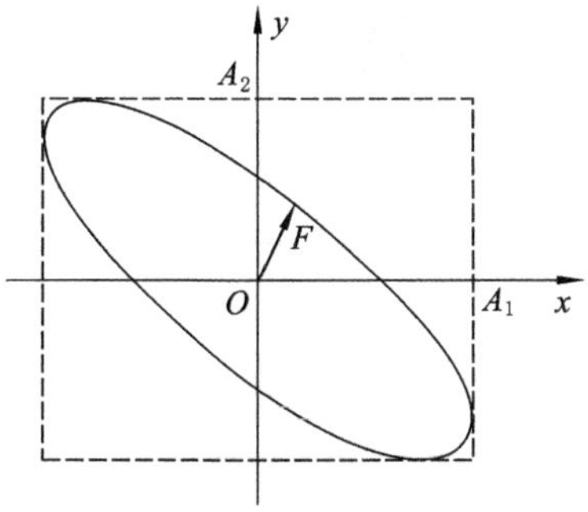

图 8-6　椭圆偏振光

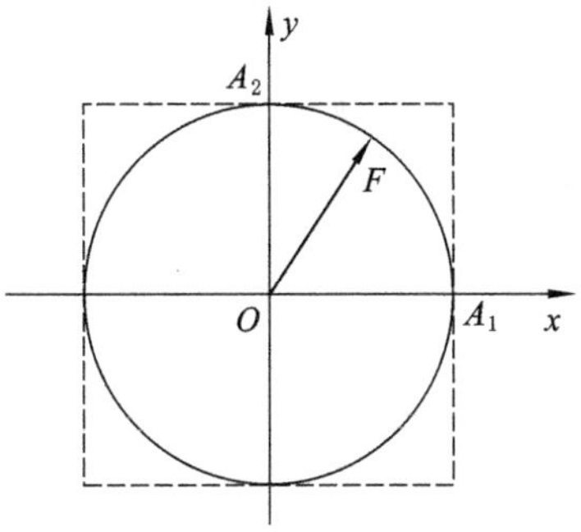

图 8-7　圆偏振光

根据垂直振动的合成理论，我们知道，两个频率相同、互相垂直的简谐振动，当它们的相位差不等于 0 或 $\pm\pi$ 时，其合成的振动就是椭圆运动。所以椭圆偏振光可以看成是两个互相垂直的线偏振光的合成，这两个互相垂直的线偏振光可以表示为：

$$E_x = a_1 \sin\omega t \quad E_y = a_2 \sin(\omega t + \alpha) \tag{8-30}$$

式中 $\alpha \neq 0, \pm\pi$。当 $\alpha > 0$ 时，为右旋椭圆偏振光；当 $\alpha < 0$ 时，为左旋椭圆偏振光；当 $\alpha = 0$ 或 $\pm\pi$ 时，椭圆偏振光退化为线偏振光。

在式(8-30)中，当 $a_1 = a_2$，且 $\alpha = \pm\frac{\pi}{2}$ 时，则光矢量 E 的端点的轨迹呈圆形，即为圆偏振光。所以圆偏振光可以看成是两个互相垂直的、振幅相等、相位差为 $\pm\frac{\pi}{2}$ 的线偏振光的合成，这两个线偏振光可以表示为：

$$E_x = a\sin\omega t \quad E_y = a\sin\left(\omega t \pm \frac{\pi}{2}\right) \tag{8-31}$$

式中，当 $\frac{\pi}{2}$ 前取正号，对应于右旋圆偏振光；当 $\frac{\pi}{2}$ 前取负号，对应于左旋圆偏振光。

使自然光变成偏振光的光学元件称为偏振片，使光矢量横向振动通过的方向称为偏振轴。偏振片都是利用晶体对光振动方向的选择吸收性来制造的。晶体的这种性质称为二色性。光弹实验中的偏振片都是用具有二色性的人造晶体薄膜，如聚乙酸醇，加在两块保护玻璃之间制成的。二色性人造晶体薄膜是薄膜经过定向拉制并在碘酒内浸渍加热形成的。

偏振片的透光系数与偏振度是衡量它的质量的两个标准。所谓透光系数就是透过偏振片的光强与入射到偏振片上自然光强之比，理想值为 0.5，实际上均在 0.4 以下。偏振度是指透射光中完全偏振化的光的强度与透过偏振片光的总强度之比，它的理想值为 1，但实际上总比这个值小。

在实际光测的光路布置中常采用两个偏振片，靠近光源的一块偏振片称为起偏镜，用 P 表示，另外一块偏振片称为检偏镜或分析镜，用 A 表示。当光矢量通过两个偏振轴方向一致的偏振片时，光强最大，称为明场；当光矢量通过两个偏振轴方向正交的偏振片时，光完全被遮挡，称为暗场（图 8-8）。

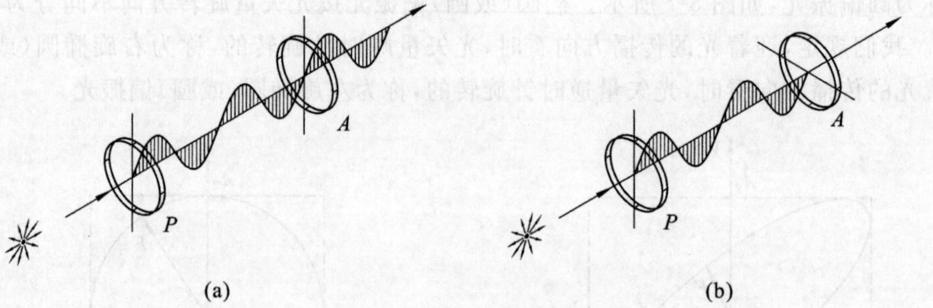

图 8-8 明场与暗场

(a)明场;(b)暗场

8.6 光的双折射

一束光从空气进入一般的玻璃、水、塑料、熔融石英等材料内部时,它的折射光只有一束。这束光的入射角 θ_1 与折射角 θ_2 满足折射定律。这一类物质称为各向同性物质。

自然界还有一类物质,称为各向异性物质,当一束光进入各向异性物质中时,会有两束折射光。一束光入射到各向异性物质中分解为两束光的现象称为光的双折射。许多晶体都有双折射现象,尤其是方解石有较明显的双折射现象。

如图 8-9 所示,当一束光入射各向异性晶体时,出射的将是两束光。根据实验可知,这两束折射光都是平面偏振光,它们在互相垂直的平面内振动,但在晶体内传播速度不同。一束始终在入射面内,并遵循折射定律,称为寻常光或 o 光;另一束一般不在入射面内,且不遵循折射定律,称为非常光或 e 光。o 光和 e 光的速度各不相同,如果 o 光比 e 光快,此类晶体称为正晶体,反之称为负晶体。晶体有一特定的方向不发生双折射现象,即当一束光沿此方向射入晶体时,射出的仍为一束光,此方向称为晶体的光轴。只有一个光轴的晶体称为单轴晶体(如方解石、石英),有两个光轴的晶体称为双轴晶体(如云母)。

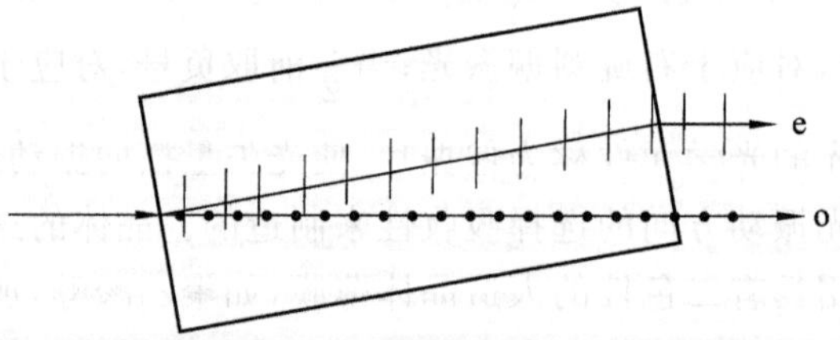

图 8-9 光的双折射

以晶体中平行于光轴方向切取的薄片称为波片,当光波垂直入射波片时,o 光的振动方向与光轴垂直,而 e 光的振动方向则与光轴平行,它们在晶体中的传播速度不同,速度快的那列光的光矢量振动方向称为快轴,速度慢的那列光的光矢量振动方向称为慢轴。两束光因速度不同会产生光程差,产生的光程差为入射光波长 1/4 的波片,称为 1/4 波片。

如图 8-10 所示,将一块偏振片和一块 1/4 波片垂直放在光路中,偏振片的偏振轴与 1/4 波片的快(慢)轴的夹角为 45°。

单色自然光经过偏振片后变为平面偏振光,设平面偏振光在 O 点的振动方程为

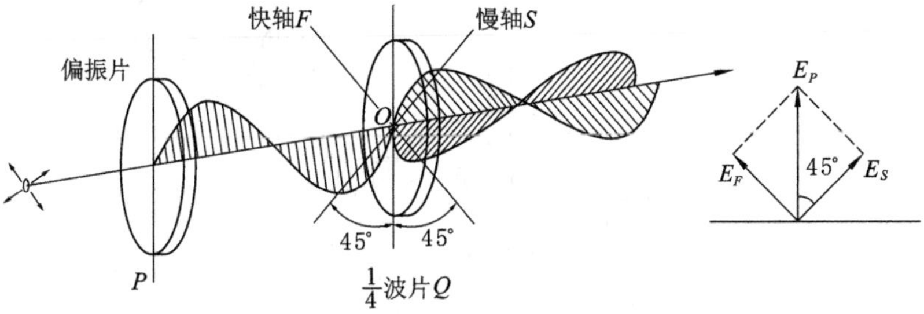

图 8-10 圆偏振光

$$E_0 = a\sin(\omega t + \alpha) \tag{8-32}$$

在经过 1/4 波片时，该平面偏振光将沿着 1/4 波片的快轴和慢轴方向分解为两个平面偏振光，原平面偏振光的振动面与快轴和慢轴的夹角都是 45°，分解后的平面偏振光为

$$E_F = E_0 \sin 45^\circ = \frac{\sqrt{2}a}{2}\sin(\omega t + \alpha) \tag{8-33}$$

$$E_S = E_0 \cos 45^\circ = \frac{\sqrt{2}a}{2}\sin(\omega t + \alpha) \tag{8-34}$$

这两个平面偏振光的相位相同。在经过 1/4 波片后，这两个平面偏振光将产生 1/4 波长的光程差，根据相位差与光程差的关系式(8-22)，可知该光程差对应的相位差为$\frac{\pi}{2}$，设慢轴上的平面偏振光初相位为 α_1，则快轴上的平面偏振光初相位为 $\alpha_1 + \frac{\pi}{2}$。通过 1/4 波片后出射的两个平面偏振光为

$$E'_F = \frac{\sqrt{2}a}{2}\sin(\omega t + \alpha_1 + \frac{\pi}{2}) = \frac{\sqrt{2}a}{2}\cos(\omega t + \alpha_1) \tag{8-35}$$

$$E'_S = \frac{\sqrt{2}a}{2}\sin(\omega t + \alpha_1) \tag{8-36}$$

上面两个光矢量相互垂直，合振动的轨迹为

$$(E'_F)^2 + (E'_S)^2 = (\frac{\sqrt{2}}{2}a)^2 \tag{8-37}$$

上面的方程是一个圆方程，说明当一束平面偏振光通过 1/4 波片且其偏振轴与 1/4 波片的快(慢)轴成 45°时，出射光为两束互相垂直、振幅相等、相位差为$\frac{\pi}{2}$的平面偏振光，这两束平面偏振光合成后即为圆偏振光。当平面偏振光的振动面与 1/4 波片快(慢)轴夹角不是 45°，则最后合成的将是椭圆偏振光。

各向异性透明晶体如方解石、石英等的双折射，是其固有的特性，称为永久双折射。有些各向同性的非晶体材料，如环氧树脂、有机玻璃、聚碳酸酯等，虽然在自然状态下不会产生双折射，但当其受到载荷作用时，就会呈现光学各向异性，产生双折射现象，使一束垂直入射偏振光沿材料中的两主应力方向分解成振动方向互相垂直、传播速度不同的两束光，如图 8-11 所示；卸载后，又恢复光学各向同性。这种现象称为暂时双折射或人工双折射。光弹性法就是利用了这种暂时双折射效应。

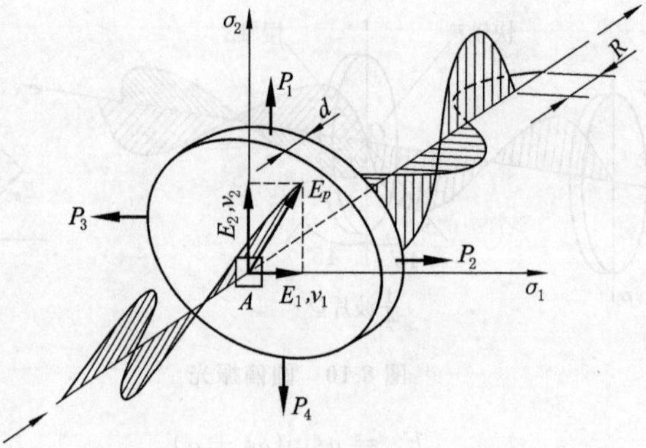

图 8-11　暂时双折射

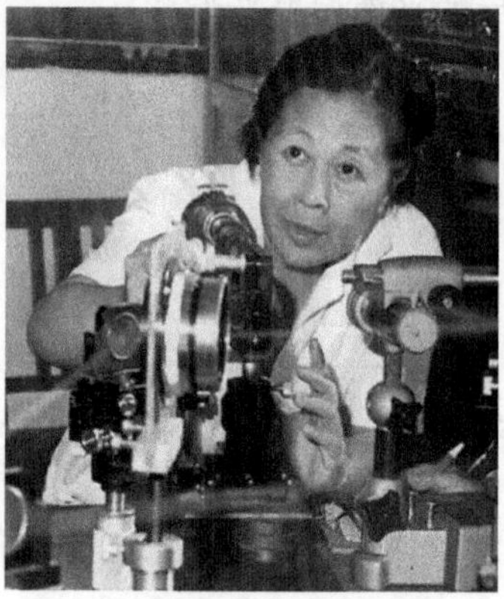

图 8-12　实验力学家——伍小平

拓展阅读：实验力学家伍小平

伍小平，女，实验力学家(图 8-12)。1938 年 2 月 17 日生于天津，原籍江苏武进。1960 年毕业于北京大学数学力学系力学专业。中国科学技术大学教授，应用力学研究所所长。1997 年当选为中国科学院院士。

伍小平主要从事实验力学领域的研究，着重全息、散斑、云纹等光电图像检测的理论、技术及在工程中的应用，以及基于同步辐射等技术的细观材料力学行为的研究等。在实验理论方面，率先对激光散斑空间运动规律进行了系统化的理论研究，纠正了原有理论的错误，给出了严格的分析和公式；在测试技术方面，创新地发展了光学方法及图像处理相结合的各种测试技术，提出了用散斑干涉做非接触式随机振动和冲击测量的新技术；首次获得了构件运动的多点时间历程信息。

1979 年，伍小平与何世平在对阿奇博尔德(Archbold)与恩诺司(Ennos)有关空间散斑场运动规律及格雷戈里(Gregory)的小镜理论做充分研究的基础上，以光传播的弗雷斯内尔-克希霍夫(Fresnel-Kirchhoff)衍射公式为基础，由干涉的观点出发，做一些简化后，经推导建立了物表面做各种运动和转动时的空间散斑场运动公式，并用实验验证了这些公式的正确性。这是散斑效应在理论与实验研究上的一次突破，为散斑规律的正确应用奠定了基础。

思　考　题

8-1　什么是光测法？光测法有哪些基本特点？

8-2　光程与光传播的路程有何异同？

8-3　光程差与相位差之间有何关系？

8-4　如何得到明场和暗场？

8-5　什么是平面偏振光？实验中如何得到平面偏振光场？

8-6　什么是圆偏振光？实验中如何得到圆偏振光场？

8-7　什么是暂时双折射现象？

9 光弹性法

9.1 概　　述

光弹性法就是用光学灵敏材料制成与实物相似的模型，或在实际构件上粘贴光学灵敏材料，在相应荷载作用下，用偏振光照射并通过计算得到构件表面或内部的应力变化规律。光弹性法求得的应力分量对工程设计来说具有足够的精度，并且直观性强，可靠性高，适应性广，能求出在各种复杂条件下的全部应力状态。特别是对理论计算较为困难的形状复杂、载荷复杂并有应力集中的构件，光弹性法更能显示出它的优越性。

本章将首先介绍光弹性法的基本原理及光弹性模型材料，然后分别介绍光弹性法是如何解决平面问题和三维问题的，最后介绍一种可在原型结构上直接应用的光弹性贴片法。

9.2 光弹性原理

9.2.1 应力-光性定律

实验证明：当具有暂时双折射性质的材料受到载荷作用时，其内部的应力与折射率之间存在一定的关系。对于线弹性材料，折射率的变化与主应力的大小呈线性关系，即

$$\left.\begin{aligned} N_1 - N &= C_1\sigma_1 + C_2(\sigma_2 + \sigma_3) \\ N_2 - N &= C_1\sigma_2 + C_2(\sigma_3 + \sigma_1) \\ N_3 - N &= C_1\sigma_3 + C_2(\sigma_1 + \sigma_2) \end{aligned}\right\} \tag{9-1}$$

式中　N——无应力时的折射率；

N_1、N_2、N_3——沿主应力 σ_1、σ_2、σ_3 方向的折射率；

C_1、C_2——与材料性质有关的常数，称为绝对应力光学常数。

式(9-1)即为三向应力状态下的应力-光性定律，是由 J. C. 麦克斯韦(J. C. Maxwell)、F. E. 钮曼(F. E. Neumann)确定的，又称钮曼-麦克斯韦应力-光性定律。应力-光性定律表明了材料在受力时，一点的应力状态和该点所产生的暂时双折射光学性质的关系。

对于平面应力状态，则式(9-1)简化为

$$\left.\begin{aligned} N_1 - N &= C_1\sigma_1 + C_2\sigma_2 \\ N_2 - N &= C_1\sigma_2 + C_2\sigma_1 \end{aligned}\right\} \tag{9-2}$$

两式相减，可得

$$N_1 - N_2 = (C_1 - C_2)(\sigma_1 - \sigma_2) \tag{9-3}$$

令 $C = C_1 - C_2$，C 称为相对应力光学常数，对于同一材料通常可假定为常数，代入式(9-3)，则有

$$N_1 - N_2 = C(\sigma_1 - \sigma_2) \tag{9-4}$$

上式为平面应力状态下的应力-光性定律。

假设有一厚度为 d 的平面应力光弹性模型，则一束光线透射通过该模型后分解为沿两个主应力方向的两束偏振光，这两束偏振光的折射率分别为 N_1、N_2，根据光程差的概念，可得这两束光的光程差为

$$\delta = (N_1 - N_2)d \tag{9-5}$$

代入式(9-4)，则有

$$\delta = Cd(\sigma_1 - \sigma_2) \tag{9-6}$$

根据光程差和相位差的关系，可得对应的相位差为

$$\alpha = \frac{2\pi}{\lambda}Cd(\sigma_1 - \sigma_2) \tag{9-7}$$

根据式(9-6)和式(9-7)可知，只要确定了模型中任一点的光程差 δ 或相位差 α，就可以求出该点的主应力差($\sigma_1 - \sigma_2$)。

9.2.2 光测弹性仪

光测弹性仪简称光弹仪，是光弹实验的基本设备。根据测试原理与方法的不同，光弹仪有透射式光弹仪、反射式光弹仪、散光光弹仪、动光弹仪以及全息光弹仪等。最普遍使用的是透射式光弹仪，主要由光路系统、加载装置及支承三部分组成，其外形如图 9-1 所示。平行光式光弹仪的基本光路如图 9-2 所示。光路中的准直透镜使入射到起偏镜上的光变为平行光，视场透镜使从检偏镜出来的平行光聚焦在投影物镜上，以便在屏幕上成像或直接聚焦在相机上成像。

光弹仪中最核心的光学元件就是偏振片和 1/4 波片。模型前后各有一块偏振片，分别称为起偏镜和检偏镜。当两偏振片的偏振轴相互平行时，形成平面偏振光明场；当两偏振片的偏振轴相互垂直时，形成平面偏振光明场。1/4 波片也有两块，可以加入光路也可以移出光路，当加入光路时分别位于起偏镜与模型之间和模型与检偏镜之间，构成圆偏振光场。此外光弹仪上一般配有白光、汞光和钠光等光源，汞光加绿色滤色片可获得 546.1 nm 的单色绿光，钠光是 589.3 nm 的单色黄光。根据实验需要可布置不同的光场和选择不同的光源。

图 9-1 国产 409-2 型光弹仪

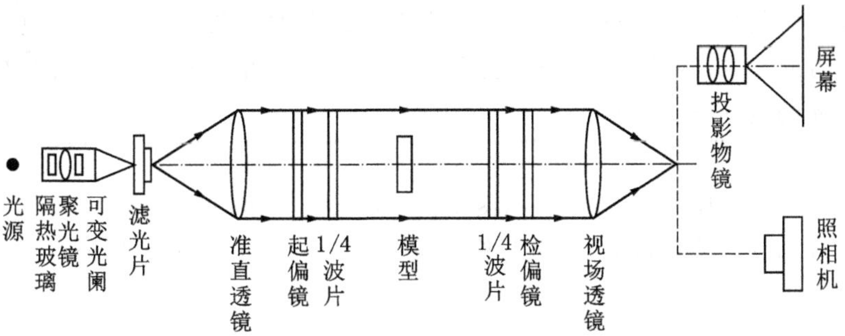

图 9-2　平行光式光弹仪的基本光路图

9.2.3　等倾线与等差线的概念

设有一束自然光，在光路上同轴布置两块偏振片，分别称为起偏镜和检偏镜。当光经过起偏镜后，将产生平面偏振光，其波动方程为

$$E_0 = a_0 \sin(\omega t + \alpha_0 - kx) \tag{9-8}$$

若此平面偏振光再经过检偏镜，设检偏镜主轴与起偏镜主轴夹角为 θ，则通过检偏镜后，光的波动方程为

$$E' = E_0 \cos\theta = a_0 \sin(\omega t + \alpha_0 - kx)\cos\theta \tag{9-9}$$

当 $\theta=0°$时，即检偏镜与起偏镜主轴平行，则

$$E' = E_0 \tag{9-10}$$

此时光波全部通过，光场最亮，称为明场。

当 $\theta=90°$时，即检偏镜与起偏镜主轴垂直，则：

$$E' = 0 \tag{9-11}$$

此时将没有光通过检偏镜，检偏镜后为暗色，称为暗场。

在暗场情况下，将一处于平面应力状态的光弹性模型置于起偏镜与检偏镜之间，如图 9-3 所示。

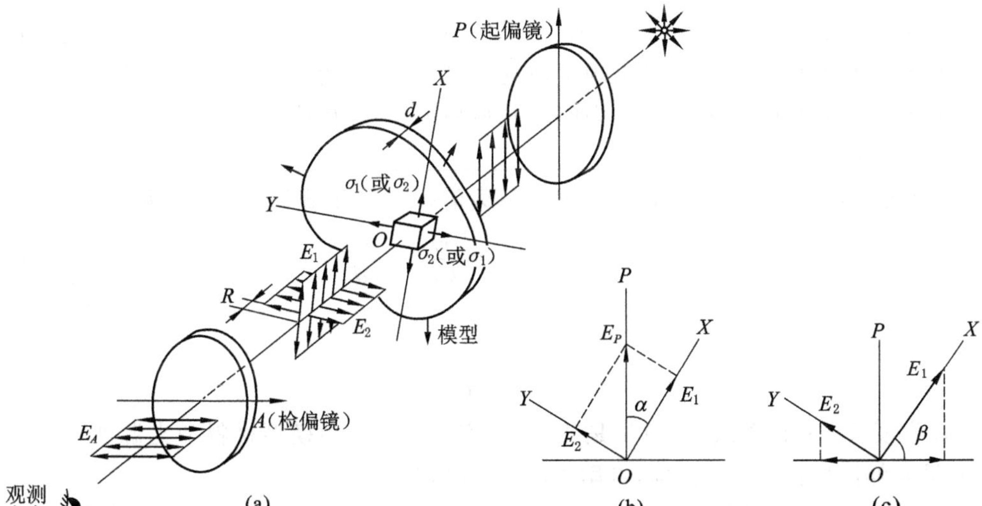

图 9-3　平面偏振光暗场

设起偏镜主轴与模型上光投射点处的主应力 σ 方向的夹角为 α，则光经过该模型后将分解为沿主应力方向 σ_1、σ_2 两个方向振动的两束光，且经过模型时将会产生光程差 δ，则光经过模型后的两束光的波动方程分别为

$$E_1 = E_0\cos\alpha = a_0\cos\alpha\sin(\omega t + \alpha_0 - kx) \tag{9-12}$$

$$E_2 = E_0\sin\alpha = a_0\sin\alpha\sin[\omega t + \alpha_0 - k(x+\delta)] \tag{9-13}$$

这两束光分别到达检偏镜后，只有与检偏镜主轴平行的光分量才能通过，则通过检偏镜后两束光的波动方程分别为

$$E'_1 = E_1\sin\alpha = a_0\sin\alpha\cos\alpha\sin(\omega t + \alpha_0 - kx) \tag{9-14}$$

$$E'_2 = E_2\cos\alpha = a_0\cos\alpha\sin\alpha\sin[\omega t + \alpha_0 - k(x+\delta)] \tag{9-15}$$

这两束光是由原来的一束光折射而成的，频率相同，相位差恒定，且振动方向均与检偏镜主轴方向相同，则这两束光将产生干涉。合成后的波动方程为

$$E = a_0\sin(2\alpha)\sin\left(\frac{k}{2}\delta\right)\cos\left[\omega t + \alpha_0 - k\left(x+\frac{\delta}{2}\right)\right] \tag{9-16}$$

则光强为

$$I = Ka^2 = K\sin^2(2\alpha)\sin^2\left(\frac{k}{2}\delta\right) = K\sin^2(2\alpha)\sin^2\left(\frac{\pi}{\lambda}\delta\right) \tag{9-17}$$

如果满足

$$\sin^2(2\alpha)\sin^2\left(\frac{\pi}{\lambda}\delta\right) = 0 \tag{9-18}$$

则光强为零，屏幕上出现暗点。

满足式(9-18)，只需满足下面任一条件即可：

(1)$\alpha=0°$或 $90°$

根据 α 的定义，α 是起偏镜主轴与主应力的夹角。$\alpha=0°$，说明起偏镜与某一主应力的方向一致；$\alpha=90°$，说明起偏镜与该主应力的方向垂直，即与另一主应力的方向一致。满足这一条件的模型上的所有点在检偏镜后面的屏幕上形成暗点轨迹，称为等倾线。等倾线反映了模型的主应力方向。以起偏镜和检偏镜的原始位置(一为水平，一为竖直)为基准，称这时的等倾线为零度等倾线。同步改变起偏镜和检偏镜主轴的角度，从模型朝向光源望去，如果逆时针旋转 γ 角，则原来的零度等倾线消失，又出现了新的等倾线，称其为等倾参数为 γ 的等倾线。继续旋转，可以得到一系列的不同角度的等倾线，构成模型的等倾线图。

(2)$\delta=n\lambda$，$n=0,1,2,3,\cdots$

此条件即要求光程差为波长的 0 倍或正整数倍。由应力-光性定律，可得

$$\sigma_1 - \sigma_2 = \frac{\delta}{Cd} = \frac{n\lambda}{Cd} = \frac{nf_\sigma}{d} \tag{9-19}$$

式中，

$$f_\sigma = \frac{\lambda}{C} \tag{9-20}$$

f_σ 称为模型材料的条纹值，单位是 N/(m·级)。f_σ 是由模型材料和光源波长决定的常数，是衡量光弹性材料的主要指标，可用实验方法测定。

满足这一条件的模型上的所有点在检偏镜后面的屏幕上形成暗点轨迹，称为等差线。n 称为等差线条纹级次，对于 $n=0,1,2,3,\cdots$一系列暗线，分别称为零级、1 级、2 级、3 级……等

差线。等差线反映了模型的主应力差值，同一级等差线上各点的主应力差相等。所有的等差线构成模型的等差线图。

由上分析，可得结论：在暗场条件下，屏幕上的暗点形成等倾线或等差线，分别反映了主应力方向和主应力差值。

对于明场，采用同样的方法分析可得

$$A^2 = A_0^2\left[1-\sin(2\alpha)\sin(2\beta)\sin^2\left(\frac{\pi}{\lambda}\delta\right)\right]=A_0^2\left[1-\sin^2(2\alpha)\sin^2\left(\frac{\pi}{\lambda}\delta\right)\right] \tag{9-21}$$

当

$$\sin^2(2\alpha)\sin^2\left(\frac{\pi}{\lambda}\delta\right)=0 \tag{9-22}$$

A^2 有最大值，光强最大。该条件和暗场时的条件相同，即有：当光场为明场时，屏幕上的亮点形成等倾线或等差线，分别反映了主应力方向和主应力差值。

9.2.4 等倾线与等差线的区分

等倾线和等差线具有不同的物理意义，分别反映了主应力方向和主应力差值，在实验中需要进行区分。

等倾线反映的是主应力方向，在模型上与等倾线相对应位置上的主应力方向与起偏镜和检偏镜光轴方向重合，由于模型上的主应力方向是不变的，当同步旋转起偏镜和检偏镜时，将在新的位置（该位置的主应力方向与旋转后的起偏镜和检偏镜光轴方向重合）出现等倾线。而等差线反映的是主应力差值，与起偏镜和检偏镜的位置没有关系，当同步旋转起偏镜和检偏镜时，由于模型上的主应力差值始终不变，则等差线位置不会发生变化。因此，当同步旋转起偏镜和检偏镜，位置发生移动的条纹为等倾线，位置不变的是等差线。

如果只改变模型上所施加的载荷大小，由于起偏镜和检偏镜的位置不变，主应力方向不变，因此等差线的位置不会发生变化。当主应力差不为 0 时，外载荷的变化会导致主应力差值的变化，则等差线条纹级次将发生变化，从而条纹位置会发生移动。但是当主应力差不为 0 时，外载荷的变化不会导致主应力差值的变化，从而条纹位置不会发生移动。因此，当改变载荷大小时，等差线除零级条纹外其位置会发生移动，位置不变的是等倾线或零级等差线。

此外，如果采用白光为光源，在暗场条件下，根据光强表达式(9-17)，只要满足 $\alpha=0°$ 或 $90°$，光强必然为零，即等倾线始终是黑色的。等差线出现的条件是 $\delta=n\lambda$，由于白光是红、橙、黄、绿、青、蓝、紫 7 种不同波长的可见光的混合，除了零级条纹的位置外，对于其他每一个条纹具体的位置，光程差通常只可能是某一种或几种波长的整数倍，那么也就只有这一种或几种波长的光强为零，其余光仍将能够被看到，人们看到的将是彩色条纹，所以等差线又称等色线。但是对于零级等差线，与波长无关，所有波长的光都将消掉，看到的条纹将始终为黑色。因此，如果采用白光为光源，在暗场条件下，等倾线是黑色的，等差线除零级条纹外均为彩色。

如果在平面偏振光暗场下放入两个 1/4 波片，使其快轴正交，且与起偏镜偏振轴成 45°，此时的光场为圆偏振光暗场，通过分析可得光强为

$$I=\sin^2\left(\frac{\pi}{\lambda}\delta\right) \tag{9-23}$$

显然，只有当 $\delta=n\lambda$，$n=0,1,2,3,\cdots$ 时，$I=0$，出现暗条纹，此时的暗条纹只是等差线，没有等倾线。

如果将检偏镜旋转 90°，得到圆偏振光的明场，此时的光强为

$$I = \cos^2\left(\frac{\pi}{\lambda}\delta\right) \tag{9-24}$$

此时只有当 $\delta = m\lambda, m = 1/2, 3/2, 5/2, \cdots$ 时，$I = 0$，该点呈现暗条纹，此时的暗条纹也只是等差线，没有等倾线。称对应 $m = 1/2, 3/2, 5/2, \cdots$ 的暗线为半级次等差线。

由此可以得到另外有一种区分等倾线和等差线的方法：采用圆偏振光场，此时只有等差线，没有等倾线。

圆盘在对径受集中力作用时在圆偏振光暗场和明场下的等差线如图 9-4 所示，图中给出了整数级次等差线和半级次等差线。

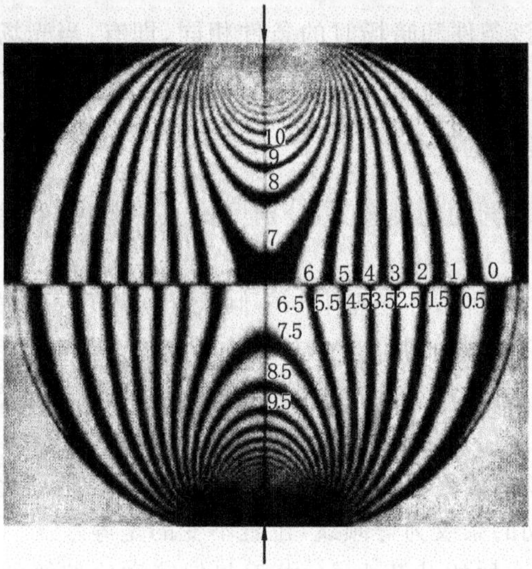

图 9-4 圆盘受集中力在圆偏振光暗场和明场下的等差线

9.2.5 等倾线的测定

根据前面的分析，等倾线反映了模型上主应力的方向，是模型上主应力方向相同点的轨迹。在平面偏振光场的暗场下，如采用白光光源，等倾线呈黑色，而等差线除零级以外均为彩色；如采用单色光光源，等倾线和等差线均为黑色。通常取水平方向作为基准方向，从投影屏向光源看去，当逆时针同步旋转起偏镜、检偏镜 θ 角度时（θ 角称为等倾线参数），这时对应的等倾线称为 θ 角等倾线。确定模型上所有位置的等倾线的基本步骤如下：

(1)区分出等倾线。采用白光做光源，在平面偏振光暗场条件下，同步旋转起偏镜和检偏镜，位置发生移动的条纹为等倾线。

(2)描绘零度等倾线。区分出等倾线后，以起偏镜和检偏镜的原始位置（一为水平，一为垂直）为基准，此时的等倾线为零度等倾线。

(3)描绘其他等倾线。逆时针同步旋转起偏镜和检偏镜，一般每隔 10°或 5°停下来描绘一次此时的等倾线，此时的等倾线即为相应旋转角度下的等倾线，直到 90°为止，得到整个模型的等倾线图。

如果只需要确定某一点的等倾线参数，可在步骤(2)后直接逆时针同步旋转起偏镜和检偏镜使等倾线经过该点，则旋转的角度即为该点的等倾线参数。

从方法上讲，可以通过同步转动起偏镜与检偏镜来获得各种度数下的等倾线。但是，由于等倾线总是与等差线共存的，等差线的存在干扰了等倾线的观测，特别是在应力集中区或主应力方向变化缓慢的区域，等倾线变得很模糊，它的位置很难判定。在模型自由边界上由于初应力的存在也会干扰局部区域的等倾线的走向。因此，在测定模型的等倾线时，需要事先认真地研究模型的受力状态，结合等倾线的特征反复观测不同角度等倾线走向的变化趋势，并在实验上采取一定的措施。同时还可以采用以下两种措施来提高测定等倾线的精度：

(1)改变载荷的大小。等倾线的位置与模型载荷的大小基本无关。因此在改变载荷大小时，等倾线的位置不会发生变化，从而可以比较准确地识别等倾线。

(2)用光学敏感性较低的光弹性材料制作模型。如采用有机玻璃等光学敏感性较低的光弹性材料制作模型，这种材料对等差线的反应极不敏感，而对等倾线特别敏感。这样可以比较准确地识别不同角度的等倾线。

此外，为了准确测定等倾线，需要掌握等倾线的一些基本特征。等倾线的基本特征如下：

(1)自由边界。自由边界主应力方向垂直于边界和沿边界的切线方向，所以等倾线与自由边界交点处的切线或法线与水平轴夹角一定是这条等倾线的角度，特别是对直线自由边界，它一定是一条等倾线。

(2)对于有对称轴的模型，在对称载荷作用下，对称轴上各点的切应力均为零，因此对称轴必为应力主轴，它就是一条 0 或 90°等倾线。

(3)在各向同性点，主应力方向是任意的，因此任何角度的等倾线一定通过各向同性点，也就是说各向同性点是等倾线的汇聚点。若汇聚于各向同性点的各条等倾线的角度参数的增加转向与起偏镜和检偏镜增加角度的转向一致，则称此各向同性点为正各向同性点；反之，两者增加的转向相反时，此各向同性点称为负各向同性点。很显然，两个同类型的各向同性点，不可能毗邻；否则，等倾线从一个各向同性点进入另一个各向同性点时，在这两点之间就要交叉，这是不可能的。也就是说毗邻的各向同性点只能是一正一负。

(4)等倾线除了在个别点(如各向同性点、集中力作用点)之外，是不能相交的，等倾线应是光滑的，它对角度参数的变化是连续分布的。图 9-5 的左半部分是对径受压圆环的等倾线图。从图 9-5 中可以看出：等倾线分布的连续性，在各向同性点(如 B' 点)的汇聚情况，以及它与边界交点(如 A 点)处切线方向角与等倾线角度参数的相等关系等。

9.2.6 等差线的测定

根据前面的分析，等差线反映了模型的主应力差值，是模型上主应力差相同的点的轨迹。在圆偏振光场的暗场下，将只有等差线出现；如采用白光光源，等差线除零级以外均为彩色；如采用单色光光源，等差线为黑色。测定等差线，主要是要确定等差线的条纹级次。

由于光弹性模型中的应力是连续分布的，主应力差在模型中也是连续分布的，根据应力-光性定律，由主应力差引起的光程差也应该是连续分布的。如果知道了零级条纹，则紧挨着零级条纹的必为 1 级条纹，然后依次为 2 级条纹、3 级条纹……

零级条纹可根据以下两种方法确定：

(1)在圆偏振光场下加载过程中，位置基本上是不动的线或点的条纹级次为零级，而非零级次条纹将发生移动；

(2)在圆偏振光场白光光源下，黑色线或点的条纹级次为零级，而非零级次条纹是彩色的。

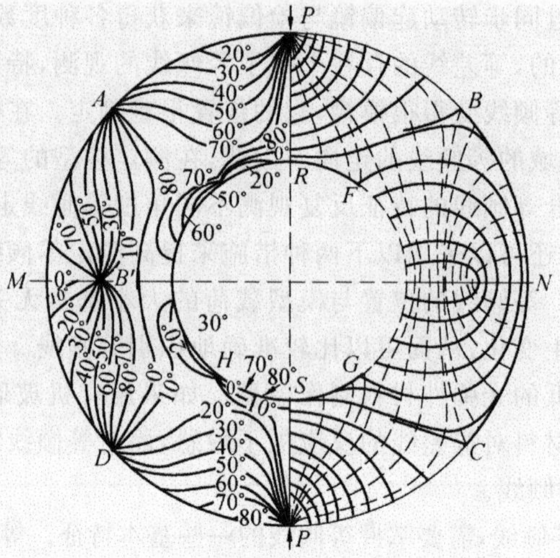

图 9-5　对径受压圆环的等倾线及主应力迹线

另外从理论上分析，零级次条纹处的两个主应力差为零，即两个主应力相等，特殊情况为两个主应力均为零，由此根据模型的受力特点可以判定零级次条纹。如各向同性点、零应力点（自由方角）、奇点（自由边界上应力变号的点）处，都必定存在零级次条纹。

此外要注意在某些受载模型中，等差线条纹会出现一种暂时性“黑点”，它可能是等差线条纹的发源点（即随着载荷的增加，条纹从该点向外扩展）或隐没点（即随着载荷的增加，条纹向该点收敛）。这些点的级次并不为零级，发源点的级次高于周围的条纹级次，隐没点的级次低于周围条纹的级次。这两种点随着载荷的变化其颜色时而变亮，时而变暗，并非永久性黑点。

测定等差线的一般步骤如下：

(1)确定零级等差线。选择圆偏振光暗场，首先使用白光光源，其中的黑色并且在加载过程中始终是黑色的条纹为零级等差线。

(2)确定整数级次等差线。在圆偏振光暗场下，改用单色光光源，这样可使各级次等差线的宽度变窄。从零级条纹开始，按顺序依次为 1 级等差线、2 级等差线、3 级等差线……

(3)确定半级次的等差线。根据前面的分析，在圆偏振光下的明场光路下，暗色条纹为半级次的等差线。因此通过选择圆偏振光下的明场，即可得到半级次的等差线。

处于整数级次和半级次条纹之间的被测点的等差线条纹级次，可以根据条纹分布曲线的内插法和外伸法求得。为提高测试的精度，一般采用所谓的“补偿法”进行测定。补偿的方法有多种，最常用和最方便的办法是利用光弹仪本身的光学元件进行补偿，即塔迪(Tardy)补偿法，也称旋转偏转镜法。塔迪补偿法基本步骤如下：

(1)根据前述测定等倾线的方法确定被测点的主应力方向。

(2)根据前述测定等差线的方法确定被测点条纹级次所处的范围 n 和 $n+1$。

(3)采用单色光，在圆偏振光暗场下同步旋转起偏镜、检偏镜和两个 1/4 波片，使起偏镜和检偏镜的偏振轴与被测点的主应力方向重合。

(4)再单独旋转检偏镜，可以看到各条等差线都在移动。当检偏镜转动 180°时，则等差线又恢复到原来的位置。当检偏镜转动 φ 角时，如果 n 级等差线向被测点移动到恰好和被测点重合，则被测点的条纹级次为 $n+\varphi/180°$；当检偏镜转动 φ' 角时，如果 $n+1$ 级等差线向被测点移动到恰好和被测点重合，则被测点的条纹级次为 $n+1-\varphi'/180°$。

9.2.7 主应力迹线

主应力迹线是表示主应力方向的曲线族，由两族相互正交的曲线组成，曲线上每一点的切线和法线与该点的两个应力主轴重合。图 9-5 的右半部分给出了对径受压圆环的主应力迹线图。利用等倾线图可以绘制出主应力迹线图。主应力迹线的绘制步骤如下(图 9-6)：

(1)先画一条水平方向 x 的基准线；

(2)在基准线上画出 10°、20°、30°……的斜线，分别与同度数的等倾线相交；

(3)在各条等倾线上，按相应的斜线作出许多平行的短线；

(4)以这些短线为切线，按顺序画出一系列光滑曲线，即得到第一族主应力迹线；

(5)作一系列与第一族主应力迹线正交的光滑曲线，得到第二族主应力迹线。

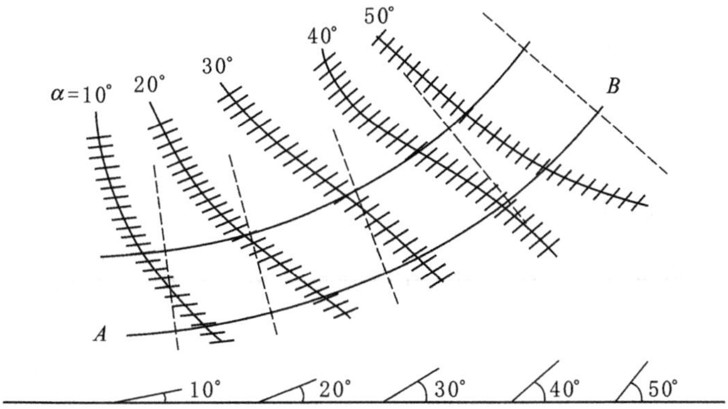

图 9-6 主应力迹线的绘制

主应力迹线具有以下特点：

(1)两族主应力迹线一定是正交曲线族。

(2)无各向同性点的自由边界和对称轴，本身就是一条主应力迹线。

(3)对于正各向同性点，附近的两族主应力迹线将该点包围起来，形成闭合状；对于负各向同性点，两族主应力迹线在该点周围不闭合。如图 9-7 所示。

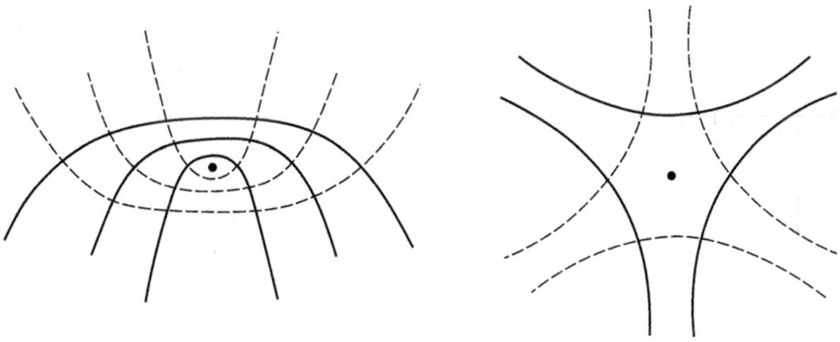

(a) (b)

图 9-7 各向同性点的主应力迹线

(a)正各向同性点；(b)负各向同性点

主应力迹线直接反映了主应力方向，这对一些工程实际问题具有重要意义。如钢筋混凝土结构中钢筋的布置就是以主应力迹线为依据，将钢筋沿主(拉)应力方向排列。

由等倾线还可以绘制表示最大切应力方向的最大切应力迹线图。最大切应力的方向与主应力方向成45°,因此只需将主应力迹线逐点转动45°,即成为最大切应力迹线。

9.3 光弹性材料

9.3.1 光弹性材料的基本要求

理想的光弹性材料应满足力学、光学、加工、成型等方面的要求,主要包括以下几个方面:

(1)材料应是均匀连续的各向同性物质,具有较高的弹性模量、较低的蠕变性能,且应力与应变在较大范围内应保持线性关系。材料不应有初应力或初应力很容易消除。

(2)材料在光学上应是均质的,透明度要好,不受力时是各向同性的,受力时具有双折射性质,光学灵敏度高,且材料的条纹值与应力在较大范围内保持线性关系。

(3)材料应具有良好的机械加工及切削性能,易于浇铸成型,工艺过程简单,成本低,且是无毒的。

(4)用于三向光测实验的材料应具有良好冻结性能。

9.3.2 光弹性材料的基本参数

除了常规的弹性模量、比例极限、泊松比等基本力学参数外,光测材料还有以下几个基本的光学参数:

(1)材料条纹值,f_σ[N/(m·级)]。f_σ 是光弹性材料的一个基本性能参数,表示单位厚度的模型产生一级条纹所需要的主应力差值。f_σ 的大小反映了材料的光学灵敏度的高低。

f_σ 与模型的形状、尺寸及受力方式无关,是由模型材料的性质和光源波长决定的常数,通常是通过有应力理论解的试件用实验方法进行测定。测定时,对应一定值的载荷,测出试件在已知应力点的条纹级数 n,然后根据应力-光性定律算出材料条纹值。

根据式(9-19),材料条纹值 f_σ 可表示为

$$f_\sigma = \frac{(\sigma_1 - \sigma_2)d}{n} \tag{9-25}$$

从上式可见,只要知道试样厚度 d,主应力差($\sigma_1 - \sigma_2$),及相应位置的条纹级数 n,材料的条纹值便可以求出。可用多种实验方法得到 f_σ 值,如单向拉压、纯弯曲实验等,一般采用对径受压圆盘实验的方法来测定 f_σ 值,如图9-8所示。

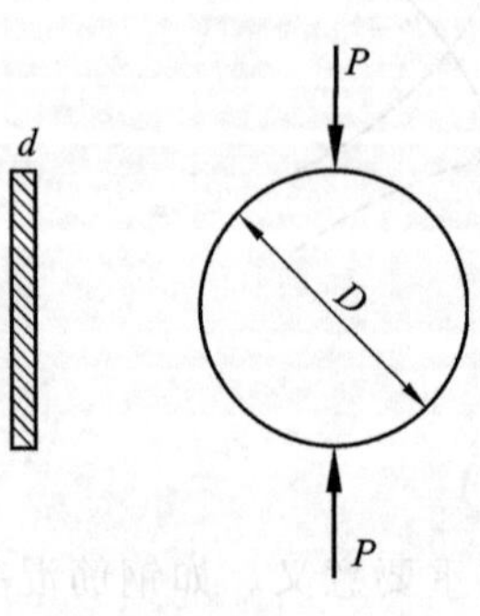

图9-8 对径受压圆盘

对径受压圆盘中心处的应力理论解为

$$\left.\begin{aligned}\sigma_1 &= \frac{2P}{\pi dD}\\ \sigma_2 &= -\frac{6P}{\pi dD}\end{aligned}\right\} \tag{9-26}$$

式中 P——径向载荷(取正值);

D——圆盘直径;

d——圆盘厚度。

如果通过实验测得圆盘中心的条纹级次为 n,则由式(9-25)和式(9-26),可得

$$f_\sigma = \frac{8P}{\pi D n} \tag{9-27}$$

式中 n——圆盘中心条纹级次。

(2)光学比例极限，σ_{po}(Pa)。σ_{po}是指应力条纹级数图，即σ-n图(图 9-9)上偏离线性关系 2%的点的应力，即图中A点的应力σ_{po}，它使$(\sigma'_{po}-\sigma_{po})/\sigma'_{po}=2\%$，$\sigma'_{po}$是按线性计算时的应力。

(3)相对光学蠕变，φ_t。相对光学蠕变是指在恒定荷载下，条纹级次随时间而增加的百分率。采用标准拉伸试样，单色光源，加载后 0.5 min 和 t min 分别测取对应的条纹级次，按下式计算 t 时刻的光学蠕变

$$\varphi_t = \frac{n_t - n_{0.5}}{n_{0.5}} \times 100\% \tag{9-28}$$

(4)质量系数，K(级/ m)。K 是材料弹性模量与材料条纹值的比值，即

$$K = \frac{E}{f_\sigma} \tag{9-29}$$

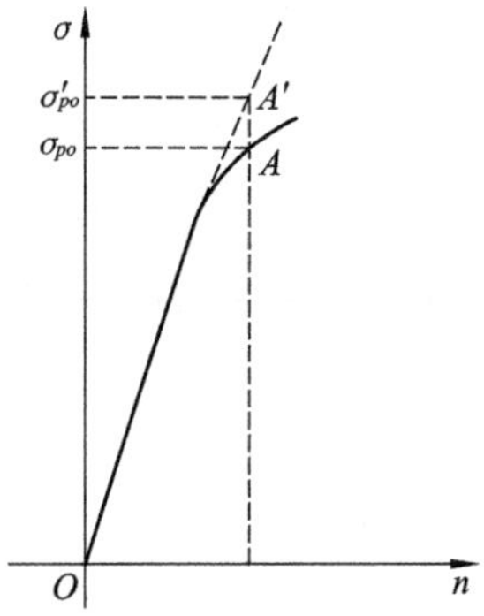

图 9-9 应力 σ 与条纹级次 n 的关系

K 是衡量材料优劣的指标，好的光测材料应具有较高的弹性模量 E 及较低的材料条纹值 f_σ，即在试验中变形小而条纹灵敏度高。但通常在增加材料的弹性模量的同时，材料的条纹值往往也增加；反之亦然。因此寻求材料适当的 E 及 f_σ，使其比值 K 较大，可见材料的质量系数 K 是评价其质量的一个综合指标。

9.3.3 常用光测材料

表 9-1 是目前常用的一些光测材料及其性能。

表 9-1 常用光测材料

材料	项目												
	常温下						冻结温度下						
	f[N/(m·级)] $\times10^{-3}$	σ_p (Pa) $\times10^5$	σ_b (Pa) $\times10^5$	E (Pa) $\times10^{-8}$	v	K (级/m) $\times10^5$	f[N/(m·级)] $\times10^{-3}$	σ_p (Pa) $\times10^5$	σ_b (Pa) $\times10^5$	E (Pa) $\times10^{-8}$	v	K (级/m) $\times10^5$	T (℃)
*618	12.0	340.0	710.0	34.0	0.36	2..8	0.32	13.0	15.0	0.25	0.48	0.78	110～135
*634	12.0	315.0	820.0	33.0	0.37	2.8	0.28	27.0	13.0	0.21	0.5	0.77	160
*6101	11.0	315.0	780.0	35.0	0.37	3.2	0.36	12.0	15.0	0.30	0.47～0.49	0.83	120
эд-6M	11.0	500.0	1200.0	33.0	0.35～0.37	3.0	0.32	12.0	15.0	0.20	0.47～0.49	0.63	110
BT-61-893	15.4	492.0	1200.0	43.0	0.365	2.8	0.57	11.0	28.0～32.0	0.086	0.5	0.15	110
им-44	12.0	500.0	1300.0	35.0～45.0	0.36	2.9～3.7	0.60	10.0	25.0～35.0	0.12	0.42	0.267	120

续表 9-1

材料	项目												
	常温下						冻结温度下						
	f[N/(m·级)] $\times10^{-3}$	σ_p (Pa) $\times10^{5}$	σ_b (Pa) $\times10^{5}$	E (Pa) $\times10^{-8}$	v	K (级/m) $\times10^{5}$	f[N/(m·级)] $\times10^{-3}$	σ_p (Pa) $\times10^{5}$	σ_b (Pa) $\times10^{5}$	E (Pa) $\times10^{-8}$	v	K (级/m) $\times10^{5}$	T (℃)
酚醛塑料	11.6	303.0	752.0	37.0	—	3.2	—	—	—	0.0182	—	—	120
Tralon	11.3	100.0	—	25.0	—	2.2	0.54	—	—	0.088	—	0.163	80
Calain-800	8.7	—	176.0	13.2	—	1.5	0.29	—	—	—	—	—	80～85
CR-39	14.0～18.0	200.0	490.0	17.6	0.42	1.1	6.26	—	—	2.01～3.10	—	0.762	80～85
Castlite	28.2	520.0	—	49.5	0.355	1.76	1.48	—	31.7	0.286	—	0.193	118
Araldite B	11.0	400.0	800.0	35.0	0.35～0.37	3.2	0.23	—	—	0.14	0.47～0.49	0.61	110
聚碳酸酯	6.8～7.0	380.0～385.0	470.0～550.0	23.0～25.0	0.37～0.38	3.48	0.105～0.115	6.0～7.0	75.0～95.0	0.05	0.47～0.50	0.374～0.435	145～148

9.3.4 模型制作

常用的光弹性模型材料为环氧树脂，国产的有 616#、6101#、634# 等牌号，需要添加一定的固化剂和增塑剂。常用的室温固化剂是胺类固化剂，如乙二胺、二乙烯三胺等，高温固化剂一般采用有机酸酐固化剂，如顺丁烯二酸酐。较好的增塑剂为邻苯二甲酸二丁酯。此外，聚碳酸酯也是一种比较理想的光弹性模型制作材料。

制作光弹性模型需要采用模具。平板试样一般采用平板玻璃模型作模具，它是两块厚度为 5～7 mm，在 130 ℃ 温度下退过火的平板玻璃之间用 U 形橡皮条隔起来，再用夹具夹牢形成的敞口容器。制作立体模型一般采用白铁皮模具、蜡模具、硅橡胶模具等。

在模具使用前，应在模具内壁涂上脱模剂，并在 80 ℃的恒温箱中预热，脱膜剂可用含 8% 聚苯乙烯的甲苯溶液，或用聚氯乙烯环己酮溶液、室温硫化硅橡胶。

模具准备好之后，按相关材料的工艺参数进行浇铸、固化、脱模及切割后处理等，形成最终的实验用模型。

9.4 平面光弹性

在工程结构中，有些构件的厚度远小于面内其他尺寸，与厚度方向垂直的表面上无载荷作用，而且应力状态沿厚度方向不变，这类问题称为平面应力状态，这类问题可以用平板的光弹性模型分析，通常称为平面光弹性。

9.4.1 边界应力

用光弹性法可以很方便地求出平面模型自由边界上的应力。平面模型自由边界上的任意一点的法向应力为零，处于单向应力状态，其主应力方向与边界相切。根据边界点的条纹级次

n，可以求出主应力的大小，即

$$\sigma = \pm \frac{f_\sigma n}{d} \tag{9-30}$$

式中 n——边界测点的条纹级次；

d——模型厚度；

f_σ——模型材料的条纹值。

对于所求主应力的符号一般可以采用钉压法进行确定。假设用一钉状物对被测点施加一个小的压力，设这个小的压应力为 σ'，如果原测点为拉应力，则原条纹级次为

$$n = \frac{\sigma d}{f_\sigma} \tag{9-31}$$

施加小的压力后的条纹级次为

$$n' = \frac{(\sigma - \sigma')d}{f_\sigma} \tag{9-32}$$

因为 σ' 为压应力，是一负值，则有

$$\sigma - \sigma' \geqslant \sigma \tag{9-33}$$

从而

$$n' \geqslant n \tag{9-34}$$

即该测点的等差线级数将增大，从而等差线向级次低的方向移动。

同样分析可知，如果原测点为压应力，当采用钉状物对被测点施加一个小的压力后，主应力差将减小，则测点的等差线级数减小，从而等差线向级次高的方向移动。

故用钉压法判断主应力符号的方法为：用一钉状物对被测点施加一个小的压力，若该点条纹级次增加，则为正，是拉应力；反之为负，是压应力。

图 9-10 所示为一纯弯曲梁在 A 点和 B 点分别采用钉压法后的等差线变化情况，则可判定 A 点为拉应力，B 点为压应力。

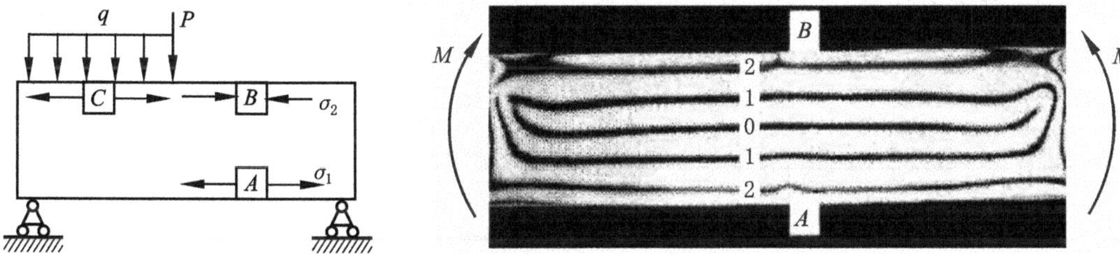

图 9-10 用钉压法判断边界应力的符号

此外，也可以采用标准试件法判断边界应力的符号，如图 9-11 所示。将冻结应力的轴向拉伸试件放在边界垂直的方向，当被判断点 A 的条纹级次减小时，说明 A 边界相切的应力是拉应力；当被判定点 B 的条纹级次增大时，则说明 B 点与边界相切的应力是压应力。

9.4.2 内部应力

根据模型的等差线和等倾线，可以确定模型内部任意一点的主应力差值及方向，但无法直接确定该点的两个主应力各自的大小及对应的方向。但对于弹性力学平面问题，要完整地确定一定的应力状态必须确定三个量：主应力 σ_1、σ_2 和主方向 θ 或两个相互垂直面上的应力 σ_x、

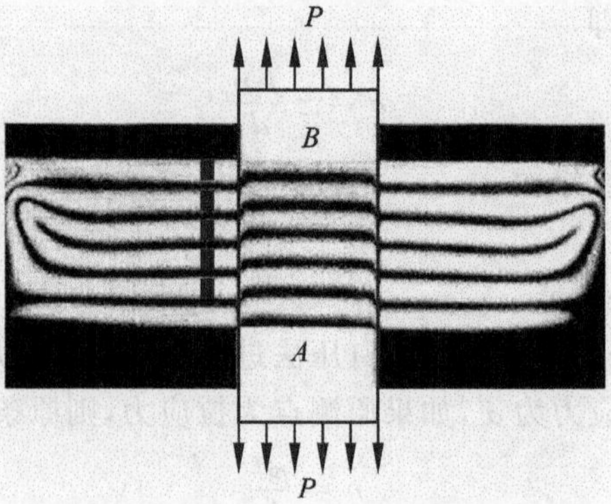

图 9-11　用标准试件法判断边界应力的符号

σ_y 和这两个面上的切应力 τ_{xy}。为此需要采用其他的方法获得补充方程，一般有三种方法可以获得补充方程，分别为：切应力差法、斜射法与求主应力和法。最常用的是切应力差法，下面对这一方法进行介绍。

根据材料力学可知，任一点的切应力为

$$\tau_{xy} = \frac{\sigma_1 - \sigma_2}{2}\sin 2\theta \tag{9-35}$$

根据该点的等差线级次和等倾线角度，可以得到 τ_{xy} 的计算公式，即

$$\tau_{xy} = \frac{f_\sigma}{2d} n \sin 2\theta \tag{9-36}$$

弹性力学中平面问题的平衡方程为(忽略体力)

$$\left.\begin{aligned} \frac{\partial \sigma_x}{\partial x} + \frac{\partial \tau_{xy}}{\partial y} = 0 \\ \frac{\partial \tau_{xy}}{\partial x} + \frac{\partial \sigma_y}{\partial y} = 0 \end{aligned}\right\} \tag{9-37}$$

图 9-12 所示的计算简图，对第一个式子从边界上的 O 点到计算点 k 沿 x 轴进行积分，可得

$$(\sigma_x)_k = (\sigma_x)_o - \int_o^k \frac{\partial \tau_{xy}}{\partial y} \mathrm{d}x \tag{9-38}$$

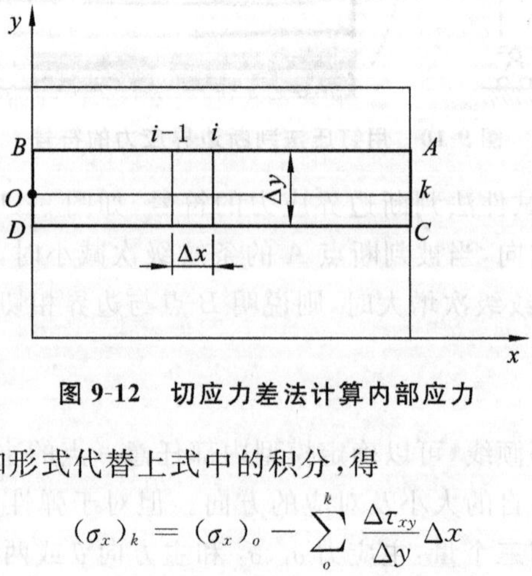

图 9-12　切应力差法计算内部应力

采用有限差分的代数和形式代替上式中的积分，得

$$(\sigma_x)_k = (\sigma_x)_o - \sum_o^k \frac{\Delta \tau_{xy}}{\Delta y} \Delta x \tag{9-39}$$

式中 $(\sigma_x)_k$——计算点 k 的正应力；

$(\sigma_x)_o$——边界起点 O 的正应力；

$\Delta\tau_{xy}$——在间距 Δx 切应力沿 Δy 的增量。

$$\Delta\tau_{xy} = \tau_{xy}^{AB} - \tau_{xy}^{CD} \tag{9-40}$$

设 Ok 上 $i-1$ 点的正应力为 $(\sigma_x)_{i-1}$，则与 $i-1$ 相邻的 i 点正应力为

$$(\sigma_x)_i = (\sigma_x)_{i-1} - \Delta\tau_{xy}\Big|_{i-1}^{i}\frac{\Delta x}{\Delta y} \tag{9-41}$$

式中，$\Delta\tau_{xy}\Big|_{i-1}^{i} = \dfrac{(\Delta\tau_{xy})_{i-1} + (\Delta\tau_{xy})_i}{2}$，为分点 $i-1$ 与 i 的切应力差的平均值，且有

$$(\Delta\tau_{xy})_{i-1} = (\tau_{xy}^{AB})_{i-1} - (\tau_{xy}^{CD})_{i-1} \tag{9-42}$$

$$(\Delta\tau_{xy})_i = (\tau_{xy}^{AB})_i - (\tau_{xy}^{CD})_i \tag{9-43}$$

由式(9-36)和式(9-39)计算得到一点的切应力 τ_{xy} 和正应力 σ_x 后，根据材料力学可得另一正应力的计算公式为

$$\sigma_y = \sigma_x - \frac{f_\sigma}{d}n\cos 2\theta \tag{9-44}$$

则主应力为

$$\left.\begin{aligned}\sigma_1 &= \frac{(\sigma_x + \sigma_y) + \dfrac{f_\sigma}{d}n}{2} \\ \sigma_2 &= \frac{(\sigma_x + \sigma_y) - \dfrac{f_\sigma}{d}n}{2}\end{aligned}\right\} \tag{9-45}$$

为了检验实验的精度，最后可采用平衡法进行校核，如对某截面实验得出的 x 方向的应力计算合力应与相应的外力相平衡。

9.4.3 应力集中

一般工程构件的截面往往有孔或缺口，造成截面的局部削弱，在尺寸变化的区域将引起局部应力的急剧增大，此现象称为应力集中。

应力集中系数的定义为

$$\alpha_k = \frac{\sigma_{\max}}{\sigma_0} \tag{9-46}$$

式中 $\sigma_{\max}$——最大应力；

σ_0——该截面的平均应力。

采用平面光弹性确定各种复杂几何形状有孔或缺口构件的应力集中系数既方便迅速，又准确形象。

带圆孔的方板受轴向拉伸的力学模型图与等差线图如图 9-13 所示，可以看到孔边条纹密集。测出孔边最大的条纹级次 $n_{\max}$，方板厚度为 d，则孔边最大应力为

$$\sigma_{\max} = \frac{f_\sigma n_{\max}}{d} \tag{9-47}$$

设 σ_0 是该截面的平均应力，则

$$\sigma_0 = \frac{P}{bd} \tag{9-48}$$

式中 P——轴向拉力；

b——截面宽度；

d——方板厚度。

则应力集中系数为

$$\alpha_k = \frac{\sigma_{\max}}{\sigma_0} = \frac{\dfrac{f_\sigma n_{\max}}{d}}{\dfrac{P}{bd}} = \frac{f_\sigma n_{\max} b}{P} \tag{9-49}$$

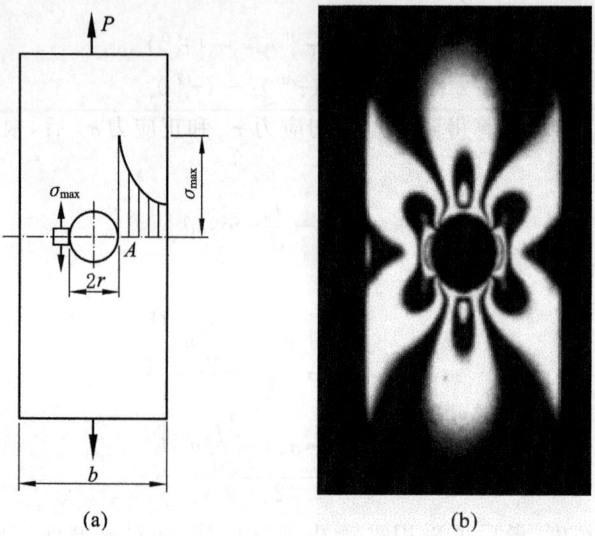

图 9-13 带圆孔的方板受轴向拉伸的力学模型图与等差线图

9.5 三向光弹性

实际工程结构的形状和载荷都比较复杂，三维问题即处于三向应力状态的结构是十分普遍的。三维问题中有一些可以简化为平面问题进行处理，采用平面光弹性方法进行研究，而对于不能简化为平面问题的结构，就必须制作立体模型，进行三向光弹性分析。在三向光弹性应力分析中，比较成熟的是冻结应力切片法。

9.5.1 冻结应力

一点的应力状态是由这点的 6 个应力分量决定的，在一点只要知道不共面的三个平面上的应力，这点的应力状态也就确定了。因此，可以通过三个平面光测实验来解决三向问题。平面光测模型是一块薄板，所以三向光测时也必须有相应的薄板，它们就是从真实立体模型中切下来的薄片，称为切片。而应力的冻结现象使得切片在脱离了被加载的立体模型后，仍然保持了脱离前的应力状态。

光弹材料通常都是由二相分子聚合而成的。在室温条件下二相都呈固体状态，对外部施加的载荷可以共同承担，但随温度的升高，一相变软，另一相承载加大，当温度升高到某一临界温度时，一相软化成液体，而另一相仍然是固体，此时外载荷全部由固体相承担。因此，光弹材料在临界温度以上将会以大得多的变形来抵抗同样的外力，也就是说，这时材料的弹性模量大幅降低，或者说材料的弹性变形大幅增加。通常把光弹材料所处的这一状态称为高弹态。在临界温度以下的一小段温度区间里，光弹材料一相软化到液相的速度特别快，因而弹性模量急剧下降，这一段称为过渡态；在过渡态之前，光弹材料的弹性模量变化比较小，基本与温度呈线性关系，这一段称为玻璃态，玻璃态与过渡态间的转化温度称为光弹材料的玻璃化温度。图 9-14是光弹材料弹性模量 E 随温度 T 的变化曲线。

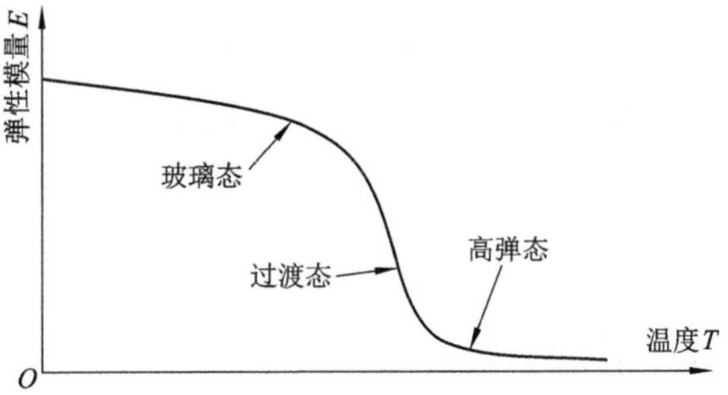

图 9-14　光弹材料 E 随 T 的变化

如上所述，光弹材料在临界温度以上，外载荷已完全由未液化的固相承担，因此，它有比较稳定的弹性模量及由应力产生的等差线与等倾线条纹。当温度降低时，液化相将慢慢固化，直到室温时它完全转变为固体。这时，由于再次固化的约束，即便把加于材料上的载荷卸除，光弹材料中的应力及其等差线与等倾线条纹仍然会保留在那里，正如在水中加载变形的弹簧，在水冷却成冰时，即使将载荷去除，变形的弹簧仍保持着原变形状态一样。我们把这一现象称为应力冻结现象，开始冻结的温度，一般在临界温度之上 5～10℃，这一温度称为光弹材料的冻结温度，并依光弹材料的不同各异。

光弹模型的冻结过程是在恒温箱中进行的，处于受载状态的模型在恒温箱中经受升温、恒温与降温三个阶段，如图 9-15 所示。升温速度一般在 10 ℃/h 左右，降温在 2.5 ℃/h 左右，恒温在 4～10 h，恒温的目的是使模型充分变形，但不宜过长，否则模型中会出现较大的时间边缘效应。

光弹材料的冻结现象，可以把受载模型中的应力冻结起来，它不会因载荷的撤除和模型的切削加工而受到影响，于是就可以对光弹模型作各种切片，进行三向光测实验。但是，也应该提到的是，冻结状态下光弹材料的泊松比与工程材料一般相差很大，由于相似条件不能得到充分满足，模型到原型的应力转化会出现一定误差。

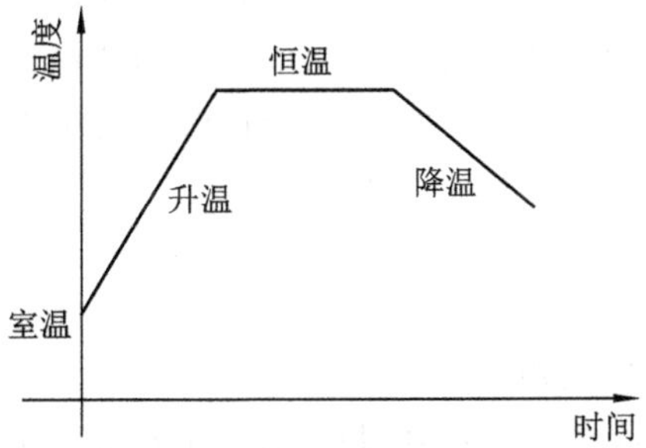

图 9-15　模型冻结曲线

9.5.2 次主应力

实验证明，与光线照射方向相平行的正应力、与光线照射方向在同一平面的切应力均不产生光效应。如图 9-16(a)所示的三向应力状态单元体，当光线沿 z 轴照射时，应力 σ_z、τ_{zx}、τ_{yz} 不产生光效应，只有 σ_x、σ_y 和 τ_{xy} 产生光效应。如果只考虑光效应，可用图 9-16(b)所示的平面应力状态图代表原三维应力状态。根据主应力的概念可以得到该平面应力状态下的主应力 σ_1'、σ_2' 及其方向 θ'。需要注意的是主应力 σ_1'、σ_2' 及其方向 θ' 并不是图 9-16(a)所示应力状态的主应力和方向，只是对应于光线沿 z 轴照射时，能产生光效应的应力状态所对应的单元体的主应力大小和方向。因此，σ_1'、σ_2' 称为光线沿 z 轴照射时的次主应力，θ' 称为次主应力方向。

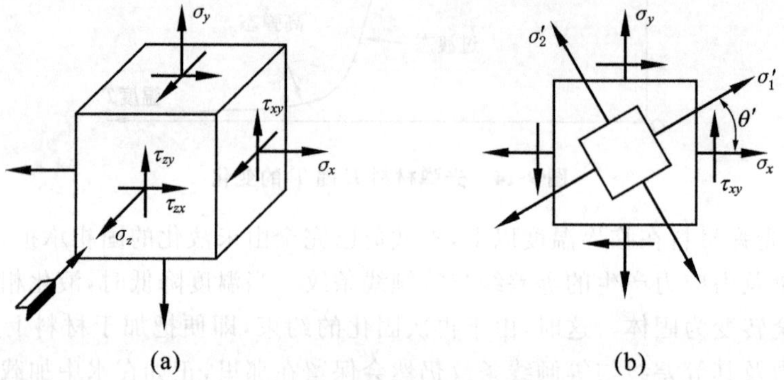

图 9-16 次主应力

在光的入射方向 dz 厚度上的光程差与入射光方向垂直面上的次主应力之差($\sigma_1'-\sigma_2'$)及 dz 成正比，即

$$\mathrm{d}\delta = C[\sigma_1'(z) - \sigma_2'(z)]\mathrm{d}z \tag{9-50}$$

式中 C——模型材料的光学常数。

在式(9-50)中，次主应力 σ_1'、σ_2' 显然与光的入射方向有关，而且也与入射点的位置有关。随着入射光方向的变化，次主应力的大小及其方向也在变化。一点处的次主应力可能有许多，但该点的主应力，在模型受载状态不变的条件下，却是完全确定的，这是次主应力与主应力的根本区别。但是，如果入射光的方向不变，一点的次主应力就是确定的，因此，它们有类似于平面应力问题主应力的性质，故称次主应力。

由于次主应力 σ_1' 及 σ_2' 是入射光方向 z 的函数，式(9-50)不能直接用于三向光弹性实验。如果在光弹性模型中切出一薄片(通常称为切片)，并将切片内沿光投射方向上任一点的次主应力均视为在这一方向上所有各点次主应力的平均值，那么对式(9-50)积分有

$$\delta = \frac{Cd}{\cos\varphi}(\sigma_1' - \sigma_2') \tag{9-51}$$

式中 d——切片厚度；

φ——入射光与水平线的夹角。

$\varphi\neq0$ 的入射称为斜射。若光垂直入射切片表面(亦称正射)，则 $\varphi=0$，于是上式变为

$$\delta = Cd(\sigma_1' - \sigma_2') \tag{9-52}$$

比较式(9-52)与式(9-6)可以看出，二者的形式几乎是完全相同的，但内涵却不一样。在平面应力状态下，次主应力 σ_1'、σ_2'退化为主应力 σ_1、σ_2，式(9-52)变为式(9-6)，所以式(9-52)是包含式(9-6)在内的更为广泛的三向应力-光性定律。

9.5.3 三向光弹性方法

从已应力冻结的三向模型中截取一个厚度为 d 的薄切片，当光线沿 z 轴对切片垂直入射时，则对应的等差线和等倾线参数可近似表示切片中面上各点的次主应力差和次主应力方向，根据等差线的概念及式(9-51)和式(9-52)可得次主应力差为

$$\sigma_1' - \sigma_2' = \frac{nf_\sigma \cos\varphi}{d} \quad \text{（斜射）} \tag{9-53}$$

及

$$\sigma_1' - \sigma_2' = \frac{nf_\sigma}{d} \quad \text{（正射）} \tag{9-54}$$

由于次主应力 σ_1'及 σ_2'是垂直于光投射平面上的最大应力与最小应力，因此它们与投射平面上的应力 σ_x、σ_y、τ_{xy}仍有类似于平面应力问题中应力与主应力之间的关系，即

$$\left.\begin{aligned} \sigma_x &= \frac{\sigma_1' + \sigma_2'}{2} + \frac{\sigma_1' - \sigma_2'}{2}\cos 2\theta' \\ \sigma_y &= \frac{\sigma_1' + \sigma_2'}{2} - \frac{\sigma_1' - \sigma_2'}{2}\cos 2\theta' \\ \tau_{xy} &= \frac{\sigma_1' - \sigma_2'}{2}\sin 2\theta' \end{aligned}\right\} \tag{9-55}$$

式中 θ'——最大次主应力 σ_1'的方向角，可从等倾线上求出。

由式(9-55)和式(9-53)、式(9-54)可得

$$\left.\begin{aligned} \sigma_x - \sigma_y &= \frac{nf_\sigma \cos\varphi}{d}\cos 2\theta' \\ \tau_{xy} &= \frac{nf_\sigma \cos\varphi}{2d}\sin 2\theta' \end{aligned}\right\} \quad \text{斜射} \tag{9-56}$$

或

$$\left.\begin{aligned} \sigma_x - \sigma_y &= \frac{nf_\sigma}{d}\cos 2\theta' \\ \tau_{xy} &= \frac{nf_\sigma}{2d}\sin 2\theta' \end{aligned}\right\} \quad \text{正射} \tag{9-57}$$

上式给出了与光入射方向垂直的三个应力 σ_x、σ_y 及 τ_{xy}间的两个关系式。由于该点处于三向应力状态，独立的应力状态分量有 6 个：σ_x，σ_y，σ_z，τ_{xy}，τ_{xz}，τ_{yz}。为了确定该点的应力状态，需要 6 个方程。

可以通过在同一点沿三个正交方向制作三个切片进行三次正射或对同一模型采用一向正射二向斜射，得到类似式(9-56)的三对共 6 个方程，但独立的方程只有 5 个。同平面光弹性一样，一般采用切应力差法获得补充方程，从而可以求解得到该点的 6 个应力分量，最终确定该点的应力状态。

9.6 光弹性贴片法

光弹性贴片法，又称光敏涂层法或反射光弹，是将应变光学灵敏度较高的一种光弹性塑料薄片（简称贴片）粘贴在被测构件表面，通过测定贴片随构件表面变形而产生的等差线干涉条纹，求得该构件表面应变分布的一种实验应力分析方法。光弹性贴片法可用于结构原型测量，适用于不同材质，在实际工程结构中广泛应用。

9.6.1 基本原理

光弹性贴片法采用的是反射光弹仪，在结构物上粘贴贴片后，通常有两种测量光路，如图9-17所示。一是"V"形光路［图9-17(a)］，光线斜入斜出，光比较强，但测得的结果是入射点附近的平均应变，不适于变形梯度大的地方；另一种是"T"形光路［图9-17(b)］，光线正射正出，但光需经半反射镜，因此光比较弱。

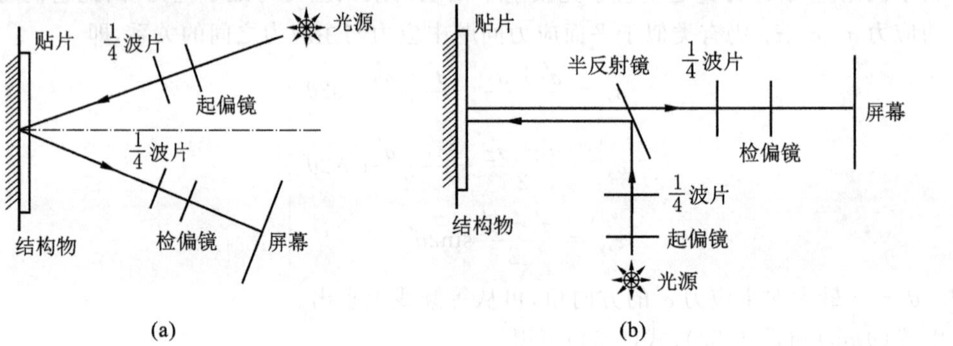

图 9-17 反射光弹光路图

(a)"V"形光路；(b)"T"形光路

上述两种测量光路中，无论哪种光路，光在贴片中总要一来一去经过贴片两次，因此，与前面的透射光弹相比，相当于贴片厚度加倍，于是对贴片光弹的应力-光性定律，可写为

$$\sigma_{1c} - \sigma_{2c} = \frac{nf_\sigma}{2t_c} \tag{9-58}$$

式中 σ_{1c}，σ_{2c}——光入射点处贴片的主应力，下脚标 c 表示贴片；

t_c——贴片的厚度。

贴片很薄，处于平面应力状态，平面应力问题的应力与应变之间有如下关系：

$$\left.\begin{aligned} \sigma_{1c} &= \frac{E_c}{1-\nu^2}(\varepsilon_{1c} + \nu_c\varepsilon_{2c}) \\ \sigma_{2c} &= \frac{E_c}{1-\nu^2}(\varepsilon_{2c} + \nu_c\varepsilon_{1c}) \end{aligned}\right\} \tag{9-59}$$

式中 ε_{1c}，ε_{2c}——光入射点处贴片的主应变；

E_c，ν_c——贴片材料的弹性模量与泊松比。

由式(9-58)和式(9-59)可得

$$(\varepsilon_1 - \varepsilon_2)_c = \frac{nf_\varepsilon}{2t_c} \tag{9-60}$$

上式中，

$$f_\varepsilon = \frac{(1+\nu_c)f_\sigma}{E_c} \tag{9-61}$$

称为贴片材料的应变条纹值。

结构的表面和贴片紧密结合，两者的应变相同，则有

$$(\varepsilon_1 - \varepsilon_2)_s = (\varepsilon_1 - \varepsilon_2)_c \tag{9-62}$$

从而有

$$(\sigma_1 - \sigma_2)_s = \frac{E_s}{(1+\nu_s)} \cdot \frac{nf_\varepsilon}{2t_c} \tag{9-63}$$

于是根据式(9-60)或式(9-63)，可以按等差线的条纹级数 n 及 f_ε、t_c 确定出结构物表面的主应变差($\varepsilon_1-\varepsilon_2$)或主应力差($\sigma_1-\sigma_2$)。根据贴片光弹给出的等倾线，可以确定主应变方向。但要完全把主应变 ε_1、ε_2 或主应力 σ_1、σ_2 真正求出来，还需要将它们分离，需要补充关系式，这可以采用平面光弹性中介绍的切应力差法，但对于贴片光弹，由于等差线条纹稀疏，其精度较差。因此，一般采用一次正射和一次斜射法来实现主应变或主应力的分离。

9.6.2 主应变分离

如前所述，在贴片法中为了分离主应变，一般采用一次正射及一次斜射。斜入射光路布置如图 9-18 所示。假设入射光线是在贴片法线及测点主应变 ε_2 方向所构成的平面内，正射与斜射测得的等差线条纹值分别为 n_z 及 n_{z1}(θ 为斜射角)。于是根据式(9-60)，有

正射

$$n_z = \frac{2t_c}{f_\varepsilon}(\varepsilon_1 - \varepsilon_2) \tag{9-64}$$

斜射

$$n_{z_1} = \frac{2t_c}{f_\varepsilon \cos\theta}(\varepsilon_1 - \varepsilon_2') \tag{9-65}$$

式中，ε_1、ε_2' 为垂直于斜射光线平面内的次主应变。

根据应变转轴公式有

$$\varepsilon_2' = \varepsilon_2\cos^2\theta + \varepsilon_z\sin^2\theta \tag{9-66}$$

式中，ε_z 为垂直于贴片平面的应变。

由于贴片处于平面应力状态，所以 $\sigma_3=0$，依物理方程，有

$$\varepsilon_z = -\frac{\nu_c}{1-\nu_c}(\varepsilon_1 + \varepsilon_2) \tag{9-67}$$

代入斜射方程式(9-65)，得

$$n_{z_1} = \frac{2t_c}{f_\varepsilon} \cdot \frac{[\varepsilon_1(1-\nu_c\cos^2\theta) - \varepsilon_2(\cos^2\theta - \nu_c)]}{(1-\nu_c)\cos\theta} \tag{9-68}$$

联立式(9-64)和式(9-68)可得

$$\varepsilon_1 = \frac{f_\varepsilon}{2t_c} \cdot \frac{[N_{z_1}(1-\nu_c)\cos\theta - N_z(\cos^2\theta - \nu_c)]}{(1+\nu_c)\sin^2\theta} \tag{9-69}$$

$$\varepsilon_2 = \frac{f_\varepsilon}{2t_c} \cdot \frac{[N_{z_1}(1-\nu_c)\cos\theta - N_z(1-\nu_c\cos^2\theta)]}{(1+\nu_c)\sin^2\theta} \tag{9-70}$$

在以上各式中角 φ 是光在贴片中的斜射角度，它等于光线在贴片中的折射角，如图 9-19

所示。若贴片材料的折射率为 n，光在贴片上的入射角为 φ^*，则依光的折射定律有

$$\frac{\sin\varphi}{\sin\varphi^*} = n \tag{9-71}$$

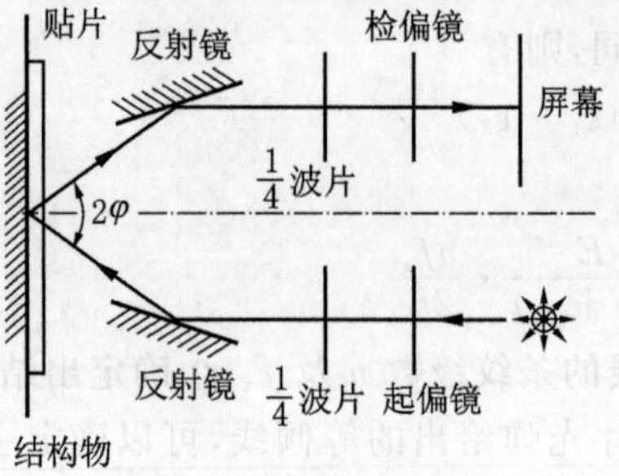

图 9-18 斜入射光路

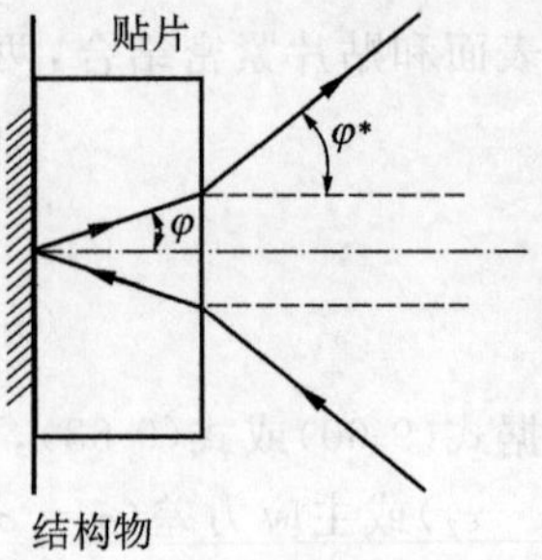

图 9-19 斜射角 φ

9.6.3 贴片厚度影响修正

由于贴片是直接粘贴在结构物表面上的，其厚度将对测试结果带来一定的影响，主要有两个方面的影响：

1）贴片承受少量载荷，减小了构件表面的应变。

2）沿贴片厚度方向有应变梯度，这样所测应变平均值不等于构件表面的应变。

为了减小贴片厚度所带来的影响，可根据构件所处的不同应力状态进行修正。在下面的分析中，下角标 c 代表贴片相关的参数，下角标 s 代表结构相关的参数。

对于平面应力问题，可采用式(9-72)进行修正。

$$\varepsilon_{1s} - \varepsilon_{2s} = \frac{1}{C_1}(\varepsilon_{1c} - \varepsilon_{2c}) \tag{9-72}$$

式中，C_1 为平面应力问题的修正系数。

$$\frac{1}{C_1} = 1 + \frac{t_c}{t_s} \cdot \frac{E_c}{E_s} \cdot \frac{1+\nu_s}{1+\nu_c} \tag{9-73}$$

对于平板弯曲问题，可采用式(9-74)进行修正。

$$\varepsilon_{1s} - \varepsilon_{2s} = \frac{1}{C_2}(\varepsilon_{1c} - \varepsilon_{2c}) \tag{9-74}$$

式中，C_2 为平板弯曲问题的修正系数。

$$\frac{1}{C_2} = \frac{1+\zeta\eta}{1+\eta}\left[4(1+\zeta\eta^3) - \frac{3(1-\zeta\eta^2)^2}{1+\zeta\eta}\right]\frac{1+\nu_s}{1+\nu_c} \tag{9-75}$$

式中，$\eta = \frac{t_c}{t_s}$，$\zeta = \frac{E_c}{E_s}$。

9.6.4 应变条纹值的标定

贴片材料的应变条纹值 f_ε 可以根据它的应力条纹值 f_σ 及贴片材料的 E、ν，直接按式(9-61)计算得到，也可以用实验方法进行标定得到。通过材料悬臂梁弯曲实验进行 f_ε 的标定，梁的上部粘一贴片，相关参数如图 9-20 所示。用反射式光弹仪测取贴片上的条纹级次 n，则可以得到

$$f_{\varepsilon} = \frac{12(1+\nu_s)Plt_c}{nbt_s^2E_s}C_2 \tag{9-76}$$

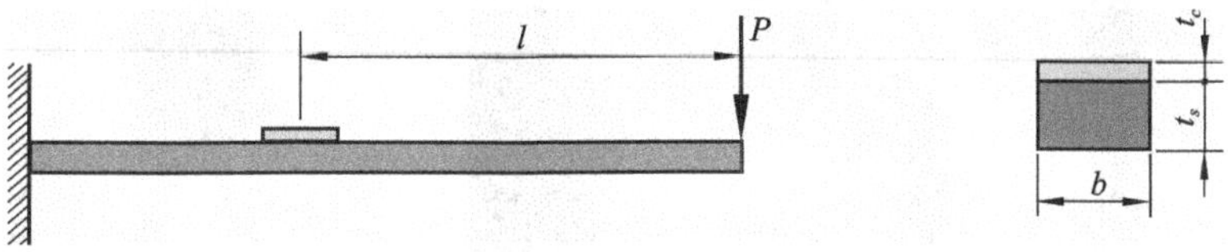

图 9-20 应变条纹值的标定

9.6.5 贴片材料及粘贴

光弹性贴片法实验中，贴片材料及其粘贴质量直接影响测试结果的精度。一般常用的环氧树脂塑料和聚碳酸酯都可以作为贴片材料使用。采用环氧树脂作为贴片材料的贴片制作及粘贴工艺过程如下：

(1)选择一块平的玻璃板或金属板作为模板。将模板放平，用硅橡胶条或橡皮条在模板上圈出一方框，在模板和边框上涂上一层脱膜剂(如硅油)或覆盖上聚苯乙烯或聚氯乙烯薄膜，从而形成一敞口的平板模具。

(2)选用 618# 环氧树脂、苯二甲酸二丁酯、三乙烯四胺分别作为主料及增塑剂与固化剂，并按 100：5：11 的质量比例及待加工贴片的大小算出各自的质量，称好后待用。

(3)预热环氧树脂达 40～50℃之后加入苯二甲酸二丁酯，搅拌均匀，静放，排除气泡。

(4)待上述二元混合液冷却至 45 ℃左右，加入已称好的三乙烯四胺，缓慢搅拌均匀，并防止气泡发生，之后倒入预热到 45℃左右的敞口平板模具中。

(5)在室温下固化 24 h，起模后即可得到一块均匀、透明的贴片。为适应结构物表面形状的需求，可在 2～3 h 半固化状态起模，按所需形状剪裁后，贴在涂有油脂的结构物表面，用吹风机轻微加热，使其与结构表面密实。在室温下，再经过一天左右的时间，贴片即可完全固化，从结构物表面取下，待用。

(6)将结构物表面除锈，平整，用砂纸打磨光洁，并用丙酮之类的有机溶剂去除表面的油污。同时选择黏结剂，通常使用在室温下固化的环氧树脂，其配方与制造贴片的配方相同，对于反光能力较差的表面，在黏结剂中亦可加入少量铝粉。把黏结剂均匀地涂在已处理好的结构物表面。

(7)放上贴片，从贴片中部向四周均匀地挤压贴片，排出气泡和多余的黏结剂，使胶层变薄、变均匀。把贴片用胶布之类的东西固定好，待黏结剂固化后，即可卸下固定物，进行实验。

9.6.6 光弹性贴片法的应用

光弹性贴片法可以直接在实际工程结构现场进行测试，同时具有光测法和电测法的优势，并且相当于无数个无限小的应变计连续地分布在结构表面上，解决了电阻应变计电测法的单点测量和平均测量的问题。光弹性贴片法不仅可以用来测量不同材料的各种复杂结构表面的静态应力和动态应力，还可以用于弹塑性应力分析、热应力、残余应力以及疲劳裂纹扩展等的研究，在实际工程和科学研究中均得到广泛应用。Vishay 公司在其应用范例中给出了几种主要应用，如图 9-21 所示。

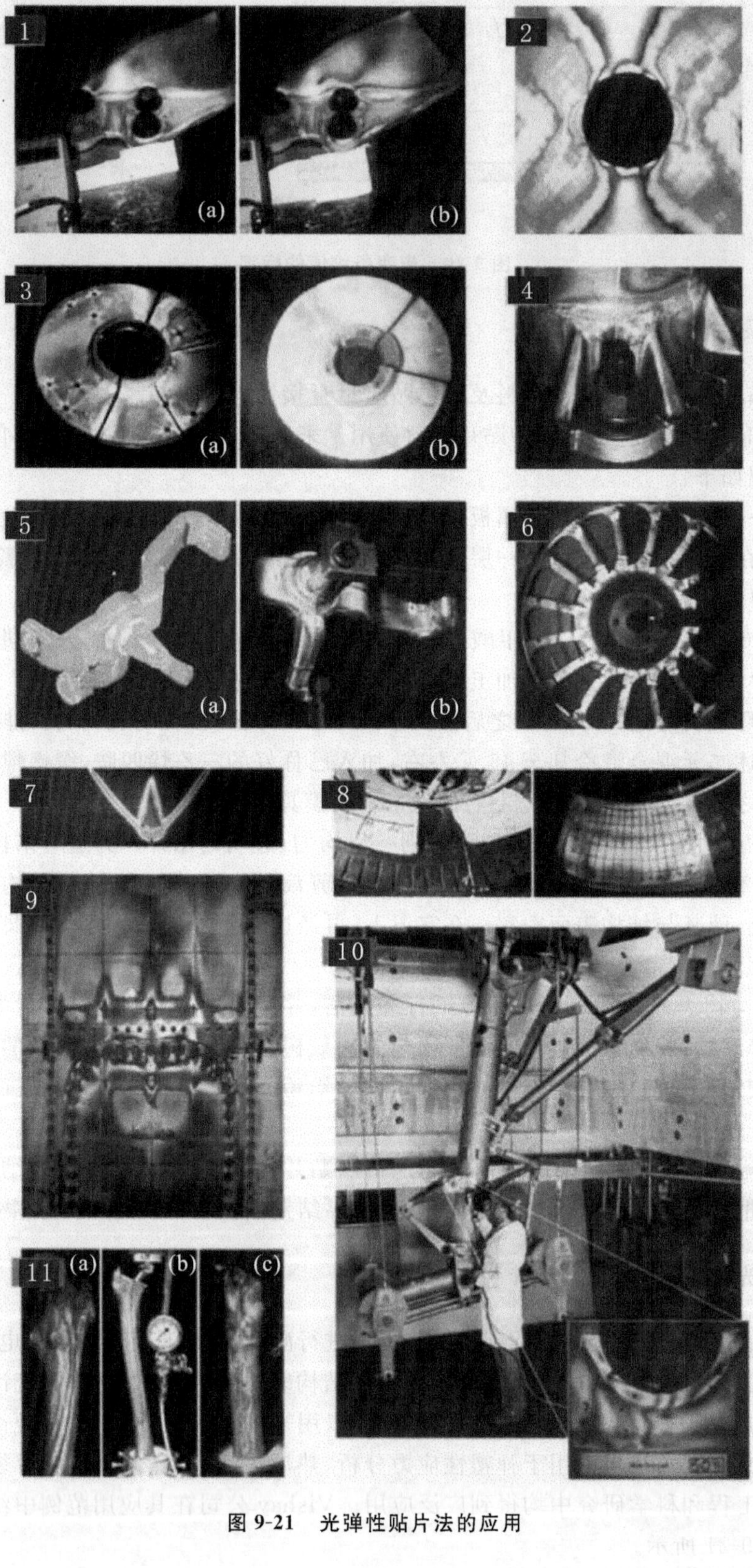

图 9-21　光弹性贴片法的应用

图 9-21 中：

1. 卡车弹性架托的装配应力分析：(a) 螺钉拧紧状况下的光弹条纹图；(b) 拧紧应力加上外部施加的测试力的光弹条纹图。

2. 复合材料结构面板的应力分析。

3. 金属风扇毂上的残余应力分析：(a) 先把光应力涂层覆盖在毂上，然后切开以便释放内部的残余应力；(b) 在加工后退过火的毂上重新测试，切开后，光应力图案显示没有任何残余应力。

4. 路灯柱基座上焊接区域的应力分析。贴片可以直接覆盖在焊缝上。

5. 在汽车转向节上，采用有限元和光弹性贴片法进行了对比分析。

6. 家用甩干机风扇的动态分析。

7. 金属缺口试样屈服后的应变分析。

8. 汽车轮胎大变形分析。

9. 军用飞机镶板上的应力分析。

10. 某航天器着陆传动装置的比例模型上的应力分析。

11. 为评估某种从大腿骨传递到整个髋关节的代替物上的应力状况，在大腿骨上进行的应力分析：(a) 移植前大腿骨上的应力图案；(b) 带有嵌入移植物的光应力涂层覆盖的大腿骨；(c) 通过移植加载后的应力图案。

拓展阅读：材料科学与 3D 打印技术在光弹性法发展中的作用

光弹性法的主要步骤之一就是采用光弹性材料制作模型，光弹性材料及其模型的制作是光弹性法的基础。

1816 年，D. 布伦斯特(D. Brenster)就已经发现了光弹性效应，从 1841 年开始，F. E. 钮曼(F. E. Neumann)、J. C. 麦克斯韦(J. C. Maxwell)先后建立了应力-光性定律，光弹性就开始进入了定量分析阶段。但是，直到 1930 年以后，光弹性法才开始广泛应用于解决实际工程问题，这一现象的最主要原因就是材料问题。由于缺乏合适的光弹性模型材料，即使相关理论已经非常完备了，也无法在实际工程中进行应用。早期的研究中使用玻璃、赛璐珞等材料，后来陆续使用酚醛树脂、丙苯树脂、丙烯树脂和聚酯树脂等各类树脂材料。1951 年以来出现了以环氧树脂为基础的各种新型光弹性材料，标志着光弹性材料的发展进入了一个新的时期。后来又出现了聚碳酸酯、明胶等新型光弹性材料，光弹性材料已经能够满足各类实验需要了。

虽然光弹性材料已经比较成熟了，但是制备工艺长期没有进展。传统光弹性模型是采用模具浇铸的方法进行制备，即采用各类光弹性材料在一定形状的模具中进行浇筑而成。这种模型制作方法存在制作周期长、成本高、精度低、模型残余应力大、难以制备内嵌复杂结构的模型等问题，模型制备相关问题在很大程度上限制了传统光弹性法的进一步发展和应用。

3D 打印是快速成型技术的一种，又称为三维打印、增材制造、快速成型等，是把计算机辅助设计模型文件导入打印机软件中，控制打印材料逐层打印堆积出三维实物的一种先进制造技术，目前已经在建筑、医疗、航空航天、工业制造等领域得到广泛应用。

由于 3D 打印所具有的优势，可将 3D 打印与光弹性法相结合，采用 3D 打印技术来制备光弹性实验所需要的模型。近年来，采用 3D 打印技术制备的光弹性模型或模具已经在实际工程和科学研究中得到一定程度的应用，有效改善了传统光弹性模型制备的缺点，提高光弹性模型质量,同时,模型制作成本和制作周期都得到大幅下降。可以预见,3D打印技术在光弹性模型制作中的应用,将推动光弹性法的进一步发展和应用。

思 考 题

9-1 什么是应力-光性定律?

9-2 什么是等倾线和等差线?它们是如何产生的?有何物理意义?

9-3 如何区分等倾线与等差线?

9-4 如何确定零级等差线条纹?

9-5 光弹性材料有哪些基本要求?

9-6 什么是光弹性材料的应力冻结现象?

9-7 次主应力与主应力有什么联系与区别?

9-8 光弹性贴片法的基本原理是什么?

10 DIC 测试技术与应用

10.1 概　　述

数字图像相关(digital image correlation, DIC)技术是数字图像技术和现代光测法相结合的产物。采用非相干光照射被测对象的漫反射表面,使用数字图像设备获取变形前后被测表面的图像。而被测表面通常具有不同的灰度分布,可以是自然形成的纹理,也可以是人工制作的斑点,称为散斑。图 10-1 为采用手工喷漆制作的散斑图像。利用散斑随机性强而且在变形前后灰度几乎不发生变化(即灰度不变假设)的特性,通过局域图像的灰度匹配搜索来求解被测表面上各点的位移和应变。DIC 方法具有非接触、全场测量、测量量程大、可进行二维和三维测量、抗干扰能力强等优点。该方法可用来直接测量各种尺度(从宏观到微观尺度)物体表面(甚至物体内部)在各种加载速率、各种温度环境下的位移场、应变场;确定材料的力学常数(如弹性模量、泊松比、应力强度因子、疲劳强度等);也可用于验证有限元分析和理论模型分析的正确性。

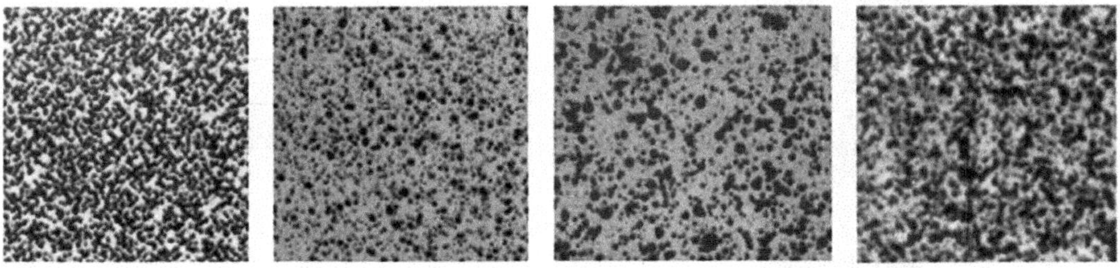

图 10-1　散斑图像

10.2 基 本 概 念

(1)数字图像

自然界的图像都是模拟图像,模拟图像是连续图像,在水平和垂直方向上,像素的位置和灰度都是连续变化的。将连续图像离散化后得到的图像称为数字图像。数字成像设备(如数码相机、手机等)内部设置有图像传感器,将不同亮度的光强,经过采样、量化后,转化为数字信号,图像传感器上的一个光敏单元称为一个像素(Pixel)(像素大小一般在 2 μm×2 μm～10 μm×10 μm)。

(2)灰度图像

灰度图像与彩色图像相对,只表达图像的亮度信息而没有颜色信息,可对彩色图像进行去色处理得到。

(3)分辨率

相机能捕捉到的细节度称为分辨率,用像素来衡量。像素越大,能拍摄的细节就越多。像素并非越大越好，还需要考虑感光面积的大小。在感光面积不变的情况下，如增大分辨率则每个像素分得的光强就少了，图像画质会变差。

(4)位深

位深也称为像素深度，决定了灰度图像的灰度等级。灰度图像每个像素点表示一个量化的灰度等级，即灰度值，表示该点的亮度水平，常用1～2个字节来存储灰度值。如用1个字节来表示灰度，灰度范围为0～255，灰度等级为256。

10.3 位移的整像素搜索

DIC方法的关键在于相关性计算，而搜索算法是相关性计算的核心。以下以整像素位移搜索为例说明其过程。例如，采用数码相机获取了试样发生位移前的9×9像素图像，也称为参考图像(reference image)，在试样上画有十字形图案，如图10-2所示。各个像素的灰度值如图10-3所示，即图10-2中白色像素的灰度值为100，黑色像素的灰度值为0。假设试样发生了整像素位移，如发生向上1个像素和向右1个像素的刚体位移，此时屏幕上显示的图像为图10-4，灰度值如图10-5所示。

图10-2 屏幕上显示的试样参考图像(9×9像素)

100	100	100	0	0	0	100	100	100
100	100	100	0	0	0	100	100	100
100	100	100	0	0	0	100	100	100
0	0	0	0	0	0	0	0	0
0	0	0	0	0	0	0	0	0
0	0	0	0	0	0	0	0	0
100	100	100	0	0	0	100	100	100
100	100	100	0	0	0	100	100	100
100	100	100	0	0	0	100	100	100

y x Subset

图10-3 参考图像的灰度值和5×5子区

图10-4 试样发生刚体位移后的图像

100	100	100	100	0	0	0	100	100
100	100	100	100	0	0	0	100	100
0	0	0	0	0	0	0	0	0
0	0	0	0	0	0	0	0	0
0	0	0	0	0	0	0	0	0
100	100	100	100	0	0	0	100	100
100	100	100	100	0	0	0	100	100
100	100	100	100	0	0	0	100	100
100	100	100	100	0	0	0	100	100

图10-5 试样发生刚体位移后图像的灰度值

所谓搜索算法就是要找出参考图像中某一点在变形后的图像中的位置，即搜索具有最大化相似度的点为该点的新位置，由此得出该点的位移。但 DIC 方法常常不是单独利用这一点的灰度值来搜索到其变形后的位置，而是利用了该点周围的相邻像素点，这些点所构成的集合称为子区(Subset)或窗口。以图 10-3 中的像素点(5，5)为例，以该点为中心选取的子区大小为 5×5 像素。子区大小可用$(2M+1)\times(2M+1)$像素这个通式表示，则该子区的 $M=2$。

在相关性计算中，需要定义相关函数(correlation function)。所谓相关函数是指度量变形前后的图像子区间相似度的函数。相关函数有多种形式，如取最小平方距离函数(SSD)作为相关函数，即

$$C(x,y,u,v) = \sum_{i,j=-M}^{M}[f(x+i,y+j)-g(x+u+i,y+v+j)]^2 \qquad (10\text{-}1)$$

式中，(x, y)为要搜索的像素点在参考图像中的坐标，u、v 分别为该点的水平位移和垂直位移，此处先讨论位移为整像素。$f(x+i,y+j)$ 为像素点$(x+i,y+j)$ 在参考图像中的灰度，$g(x+u+i,y+v+j)$ 为像素点$(x+u+i,y+v+j)$ 在发生位移以后图像中的灰度。

搜索时，如取刚体位移为 $u=v=-2$（即子区向左、向下平移 2 个像素），此时子区的位置如图 10-6 所示，读取各点的灰度代入式(10-1)中，得相关系数为

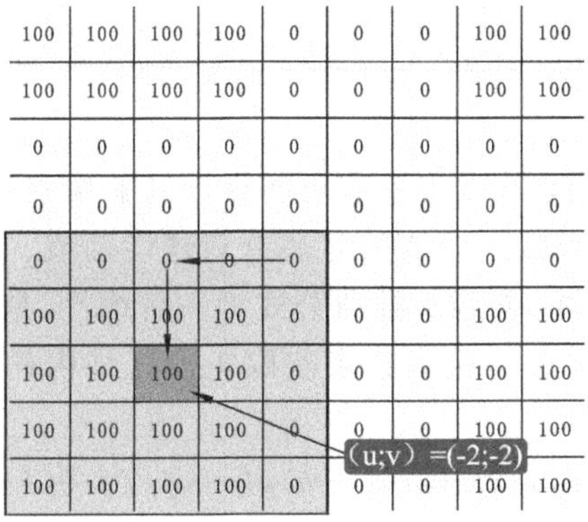

图 10-6　取 $u=v=-2$ 时子区的位置

$$C(5,5,-2,-2) = \sum_{i,j=-2}^{2}[f(5+i,5+j)-g(5-2+i,5-2+j)]^2 = 18000 \qquad (10\text{-}2)$$

可见，$u=v=-2$ 时子区的灰度匹配性不好，故需继续搜索。如取刚体位移为 $u=v=1$（即子区向右、向上平移 1 个像素），此时子区的位置如图 10-7 所示，得相关系数为

$$C(5,5,1,1) = \sum_{i,j=-2}^{2}[f(5+i,5+j)-g(5+1+i,5+1+j)]^2 = 0 \qquad (10\text{-}3)$$

因此，$u=v=1$ 时，子区的灰度完美匹配，可确定点(5，5)移动到了(6，6)的位置。

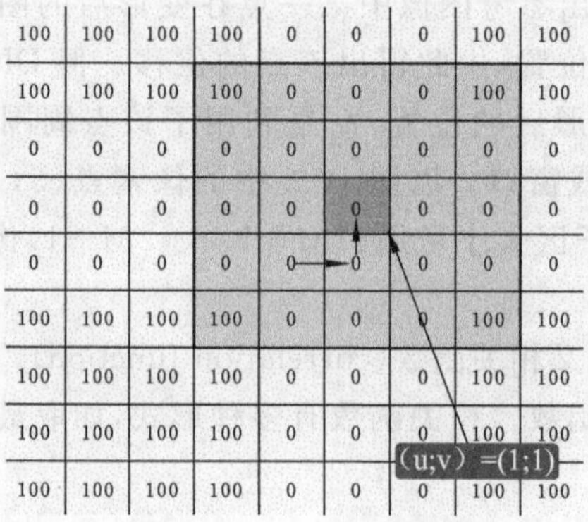

图 10-7　取 $u=v=1$ 时子区的位置

10.4　位移的亚像素搜索

实际测试时，整像素级的位移精度往往不能满足工程实际需要。为此，发展了灰度插值法、Newton-Raphson 迭代法、遗传算法、神经网络算法等亚像素(sub-pixel)定位方法，这些算法的定位精度达到 0.005～0.1 个像素不等。

10.4.1　灰度插值法

变形前位于整像素位置的点在变形后有可能移动到亚像素的位置，只有获得这个亚像素位置的灰度级才能代入相关函数。插值的方法有双线性插值、三次样条插值、双三次样条插值、双五次 B 样条插值等。其中，双线性插值公式为一阶线性，是一种简单的插值方法。采用邻近的四个像素点的灰度级构造一次函数来获取矩形区域内任一点的灰度级，如图 10-8 所示。点(x, y)的灰度级表示为

$$g(x,y)=(1-a)(1-b)g(x_0,y_0)+a(1-b)g(x_1,y_0)+b(1-a)g(x_0,y_1)+abg(x_1,y_1) \tag{10-4}$$

其中，$a=\dfrac{x-x_0}{x_1-x_0}$，$b=\dfrac{y-y_0}{y_1-y_0}$。

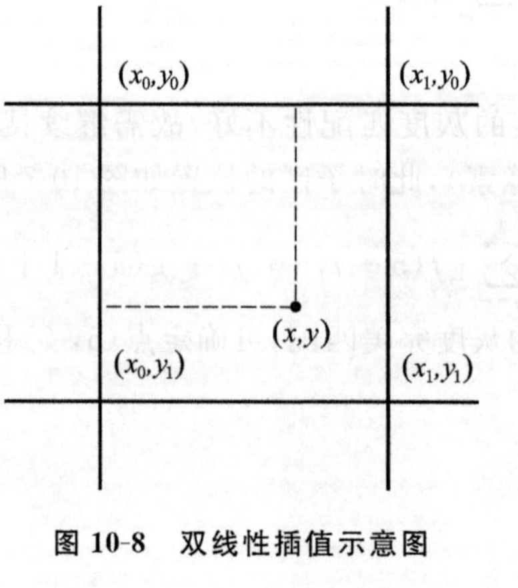

图 10-8　双线性插值示意图

10.4.2 基于梯度的亚像素位移算法

如定义变形后的子区灰度为

$$g(x',y') = g(x+u+\Delta u, y+v+\Delta v) \tag{10-5}$$

其中，u、v 为参考图像中点(x, y)的整像素位移；而 Δu、Δv 分别为与 x、y 方向整像素位移对应的亚像素位移。将上式对 Δu、Δv 进行一阶泰勒展开并舍去高阶小量，可得

$$g(x+u+\Delta u, y+v+\Delta v) = g(x+u, y+v) + \Delta u \cdot g_x(x+u, y+v) + \Delta v \cdot g_y(x+u, y+v) \tag{10-6}$$

式中　g_x，g_y ——灰度的一阶梯度。

代入SSD相关函数为

$$C(\Delta u, \Delta v) = \sum_{x,y=-M}^{M} [f(x,y) - g(x+u+\Delta u, y+v+\Delta v)]^2 \tag{10-7}$$

式中的 M 由子区的大小确定。

使相关函数取驻值，即

$$\frac{\partial C}{\partial(\Delta u)} = 0 \tag{10-8}$$

$$\frac{\partial C}{\partial(\Delta v)} = 0 \tag{10-9}$$

经过推导得亚像素位移为

$$\begin{bmatrix} \Delta u \\ \Delta v \end{bmatrix} = \begin{bmatrix} \sum\limits_{x,y=-M}^{M} (g_x)^2 & \sum\limits_{x,y=-M}^{M} (g_x g_y) \\ \sum\limits_{x,y=-M}^{M} (g_x g_y) & \sum\limits_{x,y=-M}^{M} (g_y)^2 \end{bmatrix}^{-1} \begin{bmatrix} \sum\limits_{x,y=-M}^{M} [(f-g)g_x] \\ \sum\limits_{x,y=-M}^{M} [(f-g)g_y] \end{bmatrix} \tag{10-10}$$

10.4.3 Newton-Raphson(N-R)迭代方法

图10-9中参考图像子区中心点 P 的坐标为(x_0, y_0)，Q 点距离 P 点的水平和垂直距离分别为 Δx、Δy。u、v 为 P 点的水平和垂直位移。N-R方法不仅考虑参考图像子区中心位置的变化，而且考虑子区形状的变化（由正应变、切应变、转动及其组合等引起），因此更加符合实际的情况。此处采用一阶型函数来描述图像子区的变形，故相关函数为包含6个待定变形参数的非线性方程组。

图10-9中，$Q(x,y)$ 和 $Q'(x',y')$ 的坐标对应关系为

$$x' = x_0 + \Delta x + u + u_x \Delta x + u_y \Delta y \tag{10-11}$$

$$y' = y_0 + \Delta y + v + v_x \Delta x + v_y \Delta y \tag{10-12}$$

SSD相关函数为

$$C(\boldsymbol{p}) = \sum_{x,y=-M}^{M} [f(x,y) - g(x',y')]^2 \tag{10-13}$$

待求矢量为

$$\boldsymbol{p} = (u, u_x, u_y, v, v_x, v_y)^{\mathrm{T}} \tag{10-14}$$

当待求变量参数矢量 $\boldsymbol{p}$ 使变形前后图像子区灰度最为相似时，相关函数取最小值，即其灰

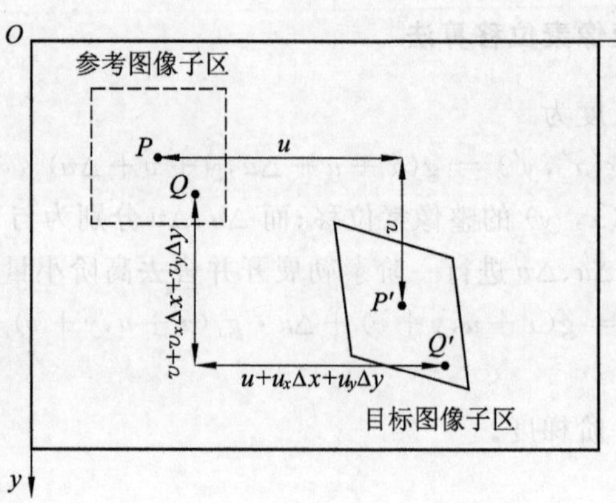

图 10-9 N-R 迭代法示意图

度梯度为 0,即

$$\nabla C(\boldsymbol{p})=\left(\frac{\partial C}{\partial p_i}\right)_{i=1,\cdots,6}=0 \tag{10-15}$$

求解得到

$$\nabla C(\boldsymbol{p}_{k+1})=\nabla C(\boldsymbol{p}_k)+\nabla\nabla C(\boldsymbol{p}_k)(\boldsymbol{p}_{k+1}-\boldsymbol{p}_k)=0 \tag{10-16}$$

$$\boldsymbol{p}_{k+1}=\boldsymbol{p}_k-\frac{\nabla C(\boldsymbol{p}_k)}{\nabla\nabla C(\boldsymbol{p}_k)} \tag{10-17}$$

式中,$\nabla C(\boldsymbol{p}_k)$ 为相关函数的一阶梯度向量。$\nabla\nabla C(\boldsymbol{p}_k)$ 为相关函数的二阶梯度矩阵,又称为 Hessian 矩阵,即

$$H(\boldsymbol{p})=\begin{bmatrix}\dfrac{\partial^2 C}{\partial^2 u} & \dfrac{\partial^2 C}{\partial u\partial v} & \cdots & \dfrac{\partial^2 C}{\partial u\partial v_y}\\ \dfrac{\partial^2 C}{\partial v\partial u} & \dfrac{\partial^2 C}{\partial^2 v} & \cdots & \dfrac{\partial^2 C}{\partial v\partial v_y}\\ \cdots & \cdots & & \cdots\\ \dfrac{\partial^2 C}{\partial v_y\partial u} & \dfrac{\partial^2 C}{\partial v_y\partial v} & \cdots & \dfrac{\partial^2 C}{\partial^2 v_y}\end{bmatrix} \tag{10-18}$$

由式(10-17)迭代计算,直至

$$|\boldsymbol{p}_{k+1}-\boldsymbol{p}_k|\leqslant\varepsilon \tag{10-19}$$

10.5 应变计算方法

利用位移求解应变较简单的方法是对得到的位移数据进行数值差分,但是信号的噪声会被放大、污染甚至淹没真实的应变值。为了获得精确的应变数据,人们提出了多种方法来克服这一缺陷。其中,位移场局部最小二乘拟合法易于实现,能较好地抑制噪声,计算精度较高,本节主要介绍这种方法。

如图 10-10 所示,灰色部分为选取的子区,子区中心点的坐标为 (x_c, y_c),子区包含的像素点数为 $n=(2M+1)\times(2M+1)$。位移场的常用拟合函数为二维一次多项式,即

$$u(x,y)=a_0+a_1x+a_2y \tag{10-20}$$

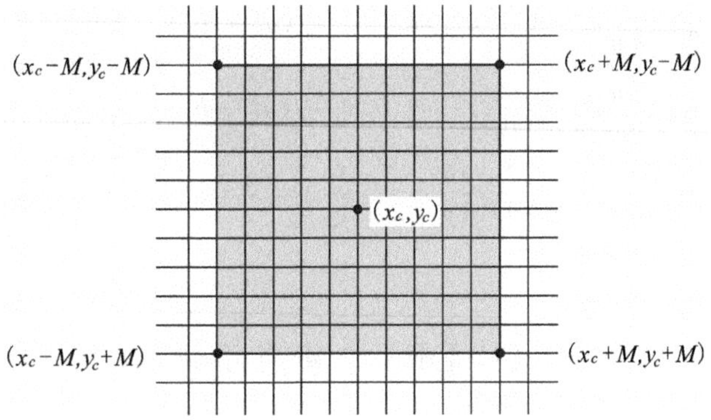

图 10-10　局部最小二乘法计算应变时选取的子区

$$v(x,y) = b_0 + b_1 x + b_2 y$$

其中，a_0、a_1、a_2、b_0、b_1、b_2 为待求常数，将上式写成矩阵形式为

$$\begin{bmatrix} 1 & -M & -M \\ 1 & -M+1 & -M \\ 1 & -M+2 & -M \\ \cdots & \cdots & \cdots \\ 1 & M-1 & M \\ 1 & M & M \end{bmatrix}_{n\times 3} \begin{bmatrix} a_0 \\ a_1 \\ a_2 \end{bmatrix} = \begin{bmatrix} u(-M,-M) \\ u(-M+1,-M) \\ u(-M+2,-M) \\ \cdots \\ u(M-1,M) \\ u(M,M) \end{bmatrix}_{n\times 1} \tag{10-21}$$

$$\begin{bmatrix} 1 & -M & -M \\ 1 & -M+1 & -M \\ 1 & -M+2 & -M \\ \cdots & \cdots & \cdots \\ 1 & M-1 & M \\ 1 & M & M \end{bmatrix}_{n\times 3} \begin{bmatrix} b_0 \\ b_1 \\ b_2 \end{bmatrix} = \begin{bmatrix} v(-M,-M) \\ v(-M+1,-M) \\ v(-M+2,-M) \\ \cdots \\ v(M-1,M) \\ v(M,M) \end{bmatrix}_{n\times 1} \tag{10-22}$$

简写为

$$\left.\begin{aligned} \boldsymbol{Xa} &= \boldsymbol{u} \\ \boldsymbol{Xb} &= \boldsymbol{v} \end{aligned}\right\} \tag{10-23}$$

利用最小二乘法求得

$$\left.\begin{aligned} [a_0, a_1, a_2] &= (\boldsymbol{X}^{\mathrm{T}}\boldsymbol{X})^{-1}\boldsymbol{X}^{\mathrm{T}}\boldsymbol{u} \\ [b_0, b_1, b_2] &= (\boldsymbol{X}^{\mathrm{T}}\boldsymbol{X})^{-1}\boldsymbol{X}^{\mathrm{T}}\boldsymbol{v} \end{aligned}\right\} \tag{10-24}$$

求出拟合系数后，再求出应变的 Cauchy 应变分量，即

$$\left.\begin{aligned} \varepsilon_x &= \frac{\partial u}{\partial x} = a_1 \\ \varepsilon_y &= \frac{\partial v}{\partial y} = b_2 \\ \gamma_{xy} &= \frac{\partial u}{\partial y} + \frac{\partial v}{\partial x} = a_2 + b_1 \end{aligned}\right\} \tag{10-25}$$

Green 应变分量为

$$
\left.\begin{aligned}
E_{xx} &= \frac{\partial u}{\partial x}+\frac{1}{2}\left[\left(\frac{\partial u}{\partial x}\right)^2+\left(\frac{\partial v}{\partial x}\right)^2\right]=a_1+\frac{1}{2}(a_1^2+b_1^2)\\
E_{yy} &= \frac{\partial v}{\partial y}+\frac{1}{2}\left[\left(\frac{\partial u}{\partial y}\right)^2+\left(\frac{\partial v}{\partial y}\right)^2\right]=b_1+\frac{1}{2}(a_1^2+b_1^2)\\
E_{xy} &= \frac{1}{2}\left(\frac{\partial u}{\partial y}+\frac{\partial v}{\partial x}\right)+\frac{1}{2}\left(\frac{\partial u}{\partial x}\frac{\partial u}{\partial y}+\frac{\partial v}{\partial x}\frac{\partial v}{\partial y}\right)=\frac{1}{2}(a_2+b_1)+\frac{1}{2}(a_1a_2+b_1b_2)
\end{aligned}\right\}
\tag{10-26}
$$

10.6 DIC 方法应用举例

10.6.1 玄武岩筋增强混凝土柱偏心受压试验

试样和配筋如图 10-11 所示。偏心短柱高为 900 mm，中部截面尺寸为 140 mm×140 mm。纵筋为 10 mm 玄武岩筋，箍筋为 8 mm 玄武岩筋，牛腿部位采用 10 mm 钢筋加固。浇筑的混凝土为钢纤维混凝土，钢纤维体积掺量为 1.0%。

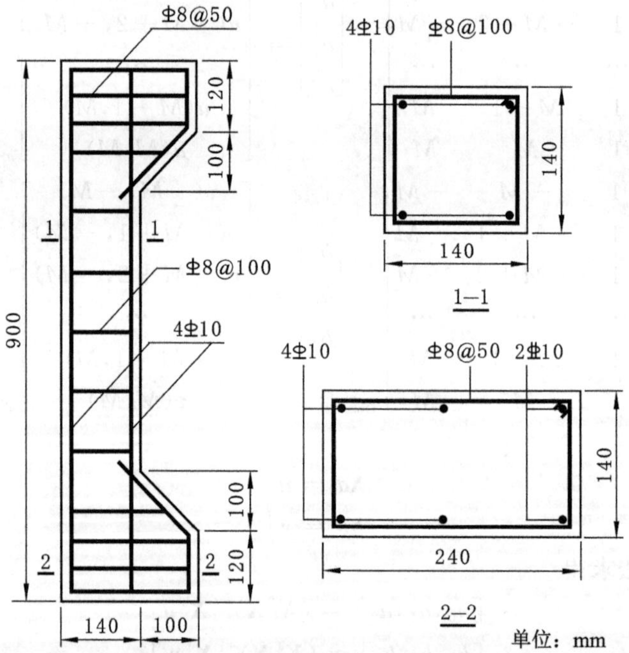

图 10-11 偏心柱尺寸和配筋

试验装置如图 10-12 所示。试验在 1000 kN 材料试验机上进行，加载时偏心距为 80 mm。在试样表面制作散斑，采用 VIC-3D 系统（基于 DIC 方法）测试加载过程的侧向位移、柱中处的应变等。图 10-13 为加载时测得的载荷-侧向位移曲线。图 10-13 中 1、2、3 指 3 个测点，点 2 为柱的正中间位置，点 1 和点 3 关于点 2 对称，点 1、3 间距为 450 mm。如果在柱的侧面设置普通位移计测量侧向位移，当载荷接近极限载荷时，由于柱的变形较大，为保护位移计，往往把位移计移走。而采用 DIC 方法，则可一直跟踪测试位移的变化。由图 10-13 可见，在柱受拉区开裂前，构件的刚度较大，侧向位移较小，位移与载荷呈线性关系。开裂后（开裂载荷为

21.5 kN)，侧向位移与载荷偏离原来的线性，裂缝数量和宽度增加，位移增加较快，直到载荷到达极值。达到极限载荷后，裂缝合并和贯通整个截面，位移持续增加。

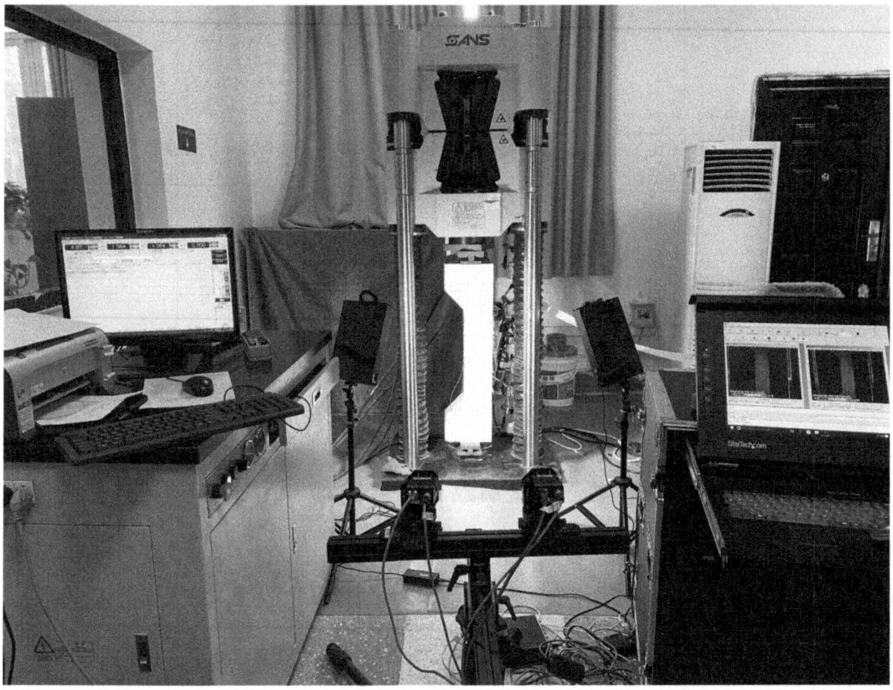

图 10-12　试验装置

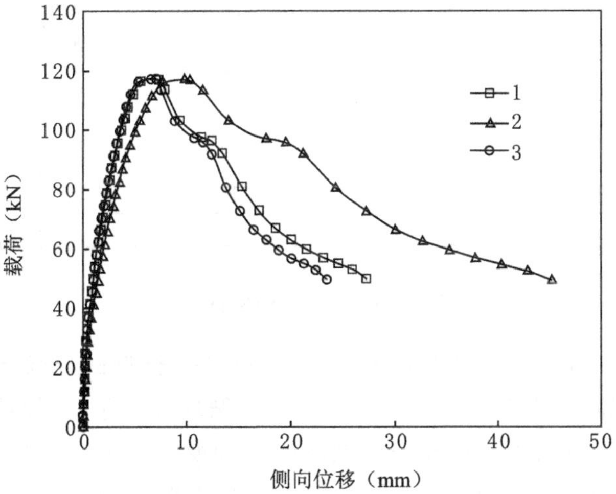

图 10-13　载荷-侧向位移曲线

图 10-14 为偏心受压柱中间截面处轴向应变分布图。可见，应变分布大致在一条直线上，满足平面假设，中性轴位置随载荷增加向偏心柱的受压区移动。受压区应变小于受拉区应变，混凝土拉伸破坏为主要破坏形式。

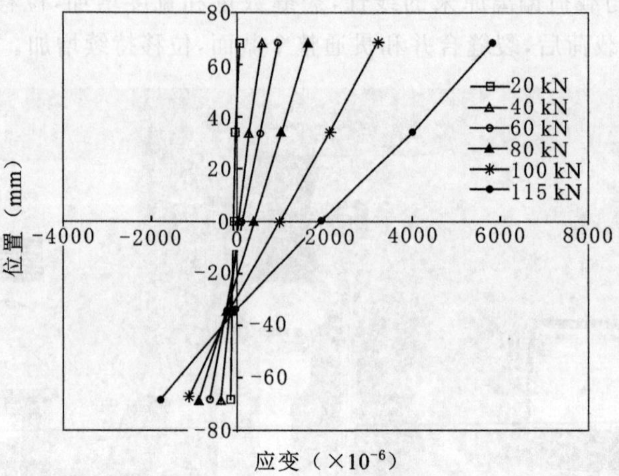

图 10-14 不同载荷下的柱中间截面的应变分布

10.6.2 形状记忆合金丝驱动混凝土裂纹自愈合实验

选用的材料为直径 2 mm 的镍钛形状记忆合金丝(SMA)、PVA 纤维增强水泥砂浆(PVA 纤维的体积掺量为 2%),此种水泥基复合材料具有高拉伸延性和多裂纹开裂特性。将 SMA 丝预拉伸,预拉伸应变为 2%,再埋入 PVA 纤维增强水泥砂浆拉伸试样中,测试 SMA 丝驱动时裂纹自愈合性能。拉伸试样如图 10-15 所示。

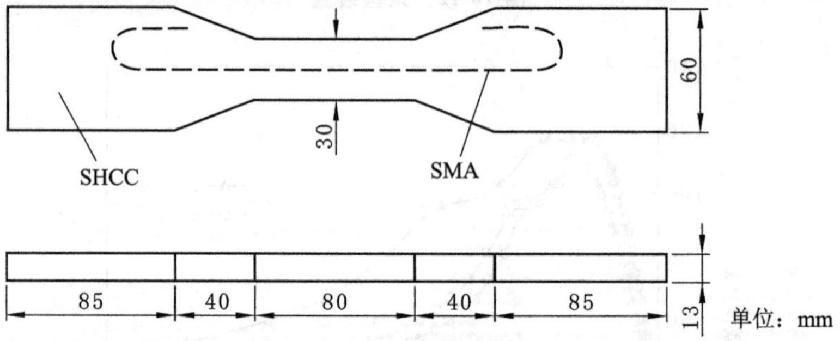

图 10-15 拉伸试样

测试系统如图 10-16 所示。加载设备为 Instron5882 材料试验机,试样固定在拉伸夹具上,采用 VIC-3D 系统测拉伸应变和裂纹。每个拉伸循环过程包括:加载—卸载—加热 SMA 丝—再次卸载—冷却至室温等 5 个阶段。循环时拉伸变形幅值约按极限应变的 25%递增。即在第 1 个拉伸循环中,拉伸至 PVA 纤维增强水泥砂浆极限拉应变的 25%时,卸载至 20 N,加载和卸载速率为 0.4 mm/min,然后采用热风枪加热试样 10 min,SMA 丝发生逆马氏体相变产生回复力,再将回复力卸载,最后试样冷却至室温,之后再开始下一循环。在循环拉伸的各个阶段均测试试样的变形和裂纹,DIC 测试区域为 30 mm×80 mm。

循环拉伸下的应力-应变曲线如图 10-17 所示(包括 4 个循环)。在加载起始段,应力-应变曲线线性关系较好,为弹性阶段。基体初裂后进入应变硬化阶段,即随着应变的增加,应力呈现波动上升的趋势,曲线的波动与细裂纹的产生有关。卸载时,由于多条细裂纹的产生,卸载

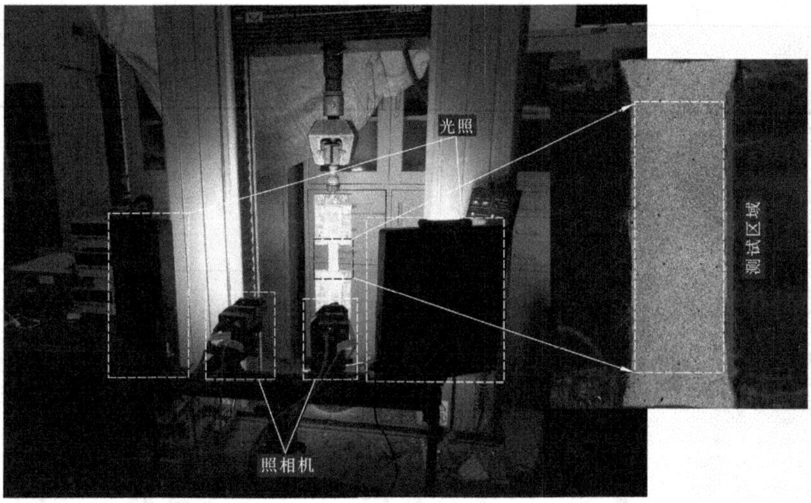

图 10-16 测试系统

后有残余应变产生。采用热风枪对试样加热，SMA 丝发生变形回复。但由于试验机横梁保持固定，SMA 丝回复受到横梁约束，使得试样承受拉应力，也称为回复力。因此，在图 10-18 中可见，加热试样时有回复力产生，而应变略有减小。在随后的回复力卸载阶段，在回复力作用下产生较大的应变回复，残余应变也随之减小。最后，冷却至室温过程中应变变化不大。进入下一个加载循环时，上一加载循环所产生的裂纹张开，导致应力-应变曲线线性段的斜率比前次循环时减小。当线性段的峰值超过或接近前一次卸载时的载荷值时，产生新的细裂纹，试样进入应变硬化阶段。由于细裂纹条数增加，卸载后的残余应变随循环次数增加而增加。在最后一个拉伸循环，基体中某处细裂纹扩展为主裂纹，但 SMA 丝未发生断裂，载荷并未突然下降，卸载后加热 SMA 丝，残余应变仍明显减小。

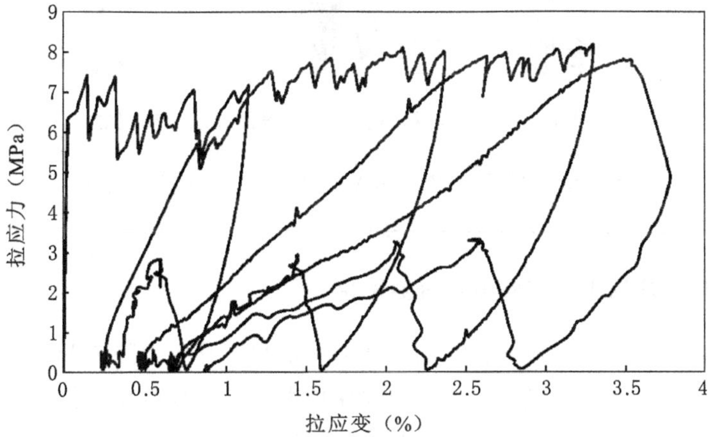

图 10-17 循环拉伸下的应力-应变曲线

采用 VIC-3D 获取的试样表面裂纹分布图像如图 10-18 所示。该图仅列举了试样在第 3 个加载循环时 SMA 丝驱动前（拉伸载荷完全卸载时）和驱动后（试样冷却至室温时）的裂纹图像。可见，SMA 丝驱动前试样表面都分布有多条、几乎平行的细裂纹，而 SMA 丝驱动后裂纹

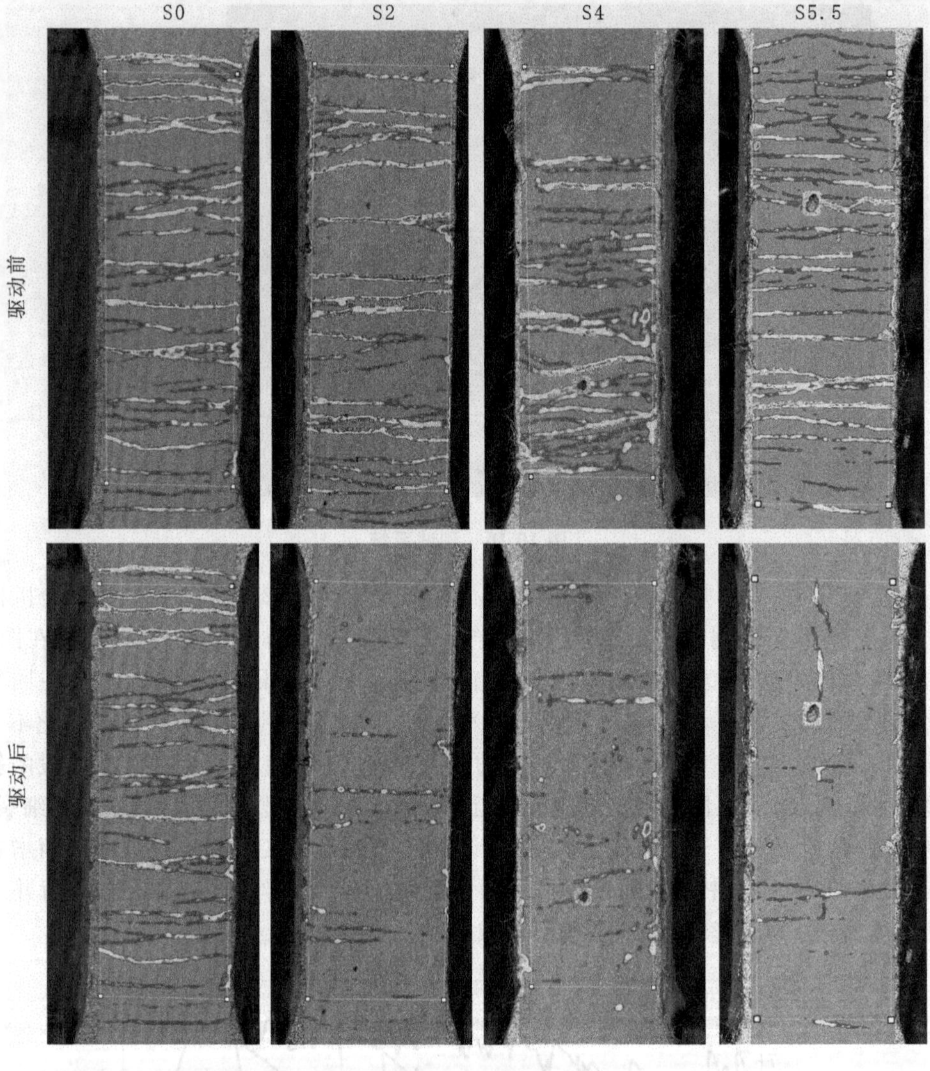

图 10-18 SMA 丝驱动前、后试样表面裂纹分布图像

闭合。图 10-18 中，S0、S2、S4 和 S5.5 指 SMA 丝预拉伸应变分别为 0、2%、4%和 5.5%。采用未经预拉伸的 SMA 丝时，不利于裂纹自愈合。

10.6.3 DIC 方法用于火箭整流罩分离测试

整流罩是封装火箭有效载荷并将它们与外部环境和上升压力隔离开来的构件。火箭上升过程中，因为正在逃离地球大气层，整流罩必须保护火箭有效载荷免受抖动和热载荷。整流罩在与火箭分离时必须干净利落地分离和抛开，并与火箭保持足够远的距离，以免发生碰撞。本试验是在模拟试验环境中，采用高速 DIC 系统测试整流罩分离时的位移、速度和加速度等。图 10-19 为整流罩在实验室现场照片，图 10-20 为整流罩表面制作的散斑照片。因为结构尺寸较大，形状复杂，在整流罩周围共布置了 16 台工业数码相机同时采集散斑图像，并通过标志点进行图像拼接，采用信号触发装置同时触发这些相机。

图 10-19　整流罩分离试验现场照片

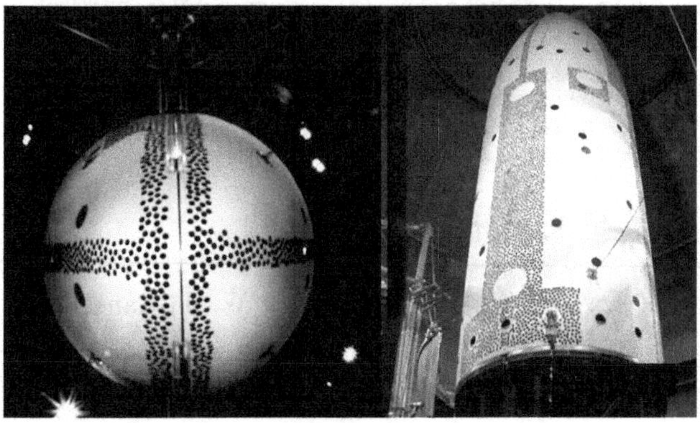

图 10-20　整流罩顶部和筒体上的散斑图案

10.6.4　运动员运动时皮肤的应变测试

图 10-21 为速滑运动员在室内模拟速滑动作时的照片，在运动员的全身先印制散斑，通过高速相机和 DIC 系统测量其在运动过程中皮肤的应变场，图 10-22 为速滑运动员腿部侧面的应变云图。这些应变数据可用于个性化设计运动服装，有利于提高运动成绩和舒适性。

图 10-21　速滑运动员在室内模拟速滑动作

图 10-22 速滑运动员腿部侧面的应变云图

拓展阅读:DIC 技术研发的相关背景

1982 年,美国南卡罗来纳大学的 W. H. Peters 和 W. F. Ranson 在 *Optical Engineering* 期刊上发表了基于计算机图像获取的材料变形测量方法的论文,这是最早报道 DIC 方法的论文。他们起初的设想是记录被测对象加载前和加载后的超声波反射图像,然后通过数字图像分析确定各个小区域(即子区)在加载后的位置。1983 年,M. A. Sutton 等开发出了数字算法(称为 2D-DIC),并采用光学图像进行了初步实验,证明了这一算法的可行性。1985 年,T. C. Chu等开展了一系列的实验,证明此方法可定量测量固体的转动和变形。1986 年,M. A. Sutton等提出采用梯度搜寻方法使得子区吻合达到亚像素精度。1993 年,Y. J. Chao 等融合立体视觉原理和 2D-DIC 的思路,成功研发出一套双相机照相系统,并测试了三维裂纹尖端的变形,表明此时 2D-DIC 已发展为 3D-DIC。随后,针对视角对子区形状的影响、相机位置的标定等问题对 3D-DIC 测量系统进行了更新。

1988 年 4 月 28 日,阿罗哈航空 243 号班机在爬升至 7300 m 高空时发生事故,头等舱部位的机身完全破损,一名机组人员不幸被吸出机舱外死亡。美国国家交通安全局调查认为,机身疲劳破坏导致了此次事故的发生,而传统检测方法无法跟踪机身疲劳失效过程,故急需寻找新的检测方法。此时南卡罗来纳大学正在研究的 DIC 新技术被认定为有前景的测试方法,NASA 为其提供研究经费,以研发满足该应用目标的全场测量方法。直至 1998 年,M. A. Sutton 等发起成立 Correlated Solutions 公司推广 DIC 测试技术。图 10-23 为该公司的 VIC-3D 全场应变测量系统照片。

图 10-23 VIC-3D DIC 测量系统

思 考 题

10-1 什么是数字图像相关方法?

10-2 数字图像相关方法有哪些用途?

10-3 数字图像相关方法有哪些优势和不足?

10-4 分析数字图像相关方法与其他光测法有什么不同?

10-5 什么是相关函数? 相关函数的选择依据是什么?

10-6 什么是亚像素位移算法?

10-7 举例说明 DIC 技术的应用。

11　红外热成像检测技术

11.1　概　　述

红外线是指波长范围为 0.76～1000 μm 的电磁波，在电磁辐射频谱中介于可见光和微波之间。红外线遵循可见光所遵循的规律：直线传播、反射与折射等。太阳光的热主要是由红外线传播的，因此，红外线这种不可见的辐射又称为热辐射。红外辐射是由原子和分子的运动引起的。实际上，一切温度高于绝对零度的物体，无论是固体、液体或气体都是红外辐射源。每一种物体都随其温度和表面状态变化而有一定功率的辐射，且表面温度越高，红外辐射越强。

红外技术是研究和应用红外辐射的一门科学技术。红外检测就是利用红外辐射原理对物体或材料进行检验和测量的专门技术。把被测目标对象产生的不可见的红外辐射转换成可见光图像进行显示的技术称为红外热成像技术。利用红外热成像技术进行红外检测的方法称为红外热成像检测。

11.2　热辐射基本理论

11.2.1　黑体辐射

通常，一个物体向周围放出辐射能的同时，也吸收周围物体所放出的辐射能。如果某物体吸收的辐射能多于同一时间放出的辐射能，则其总能量增加，温度升高；反之能量减少，温度下降。

当辐射能入射到一个物体表面时，将发生三种过程：一部分能量被物体吸收，一部分能量从物体表面反射，还有一部分透射。完全吸收外来的全部辐射，并且不会有任何的反射与透射，这种物体是绝对黑体，简称黑体。黑体一词是在 1862 年由基尔霍夫(Kirchhoff)命名并引入热力学的，黑体辐射电磁波，因此称作黑体辐射。

描述黑体辐射的三个定律：

(1)普朗克定律(Planck law)　普朗克用下述公式描述黑体辐射的光谱分布：

$$M_{\lambda b} = \frac{2\pi hc^2}{\lambda^5 (e^{hc/\lambda kT} - 1)} \tag{11-1}$$

式中　$M_{\lambda b}$——波长 λ 处单位光谱间隔内的黑体光谱辐出度；

h——普朗克常数(Planck constant)；

c——光速；

k——玻耳兹曼常数(Boltzmann constant)；

T——黑体的绝对温度。

引入两个常数 c_1 和 c_2，其中 $c_1 = 2\pi hc^2$，称为第一辐射常数；$c_2 = hc/k$，称为第二辐射常数，则式(11-1)普朗克公式可简化为

$$M_{\lambda b} = \frac{c_1}{\lambda^5 (e^{c_2/\lambda T} - 1)}$$

普朗克公式给出了黑体的光谱辐出度与波长和温度之间的关系。根据公式可绘制出黑体在不同温度下的光谱辐出度曲线，即普朗克曲线，如图 11-1 所示。曲线显示有以下特点：

同一温度下，黑体的光谱辐出度随波长连续变化，且在某一波长处达到峰值。温度越高，黑体的光谱辐出度越大，且达到光谱辐出度峰值时的波长值越小。

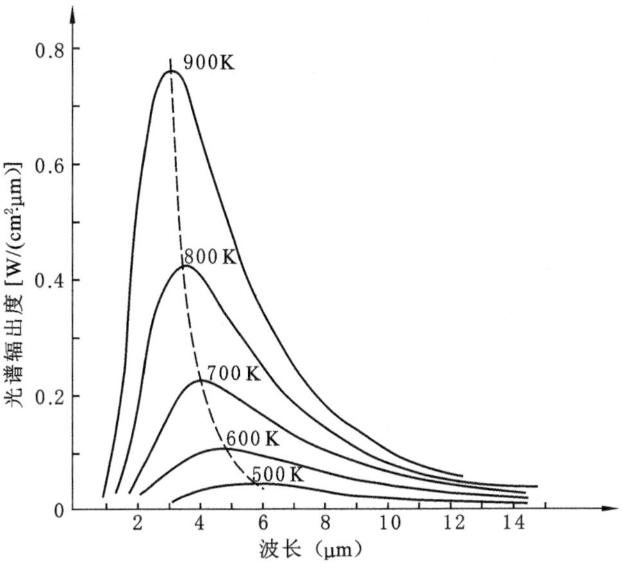

图 11-1 绝对黑体不同温度的光谱辐出度

(2)维恩位移定律(Wien displacement law) 将普朗克公式(11-1)对 λ 微分，找出每一温度下最大光谱辐出度时的波长值，记为 λ_{max}，可得

$$T \cdot \lambda_{max} = b \tag{11-2}$$

式中 b——维恩常数，$b=2.898\times10^{-3}$ m · K。

式(11-2)就是维恩位移定律，它表明，当黑体的温度升高时，其光谱辐射的峰值波长向短波方向移动，图 11-1 中虚线表示由维恩位移定律描述的不同温度时黑体最大光谱辐出度的轨迹。由式(11-2)可计算出：室温 $T=300$ K 时，黑体的光谱辐出度峰值在 $\lambda_{max} = 9.66\times10^{-6}$ m $= 9.66\ \mu$m 处。

(3)斯蒂芬-玻耳兹曼定律(Stephan-Boltzmann law) 将普朗克公式由 $\lambda = 0$ 到 $\lambda = \infty$ 进行全部波长范围内的积分，得到黑体的全部辐出度，即

$$M_b = \sigma T^4 \tag{11-3}$$

式中 σ——斯蒂芬-玻耳兹曼常数(Stephan-Boltzmann constant)，$\sigma=5.67\times10^{-8}$ W/(m² · K⁴)。

式(11-3)为斯蒂芬-玻耳兹曼公式，它说明黑体在单位面积上单位时间内辐射的总能量，即黑体的全部辐射功率，与黑体绝对温度的四次方成正比。显然，M_b 代表图 11-1 中给定温度下的普朗克曲线与波长坐标轴之间所包含的面积。可以证明，$\lambda = 0$ 至 $\lambda = \lambda_{max}$ 间的光谱辐出

度为全部辐射的 25%，它表明太阳辐射在可见光范围内的数值。

11.2.2 非黑体辐射

自然界中并不存在绝对黑体，真实物体几乎不可能在广阔的波长范围内遵守以上这些黑体辐射定律，仅在一定的光谱间隔内可能接近黑体。

对真实的物体而言，入射辐射的一部分能量被吸收，一部分被反射，还有一部分被透过。由于这些因数都与波长有关，在定义它们时下角标注 λ。设光谱吸收率 α_λ 为吸收光谱辐射与入射光谱辐射的比值；光谱反射率 ρ_λ 为反射光谱辐射与入射光谱辐射的比值；光谱透过率 τ_λ 为透射光谱辐射与入射光谱辐射的比值。根据能量守恒，吸收、反射和透射这三部分的能量总和应等于全部的入射辐射能量，因此，在任一波长都有

$$\alpha_\lambda + \rho_\lambda + \tau_\lambda = 1 \tag{11-4}$$

对于不透明材料，$\tau_\lambda = 0$，则式(11-4)简化为

$$\alpha_\lambda + \rho_\lambda = 1 \tag{11-5}$$

为了描述非黑体的辐射，引入辐射发射率的概念，用 ε 表示，描述在相同温度下非黑体的辐出度与黑体辐出度的比值。光谱发射率 ε_λ 等于在某一温度和波长下物体的光谱辐出度与黑体光谱辐出度的比值，是波长和温度的函数，其值在 $0 \sim 1$ 之间变化。按 ε_λ 的不同，将辐射体分为以下三类：

(1)黑体，$\varepsilon_\lambda = \varepsilon = 1$；

(2)灰体，$\varepsilon_\lambda = \varepsilon < 1$，为小于 1 的常数，与波长无关；

(3)选择体，$\varepsilon_\lambda < 1$，且随波长和温度而变化。

1859 年，基尔霍夫指出，物体的辐出度和吸收率的比值与物体的性质无关，都等于同一温度下绝对黑体的辐出度。这一结论称为基尔霍夫定律或热辐射定律，不仅对所有波长的全辐射成立，而且对任一波长的单色辐射也成立。因此，任何材料在任一温度和波长下物体的光谱发射率与光谱吸收率是相等的，即 $\varepsilon_\lambda = \alpha_\lambda$。

对于不透明材料，代入式(11-5)可得

$$\varepsilon_\lambda + \rho_\lambda = 1 \tag{11-6}$$

对于高抛光材料，ε_λ 接近于零，所以，对完全反射材料可得

$$\rho_\lambda = 1 \tag{11-7}$$

对于灰体辐射体，斯蒂芬-玻耳兹曼公式变成

$$M = \varepsilon\sigma T^4 \tag{11-8}$$

表明灰体的总辐出度等于同一温度黑体的总辐出度乘以灰体的发射率 ε 值。由式(11-8)可计算出温度为 T 的物体表面单位面积向半球空间发射的辐射功率。

红外检测目标对象的辐射发射率通常随波长和温度而变化，同时还与其表面状态(物理的、化学的)等因素有关。用热像仪获得的 ε 值是热像仪探测器敏感的红外波段内 ε_λ 的平均值。

金属材料的发射率低，并随温度的升高而缓慢增加。非金属材料的发射率比较高，并随温度的升高而降低。各种常见材料的典型发射率列于表 11-1 中。

利用斯蒂芬-玻耳兹曼公式可计算人体的辐射功率。人体体表温度 $T = 300$ K，表面面积为 2 m^2 时，辐射功率大约为 900 W。

表 11-1 室温下常见材料的发射率

材料	发射率 ε	材料	发射率 ε
抛光金	0.02	灯黑	0.95
抛光银	0.02	各色油漆	≈0.94
抛光铝	0.02～0.08	无光黑漆	0.96～0.98
铝(阳极化处理)	0.55	各色油彩	0.92～0.96 (100 ℃)
抛光铜	0.02～0.22 (50～350 ℃)	涂在铁上的白色磁漆	0.91
氧化铜	0.61～0.85	石棉纸	0.93～0.95
铝涂层	0.55	白纸	0.93
氧化铁	0.70	毛面红砖	0.93
铸铁	0.87～0.95	混凝土	0.92
钢(氧化的)	0.79	饱和水的泥土	0.95
不锈钢(氧化的)	0.85	粗糙泥层	0.91
抛光铬	0.08～0.26 (100～1000 ℃)	砂	0.90
抛光铸铁	0.25	水	0.95～0.96
铁锈	0.85～0.95	雪	0.85(−10 ℃)
抛光黄铜	0.60	木头	0.90
锡(工业马口铁板)	0.07(100 ℃)	人的皮肤	0.98
碳(表面锉光)	0.98	上釉的瓷	0.92
光滑玻璃	0.94	粗墨涂层	0.90
有光泽镀锌铁皮	0.23	硬橡胶板	0.95

11.3 红外检测的基本原理

当一个物体本身具有不同于周围环境的温度时，不论物体的温度是高于环境温度，还是低于环境温度，也不论物体的高温来自外部热量的注入，还是由于在其内部产生的热量，都会在该物体内部产生热量的流动。热流在物体内部扩散和传递的路径中，将会由于材料的热物理性质不同、不均匀，或受阻堆积，或通畅无阻传递，最终会在物体表面形成相应的“热区”或“冷区”，形成由里及表出现的温差现象。

由式(11-8)可知，当一个物体表面的发射率 ε 不变时，该物体的辐射功率与其温度 T 的四次方成比例。因此对物体辐射功率的探测，实际就成为对物体表面温度的探测。物体的温度不同，其辐射出的能量不同，且辐射波的波长也不同。感知、接收来自物体表面的热辐射，成像反映物体表面的温度差异，并由此分析物体内部的缺陷形态、位置和大小，这就是红外检测的基本原理。

红外热成像检测过程(图 11-2)主要分三个步骤：(1)红外热成像检出信息；(2)图像信号处理；(3)损伤识别评价。

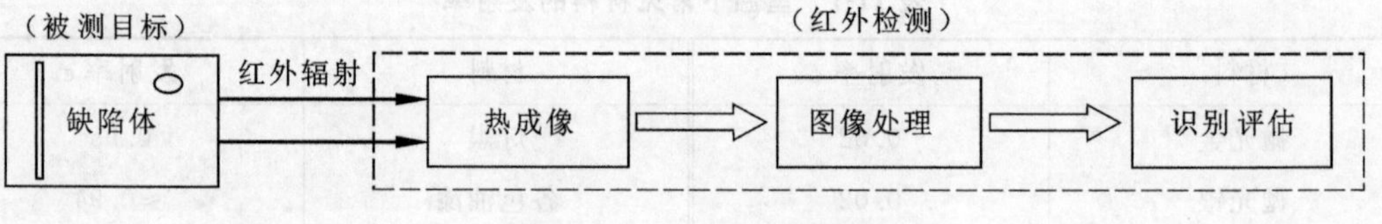

图 11-2 红外热成像检测

当被测目标的几何尺寸、热物理特性参数、测量条件(如加热、环境温度、边界条件等)、内部缺陷位置形态及热特性等确定时,可借助传热学数学模型,计算分析出被测目标表面的温度分布及变化,这样可从理论上说明红外检测识别的原理。

11.4 红外检测的主要方法

红外检测按其检测方式可分为两大类:被动式和主动式。被动式是指进行红外检测时不对被测目标进行加热,仅仅利用被测目标的温度不同于周围环境温度的条件,在被测目标与环境的热交换过程中进行红外检测的方式。而主动式则是在进行红外检测之前对被测目标主动加热,按加热源来自被测目标的外部或内部,可分为外热源法和内热源法;按加热状态的不同有稳态和非稳态两种。红外检测根据不同情况可在加热过程当中进行,也可在停止加热一定延时后进行。当加热与红外检测在被测目标的同一侧面进行时为单面法;若加热与红外检测在被测目标的正、反两个侧面进行时则为双面法。

稳态加热法是将被测目标加热到其内部温度达到均匀稳定的状态后,再把它放置于一个低于(或高于)该恒定温度的环境中进行检测。当被测物体内部有裂纹、空洞或脱粘等缺陷时,在被测物与环境的热交换中热流将受到缺陷的阻碍,致使被测物表面呈现不同的温度变化,从而形成不同的热像。

非稳态加热在对被测目标进行加热时,不需要使其内部温度达到均匀、稳定状态,而是在它的内部温度尚不均匀、具有导热的过程中进行红外检测。如将热量均匀地注入被测目标,热流进入内部的速度要由它的表面和内部状况决定,若内部有缺陷,则该缺陷会成为阻挡热流的热阻,经过一定时间会产生热量堆积,在其被测表面会产生热的异常。缺陷造成的热流变化取决于缺陷的位置、走向、几何尺寸和材料的热物理性能等因素。

根据检测时显示方式的不同,红外检测还可分为:以扫描原理为基础或是利用辐射的多元探测器的热场观察法(热图法),用热辐射探测器扫描试件得到温度分布曲线法(热轮廓线法)及逐点测温法。

11.5 红外检测的特点

红外检测技术具有以下一些特点:

(1)非接触测量,不与被测物体接触,不破坏被测温度场。检测距离可近可远,近者几毫米,远者可装在卫星上测量地表温度,也可在地球上测量月球表面温度。

(2)检测精度高,在一定条件下能分辨 0.01 ℃的温度差。空间分辨率高,可测小目标,用红外显微镜可测直径 7.5 μm 范围内的目标温度。测量范围广,从 −170 ℃到 +3200 ℃。

(3)检测速度快,可以在几纳秒内测出目标温度。检测时操作简便、安全可靠,易于实现自动化和“实时”监测。

(4)检测记录方式多样、形象直观,能显示缺陷大小、形状和缺陷深度。

红外检测也有一些不足之处,比如检测受被测对象的发射率不均匀和背景辐射的影响,对一些发射率很低的金属表面,检测前要进行表面处理,例如喷涂发射率高的均匀物质,如防锈底漆铬酸锌、搪瓷、珐琅质等。这样可使检测对象表面的发射率归一化,消除试件表面发射率不同带来的干扰,便于加热试件,有利于缺陷的判读。检测的灵敏度随缺陷所处深度的增加而迅速下降;高级的辐射计和热像仪使用时须致冷;由于热传导会使缺陷边缘的热图显示扩大和模糊,清晰度变差;对大、厚、笨重的试件用主动式方法检测时,加热热源有时难以解决,若用恒温法加热,则延长了检测时间。

11.6 红外检测的应用

红外热成像无损检测技术广泛应用于工业设备监控、医学诊断、地质勘探与军事侦察等领域,在土木建筑工程中的应用体现在可检测混凝土内部的层离缺陷、火烧引起的损伤,或建筑的热漏失,墙体结构内部的“蜂窝”、“狗洞”和过薄部位,以及墙面装饰层与墙面间的空鼓状况等。

对混凝土材料红外成像诊断主要采用主动式检测方法,如采用红外灯照射、脉冲加热、日光照射等外热源法,或内埋电热合金丝进行加热的内热源法。但采用这些红外检测方法时存在如下局限性:

(1)由于混凝土材料的低导热性,致使对其进行加热往往需要大功率的热源加热足够长的时间,才能在结构表面产生有限的温差,因此,无法对结构进行实时监控检测。

(2)检测原理是通过热源在传导过程中,在缺陷部位的热传导中所产生的温度差异,这种温度差异通常是有限的,有时甚至对结构表面温度产生的影响很小,以致红外热像难以分辨,产生漏检现象。

(3)这些方法的影响因素有热噪声、加热不均匀,埋设热源可能导致额外损伤和伪检测结果,以及加热部位的人为选取等,往往使检测精度受到影响,且难以实现全域化检测。

克服以上方法的不足,在混凝土成型过程中添加一定量、呈均匀分布状态的碳纤维而形成的碳纤维水泥基智能复合材料(以下简称 CFRC),比普通混凝土具有更好的抗弯、抗拉强度,以及延展性、抗冲击性能、抗冻融性能、抗腐蚀性能和低干缩性能,并且具有导电、压敏、温敏、电热、热电等多种功能。结合 CFRC 的功能特点,将红外热成像检测技术应用其中,可实现混凝土结构材料无损检测的实时化、可视化和智能化,本节内容主要介绍这一方法。

利用 CFRC 的导电性和电热效应进行红外检测,检测方法如图 11-3 所示。在一定的输入电压下,考虑安全性应选低压电源,CFRC 的电热效应致使其自身发热,其中缺陷的存在导致温度场非均匀分布。用红外热像仪连续监测其表面的温度分布情况,记录并对红外热像图进行处理与分析,获得表面温度分布随通电时间的变化,通过进一步的传热学分析计算则可获知缺陷的几何性质,从而达到检测的目的。

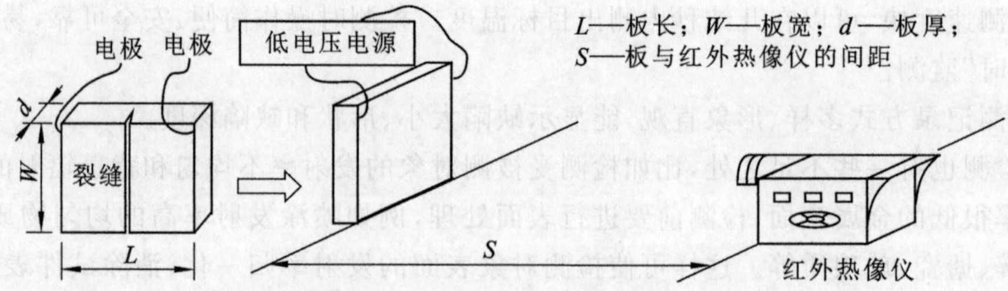

图 11-3 CFRC 红外检测方法示意图

11.6.1 CFRC 红外检测的传热学机理

上述 CFRC 红外热成像检测方法，其检测机理涉及的是有非均匀内热源的热传导问题，其控制方程在直角坐标系中可表述为

$$\frac{\partial}{\partial \tau}(\rho C_p T) = \frac{\partial}{\partial x}\left(\lambda' \frac{\partial T}{\partial x}\right) + \frac{\partial}{\partial y}\left(\lambda' \frac{\partial T}{\partial y}\right) + \frac{\partial}{\partial z}\left(\lambda' \frac{\partial T}{\partial z}\right) + q_v \tag{11-9}$$

式中 ρ——物体的密度；

C_p——比热容；

λ'——导热系数；

q_v——发热率，即单位时间、单位体积物体生成的热量。

常物性时，式(11-9)可简化为

$$\frac{1}{\alpha}\left(\frac{\partial T}{\partial \tau}\right) = \nabla^2 T + \frac{q_v}{\lambda'} \tag{11-10}$$

其中，$\alpha = \dfrac{\lambda'}{\rho C_p}$ 为热扩散率，即导温系数；对电热系统，q_v 由下式确定：

$$q_v = \frac{J^2}{\sigma^*} \tag{11-11}$$

式中 J——电流密度；

σ^*——材料的电导率。

材料中缺陷的存在导致内部电场非均匀分布，即 J 非均匀分布。

导热方程式(11-9)的定解条件包括初始条件和边界条件。初瞬时被检对象内的温度均匀分布，则初始条件为

$$\tau = 0, \qquad T = T_0 = \text{常数} \tag{11-12}$$

边界条件分为电场边界条件与热边界条件。电场边界为给定电流密度或电压。热边界条件通常可分为以下三类：

第一类：$\tau > 0$，物体表面温度 $T_w = f_{(\tau)}$。

第二类：$\tau > 0$，物体表面的热流密度 $q_w = -\lambda'\left(\dfrac{\partial T}{\partial n}\right)_w = f_{(\tau)}$。若物体表面绝热，则 $q_w = 0$。

第三类：$\tau > 0$，物体表面对流换热的热流密度 $q_w = -\lambda'\left(\dfrac{\partial T}{\partial n}\right)_w = h'(T_w - T_f)$。

同时存在对流换热与辐射换热情况，则边界条件为

$$\begin{aligned} \tau > 0, \quad q_w &= -\lambda'\left(\frac{\partial T}{\partial n}\right) - h'(T_w - T_f) + \varepsilon\sigma\left[(T_w)^4 \quad (T_f)^4\right] \\ &= h'(T_w - T_f) + h''(T_w - T_f) \end{aligned} \tag{11-13}$$

即复合换热表面传热系数为

$$h_f = h' + h'' = h' + \varepsilon\sigma(T_w + T_f)(T_w^2 + T_f^2) \tag{11-14}$$

上述各式中，T_f 为环境温度；ε 为物体表面的发射率；σ 为斯蒂芬-玻耳兹曼常数；h'' 为辐射换热系数，式(11-14)中表明它与发射率和物体的温度有关；h' 为对流换热系数，它与物体的温度、几何特征以及周围流场的性态有关。对大空间自然对流换热，工程上习惯采用以下特征数关联式进行计算，即

$$Nu = C(Gr \cdot Pr)^n = CRa^n \tag{11-15}$$

式中 Nu——努赛系数；
Ra——瑞利数；
Gr——格拉晓夫数；
Pr——普朗特数；
C、n——常数。

11.6.2 CFRC 红外检测实验

将 CFRC 制作为两端带电极的 160 mm×130 mm×40 mm 的试样，在板中引发裂纹后进行通电加热，如图 11-4 所示，采用红外热像仪对表面温度进行红外热成像检测，且热像仪与试样之间的间距为 S=1100 mm。对配比为水泥：砂：石子：水=1：1：1：0.58，碳纤维占水泥质量 2.5%，硅灰取代水泥质量 10%的 CFRC 试样，加直流电压 26 V，通电 1 min 时，其红外热像图为图 11-5 和图 11-6 所示，沿图 11-5 中标识线上各点的温度变化如图 11-7 中曲线所示。结果显然表明了裂纹所在的位置。

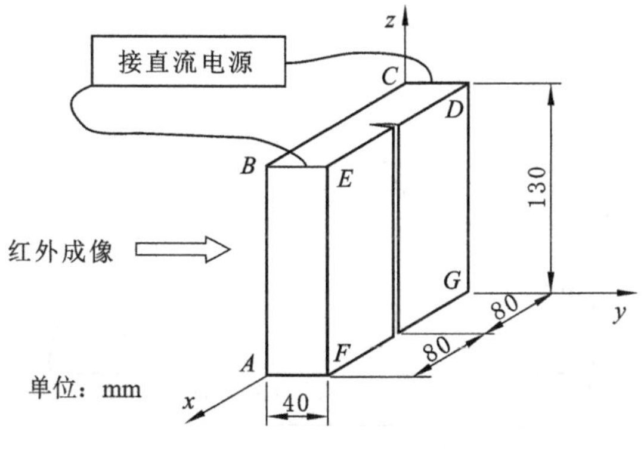

图 11-4 含裂纹的被检试样

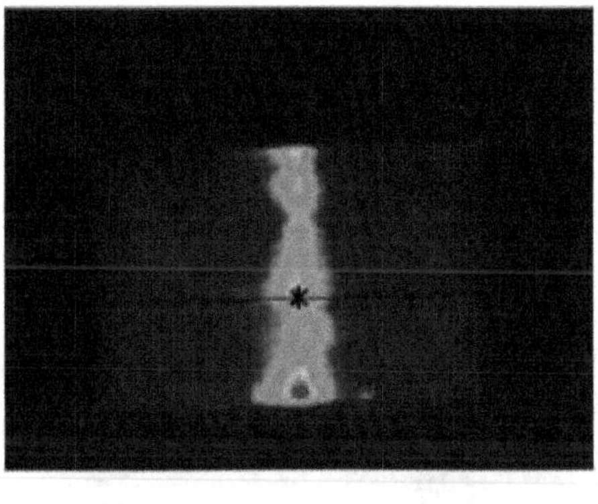

图 11-5 *ABC* 面红外热像图

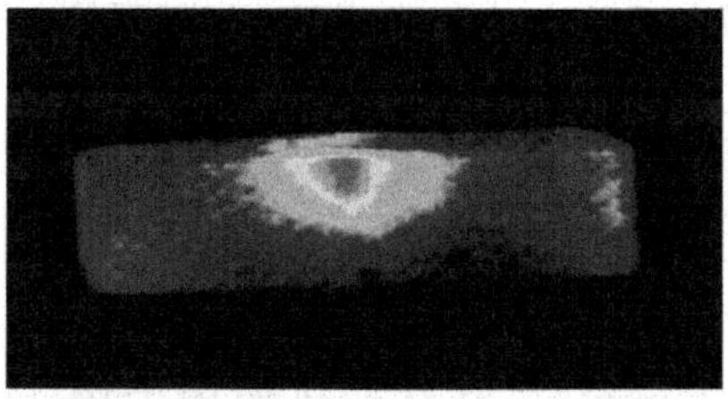

图 11-6 *AFG* 面红外热像图(下为 *GF* 边)

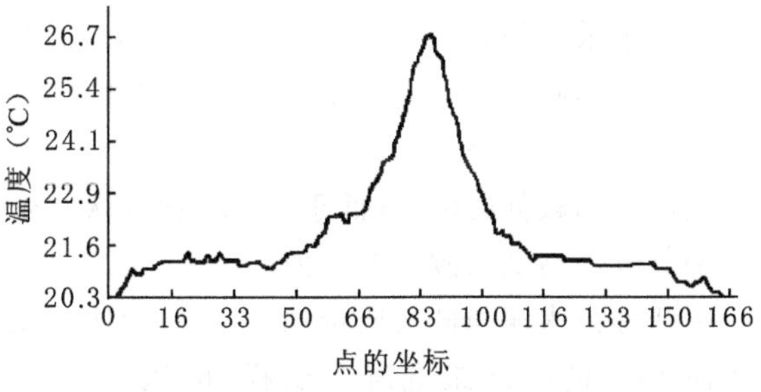

图 11-7 沿图 11-5 中标识线的温度变化

(1)不同电阻值试样的红外热像检测

几何尺寸相同的CFRC试样,碳纤维含量及组分的不同会导致试样的电阻不同,从而产生的热效应不同,最终所获得的红外热像图不同。考虑电阻值不同的影响,采用两类试样进行比较。一类试样碳纤维含量较低,裂缝为沿深度方向整齐的切口,切口深度为20 mm。由于切口处无碳纤维搭接,制得的试样电阻值较高(可达上千欧姆),直流通电时需采用相对略高的电压。

对碳纤维占水泥质量的0.8%,配比为水泥∶砂∶水=1∶2.5∶0.6的碳纤维水泥胶砂试样,裂缝深度20 mm、宽度0.1 mm,电压60 V的情况下,通电5 min时试样的红外热像图如图11-8所示,沿图11-8中标识的任选线,温度随点坐标的变化如图11-9所示。通电50 min时的红外热像图如图11-10所示,沿图11-10中所标识的任选线,温度随点坐标的变化如图11-11所示。

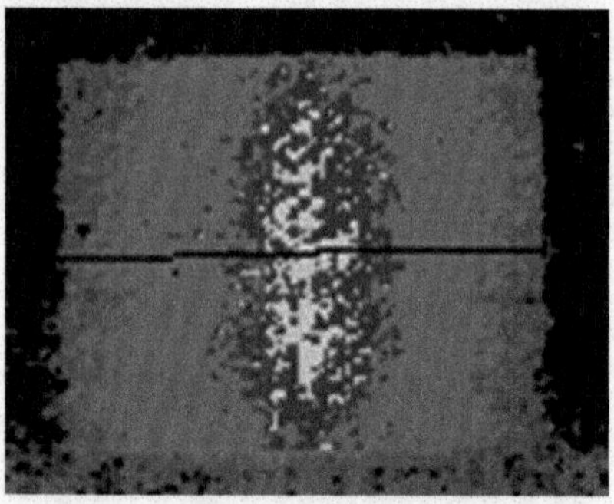

图 11-8 通电 5 min 时的红外热像图

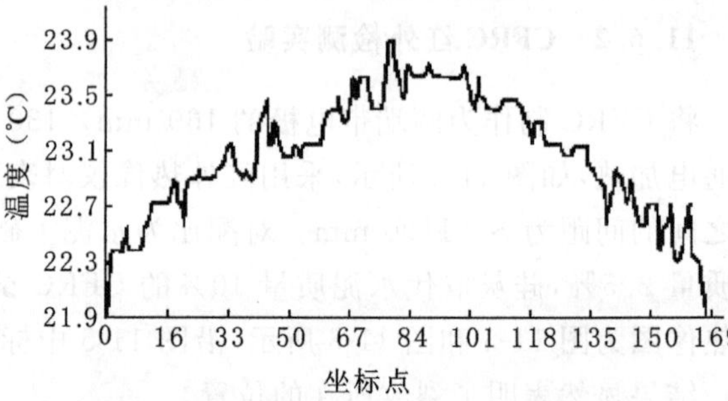

图 11-9 定线上温度随点坐标的变化

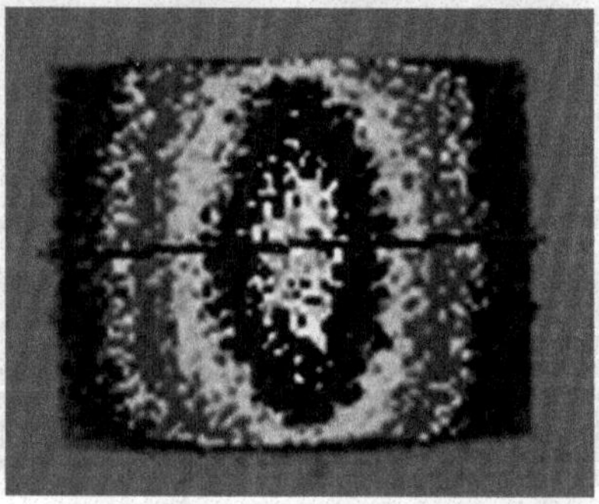

图 11-10 通电 50 min 时的红外热像图

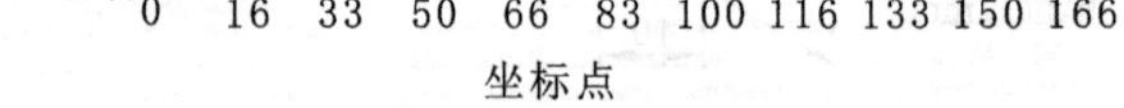

图 11-11 定线上温度随点坐标的变化

实验中采用的第二类试样碳纤维含量较高,且加入了增强导电性的硅灰成分,裂缝的预制更接近于自然状态——先在试样表面切出浅槽,再采用弯折的方法萌生裂纹,由于裂纹尖端破碎区内碳纤维并未完全断开,尽管裂纹较深(约30 mm),试样的电阻仍然较小(几十欧姆),通电时只需采用较低的电压(低于36 V)就可从红外热像图上明显观察到裂纹的所在,并且可以通过调节电压高低来改变温升值。

碳纤维占水泥与硅灰质量的2.5%,配比为水泥∶砂∶石∶水=1∶1∶1∶0.58,硅灰取代水泥10%的碳纤维混凝土试样,电压26 V,通电1 min时,其红外热像图为图11-12,图11-12中标识线上的温度变化如图11-13曲线所示。通电15 min时的红外热像图为

图 11-14,图 11-14 中标识线上温度变化如图 11-15 所示。

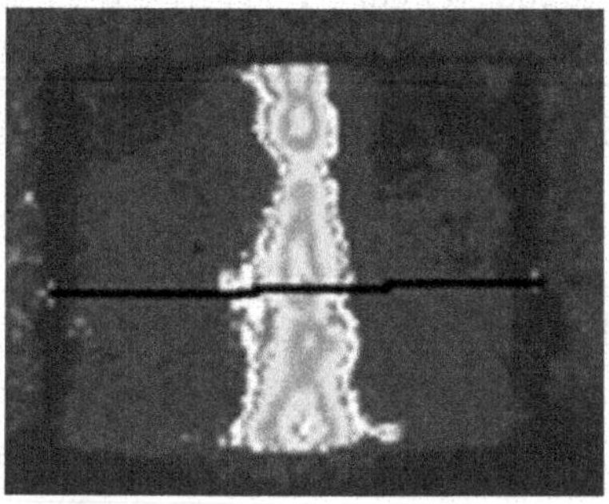

图 11-12　通电 1 min **时的红外热像图**

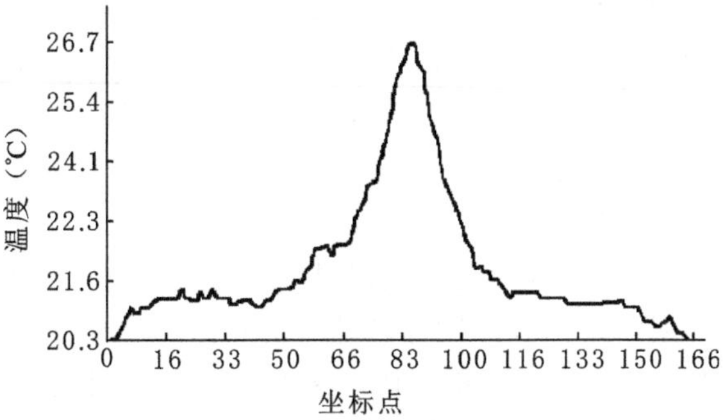

图 11-13　图 11-12 **中定线上温度随点坐标的变化**

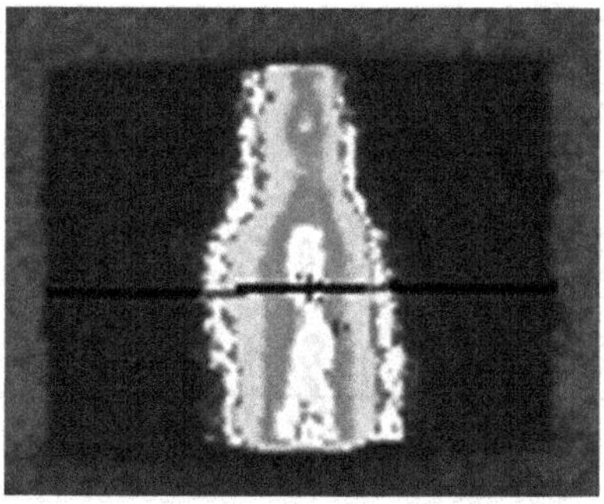

图 11-14　通电 15 min **时的红外热像图**

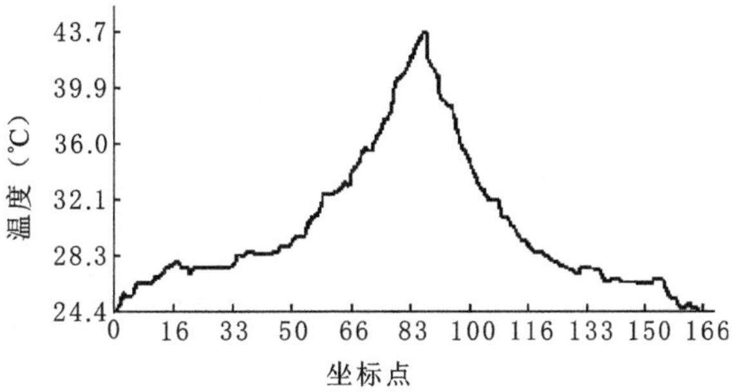

图 11-15　图 11-14 **中定线上温度随点坐标的变化**

图 11-8 至图 11-15 表明,板表面的温度在中心线附近明显高于其他区域,裂纹即位于中心线上。对大、小电阻的两类试样,表面最高温差随时间的变化如图 11-16 及图 11-17 所示。结果显而易见,小电阻试样对裂纹的响应更快,通电很短时间内即可通过红外图像观测到裂纹的所在,并且温差上升很快。

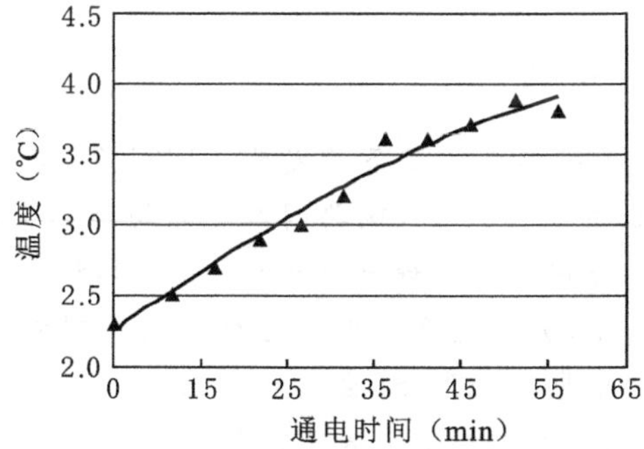

图 11-16　大电阻板温差随通电时间的变化

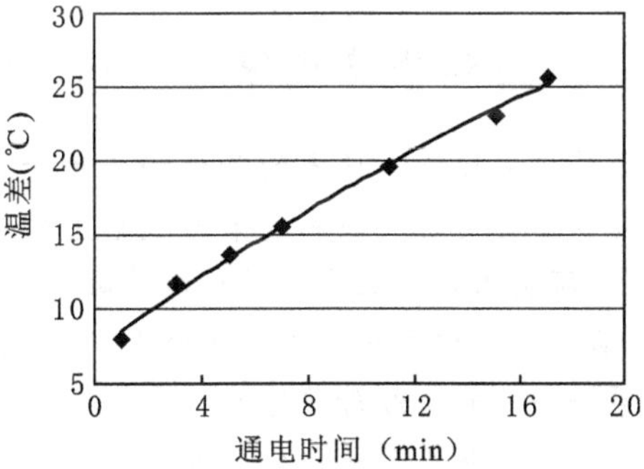

图 11-17　小电阻板温差随通电时间的变化

二者进行比较,其机理有所差别。对大电阻试样,裂缝切口深度内无碳纤维搭接,其局部温度的升高完全是裂纹的存在、局部的截面变化所导致的此区域内电流密度高于其他区域,产生的热效应高于其他区域。对小电阻试样,其诱发裂纹不同于大电阻试样中的整齐切口,沿裂纹深度方向可分为两个区:完全开裂区和微细分叉裂纹存在的破碎区。完全开裂部分引起此局部的电流密度增高;破碎区内,有的碳纤维并未断开,仍处于搭接状态,只是裂纹的诱发导致了其周围材料的疏松,使空气含量增加,而空气的热导率 0.0259 W/(m·K)远小于碳纤维混凝土的热导率 1.2～1.6 W/(m·K),从而阻止了热的传导,导致此局部的温度高于其他区域。因此较之大电阻的整齐切口,小电阻中的温差更大,所测得的红外热像差别更为明显,因而裂纹缺陷更易发现。

(2)不同裂纹深度试样的红外热像检测

考虑裂纹深度的影响,为控制裂纹深度方便起见,采用同一配比、切口宽度同为 0.1 mm 的大电阻试样,作不同深度结果的对比,碳纤维占水泥质量的 0.5%,配合比为水泥∶砂∶水=1∶2.5∶0.6 的板,不同切口深度情况下,板中心线与边缘间表面最高温差随通电时间的变化如图 11-18 所示。可见即使对于大电阻试样,其裂纹深度的影响也是可见的。

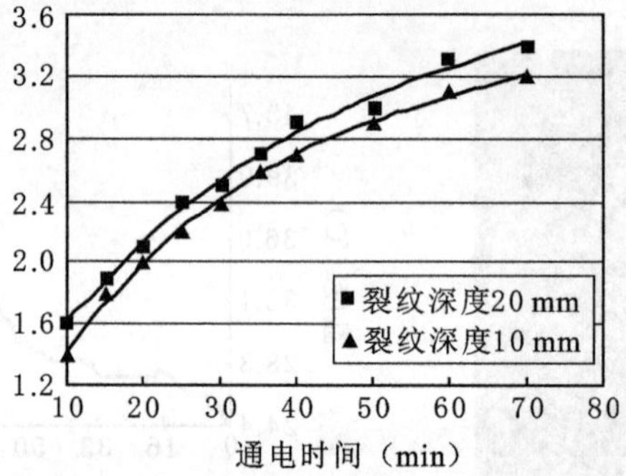

图 11-18 不同裂纹深度时温差随时间变化图

实验表明,利用 CFRC 的导电性和电热效应,可对其中裂纹进行红外检测。材料的不同组分使试样的电阻不同,产生热效应所需的电压不同,红外热成像检测的效果不同;不同的裂纹几何形态将导致其温度局部增高的机理有所不同,裂纹完全断开区引起电流密度在此局部增高,裂纹尖端破碎区中空气含量较之裂纹出现前的增多导致热阻增加,二者都会引起裂纹尖端附近的温度高于其他完好区域,从而使试样表面呈现温度分布不均的现象。

拓展阅读:红外热成像检测技术的发展历程

红外热成像检测技术的开发和应用受益于 20 世纪热成像设备的发展。1964 年,美国德克萨斯仪器公司首次研制成第一代军用红外热像设备。1965 年,瑞典国家电力局和 AGA 公司合作,研制出具有温度测量功能的红外成像装置,并用于对运行中的电力设备的热状态进行诊断,从而开发出第一代工业用红外热像仪。1978 年,美国德克萨斯仪器公司又研制成功世界上第一个非制冷红外热像系统。20 世纪 90 年代中期,美国 FSI 公司研制出新一代焦平面热像仪。随着焦平面热像仪的发展及应用,红外热波技术进入了快速发展阶段,在无损检测领域中的重要性逐渐显现出来。

美国韦恩州立大学是较早从事该项技术的研究单位之一,在光脉冲、超声激励红外热成像方面取得了很多实际有用的研究成果。此外,英国巴思(Bath)大学、英国无损检测协会、德国斯图加特大学、法国 Cedip 公司、加拿大 Laval 大学以及俄罗斯、澳大利亚等国的一些机构都在致力于该项技术的研究,并将其广泛应用于飞机复合材料构件内部缺陷及胶接质量的检测、冲击损伤检测以及蒙皮铆接质量检测等。

在国内,受热像仪发展的限制,红外热波无损检测技术的研究起步较晚。前期主要局限在传统被动式红外热成像检测,扫描、非制冷热像仪占主导,其温度分辨率和采集频率无法满足捕捉快速变化温场的需要。随着焦平面制冷型热像仪的发展和引进,主动式红外热成像无损检测技术近十几年才逐渐发展起来。主要研究单位有首都师范大学、北京航空航天大学、北京理工大学、哈尔滨工业大学、西北工业大学、南京大学、南京航空航天大学、北京航空材料研究院、中国民航科学技术研究院等各大高校和科研院所,在热波检测理论、热激励方法、缺陷尺寸和深度的定量研究等方面取得了一些进展,逐渐将其应用于航空航天、风力发电、汽车制造等领域,并制定了相关的国家标准,如《无损检测 闪光灯激励红外热像法 第 3 部分:试块》(GB/T 26643.3—2015)。

红外热成像无损检测技术是集光学、热学、机械与电子技术等学科于一体的一种综合性无损检测技术,随着计算机、数学、数字图像处理等相关学科的进步和热像仪制造水平的提高,红外热成像无损检测技术已向与人工智能相结合的自动识别、精确缺陷尺寸与位置的定量检测、多种检测技术复合的方向发展。

目前,红外热成像技术在工业、军事领域,医学诊断,航空和地球物理等方面得到了广泛的应用。

思考题

11-1　红外线是指波长范围在什么区间内的电磁波?

11-2　什么是黑体?什么是灰体?

11-3　室温 27 ℃时,黑体的辐出度峰值波长是多少?

11-4　人体正常温度为 37 ℃,若表面面积为 2 m^2,则人体的辐射功率是多少?

11-5　红外检测的基本原理是什么?主要有哪几种方法?

12 冲击动力学测试技术与应用

12.1 概　述

在很短的时间内以很大的速度作用在构件上的载荷称为冲击载荷。许多机器零件在服役时往往受冲击载荷的作用，如火车开车停车时，车厢之间的挂钩会产生冲击；内燃机膨胀冲程中气体爆炸推动活塞和连杆，使活塞和连杆间发生冲击；金属件的冲压和锻造加工等。受到冲击作用的零件往往发生过早的损坏，因此在机械设计中必须考虑冲击问题并尽可能地使零件不受冲击负荷的作用。当然，在实际生产上有时也要利用冲击载荷来实现静载荷难以实现的效果，如在凿岩机作业过程中，活塞以6～8 m/s的速度冲击钎杆并传递至钎头，从而使岩石产生破碎；反坦克武器的长杆穿甲弹，以1.5～2.0 km/s的速度着靶后实现侵切穿孔等。于是，为评定材料传递冲击载荷的能力，揭示材料在冲击载荷作用下的力学行为，需要进行冲击载荷下的力学性能实验。

(1)加载速率与应变速率

冲击载荷与静载荷的主要区别，在于加载速率不同。加载速率是指载荷施加于试样或机件时的速率，用单位时间内应力增加的数值表示。由于加载速率提高，变形速率也随之增加，因此，可用变形速率间接地反映加载速率的变化。

变形速率是单位时间内的变形量。变形速率有两种表示方法：①变形速率 $v=\frac{\mathrm{d}l}{\mathrm{d}t}$，$l$ 是试样长度，t 是时间；②单位时间内应变的变化量，称为应变速率，用 $\dot{\varepsilon}$ 表示，其中 $\dot{\varepsilon}=\frac{\mathrm{d}\varepsilon}{\mathrm{d}t}$，$\varepsilon$ 为试样的真实应变。由于 $\mathrm{d}\varepsilon=\frac{\mathrm{d}l}{l}$，故有 $\dot{\varepsilon}=\frac{v}{l}$。

在现代机器中，各种不同机件的应变率范围为 $10^{-6}\sim10^{6}\ \mathrm{s}^{-1}$。如静拉伸实验的应变率为 $10^{-5}\sim10^{-2}\,\mathrm{s}^{-1}$，称为准静态应变速率；冲击实验的应变率为 $10^{2}\sim10^{4}\ \mathrm{s}^{-1}$，称为高应变速率。此外，还有应变率处于 $10^{-2}\sim10^{2}\ \mathrm{s}^{-1}$ 时的中等应变速率实验，如落锤、旋转飞轮等。实践表明，应变速率在 $10^{-4}\sim10^{-2}\ \mathrm{s}^{-1}$ 时，材料的力学性能没有明显变化，可按静载荷处理。当应变率大于 $10^{-2}\ \mathrm{s}^{-1}$ 时，材料的力学性能将发生显著变化，这就必须考虑由于应变率增大而带来力学性能的一系列变化。

(2)冲击载荷的能量性质

对承受静载荷的材料或零件进行强度计算是很方便的。但在冲击载荷下，由于施加的作用参量是冲击功，必须测量载荷作用的时间及载荷在作用瞬间的速率变化情况，才能按公式 $F\Delta t=m(v_1-v_2)$ 计算出作用力 F。由于冲击载荷的作用时间短，作用力 F 是一个变力，因此，总是把冲击载荷作为能量而不是作为力来处理，故冲击载荷具有能量的性质。所以，机件在冲击载荷下所受的应力，通常是假定冲击能全部转换成机件内的弹性能，再按能量守恒法进行计算。

静载荷下零件所受的应力，取决于载荷和零件的最小截面面积。而在冲击载荷下，由于冲击载荷的能量特性，冲击应力不仅与零件的截面面积有关，而且与其形状和体积有关。若零件不含缺口，则冲击能量被零件的整个体积均匀地吸收，从而应力和应变也是均匀分布的。零件体积越大，单位体积吸收的能量越小，零件所受的应力和应变也越小。若零件含有缺口，则冲击能量大多由缺口根部的材料所吸收，从而使缺口局部的应变和应变速率大为升高，所以受冲击的零件要尽量避免截面尺寸的变化。

(3)冲击载荷下材料的变形与断裂的特点

在冲击载荷作用下，零件的变形与破坏过程与静载荷一样，仍分弹性变形、塑性变形和断裂三个阶段，不同的是，加载速率的不同对这三个阶段产生了影响。

弹性变形是以声速在介质中传播的。在金属材料中声速是相当大的，如在钢中为4982 m/s；而普通摆锤冲击实验时的绝对变形速率只有5～5.5 m/s，即使高速冲击实验时的变形速率也在1000 m/s以下。于是在这样的冲击载荷下，材料的弹性变形总能紧跟上冲击外力的变化，因而应变率对金属材料的弹性行为及弹性模量几乎没有影响。

在塑性变形阶段，随着加载速率的增加，材料的变形增长比较缓慢，因而当加载速率很快时材料的塑性形变来不及充分进行，这就表现为弹性极限、屈服强度等微量塑性变形抗力的提高。同时，在冲击载荷下材料的塑性变形相对集中在某些局部区域，这反映了塑性变形是极不均匀的。这种塑性变形的不均匀性进一步限制了塑性变形的发展，使塑性变形不能充分进行，导致屈服强度、抗拉强度提高，且屈服强度提高得较多而抗拉强度提高得较少。

(4)冲击动力学性能测试方法

冲击实验试样常用缺口试样，常见缺口形式为“U”形或“V”形。开缺口是为了使试样在承受冲击时在缺口附近造成应力集中，使塑性变形局限在缺口附近不大的体积范围内，并保证试样一次就被冲断且使断裂就发生在缺口处。缺口越深、越尖锐，冲击吸收功越低，材料的脆化倾向越严重。缺口的形式也对冲击功数值有很大的影响，缺口越尖锐，试样的冲击功越小。因此，进行缺口冲击实验时应根据材料的韧性情况，选择合适的缺口形式。如对韧性很高的材料，应选用尖锐缺口试样；而对于韧性低的材料，可选用钝缺口试样甚至不开缺口。

冲击韧性是指材料在冲击载荷作用下吸收塑性变形功和断裂功的能力，在冲击载荷下材料吸收的能量除以试样缺口根部的面积所得的商，称为材料的韧性，记为

$$\alpha_K = \frac{A_K}{S_N} \tag{12-1}$$

冲击韧性是材料强度和塑性两者综合的结果，材料的强度和塑性变形能力越大，它的韧性也就越高。同时冲击韧性也是一个综合性的力学性能指标，试样的形状、尺寸、缺口形式等都会对α_K值产生很大的影响。因此，α_K只是材料抗冲击断裂的一个参考性指标，只能在规定条件下进行相互比较，而不能代换到具体零件上进行定量计算，其单位为J/cm^2。

常规冲击动力学性能测试方法按冲击速度分为低速冲击实验、高速冲击实验和超高速冲击实验。低速冲击实验一般有摆锤冲击实验和落锤冲击实验，其应变率处于10^{-2}～$10^2\ s^{-1}$；高速冲击实验一般有霍普金森压杆实验、泰勒杆实验，其应变率处于10^2～$10^4\ s^{-1}$；超高速冲击实验一般有轻气炮实验，其应变率处于10^5～$10^6\ s^{-1}$。

12.2 摆锤冲击实验

在常规冲击实验中又分为两种类型:一种是简支梁式的三点弯曲实验,又称为夏比(Charpy)冲击实验;另一种是悬臂梁式冲击弯曲实验,又称为艾佐(Izad)冲击实验。

由于在低温、常温和高温下,夏比试样的安放均比艾佐试样来得简便,冲击实验试样加工简便等优点,在我国使用较普遍的是夏比冲击实验。夏比冲击实验对材料的缺陷很敏感,能够灵敏地反映出材料的宏观缺陷、显微组织的微小变化和材料的质量,因此夏比冲击实验是检验冶炼、热加工、热处理工艺等有效的方法,其主要用途是检验原材料、焊接材料抗冲击性能和评定材料在不同温度下韧脆转变趋势等。

12.2.1 摆锤冲击实验装置基本结构

摆锤冲击实验装置如图 12-1 所示。主要为主机架、摆锤、钳口组合、挂摆机构、动力系统、电控系统、能量采集系统七个部分。主机架装配有主轴,将摆锤固定在主轴上,摆锤才可绕主轴自由旋转,完成举摆、冲击等动作。摆锤具有一定的质量、一定的摆长,当其绕主轴扬起一定的角度时就具有一定的势能,这样具有一定势能的摆锤冲击下来时,势能转变为动能,冲击试样完成一次冲击实验。钳口组合是由垂直钳口与水平支撑以一定结构组成,完成试样支撑的工作。当试样受摆锤冲击时,在钳口和摆锤的共同作用下断裂、弯曲、变形。挂摆机构的作用是在一定的位置稳定挂住摆锤,使其具有一定的势能,并能在冲击开始时无任何阻力下迅速脱摆,使摆锤自由冲击试样。动力系统是提供动力完成举摆、冲击、落摆动作,电控系统完成上述所有动作的电气控制,能量采集系统记录一个冲击过程的势能的损失,即试样的冲击吸收功。

图 12-1 摆锤冲击实验装置

12.2.2 实验原理

冲击实验是利用能量守恒原理,将具有一定形状和尺寸的带有“V”形或“U”形缺口的试样在冲击载荷作用下冲断,以测定其冲击功 A_k 的一种实验方法。摆锤冲击实验机工作原理图如图 12-2 所示。

当摆锤从垂直位置升到一定的高度时(预仰角),其具有一定的势能,即

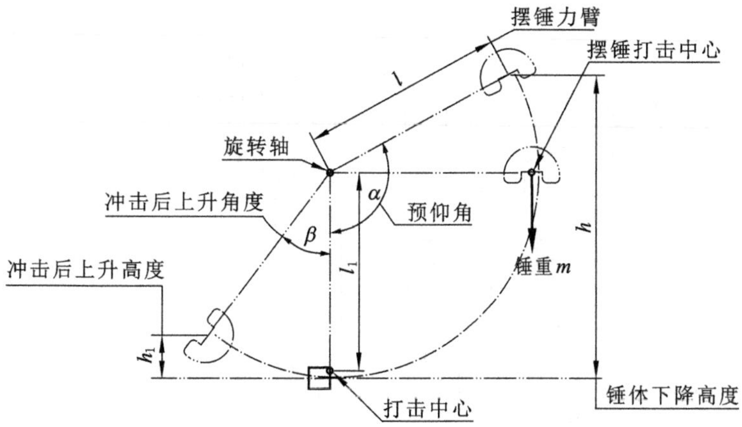

图 12-2　摆锤冲击实验机工作原理图

$$E_0 = mgh$$

由三角函数关系可得

$$h = l(1 - \cos\alpha)$$

式中　E_0——初始势能；

h——摆锤初始状态质心高度(假设打击中心与质心重合)；

m——摆锤质心处的质量；

α——预仰角；

l——摆锤力臂。

同理，冲断试样后，摆锤剩余能量为

$$E_1 = mgh_1,\quad h_1 = (1 - \cos\beta),\quad E_1 = mgl(1 - \cos\beta)$$

式中　E_1——一次冲断试样后剩余势能；

h_1——摆锤冲断试样后，未返回前质心最高点的位置(假设打击中心与质心重合)；

β——摆锤打断试样后，继续前进的最大角度。

试样的冲击吸收功为

$$A_k = E_0 - E_1 = mgl(\cos\beta - \cos\alpha)$$

在初始位置(α)，具有一定势能的摆锤自由向下摆动，与试样接触，冲击试样，试样吸收一定的能量后断裂或弯曲变形，剩余能量带动摆锤继续向前、向上仰起一定的角度(β)。初始势能与剩余能量之差即为试样的冲击吸收功。

12.2.3　注意事项

(1)实验前应检查并记录下摆锤空打时的回零差或空载能耗。

$$\alpha_k = \frac{A_k - m}{S_N}$$

式中　m——空载能耗，J；

A_k——冲断试样时所消耗的功，J；

S_N——试样缺口横截面面积，cm^2。

(2)简支梁冲击实验应使没有缺口的面朝向摆锤冲击的一边，缺口的位置应在两支座中间，要使缺口和摆锤冲刃对准，试样与摆锤冲击实验机支座及砧座相对位置如图 12-3 所示。

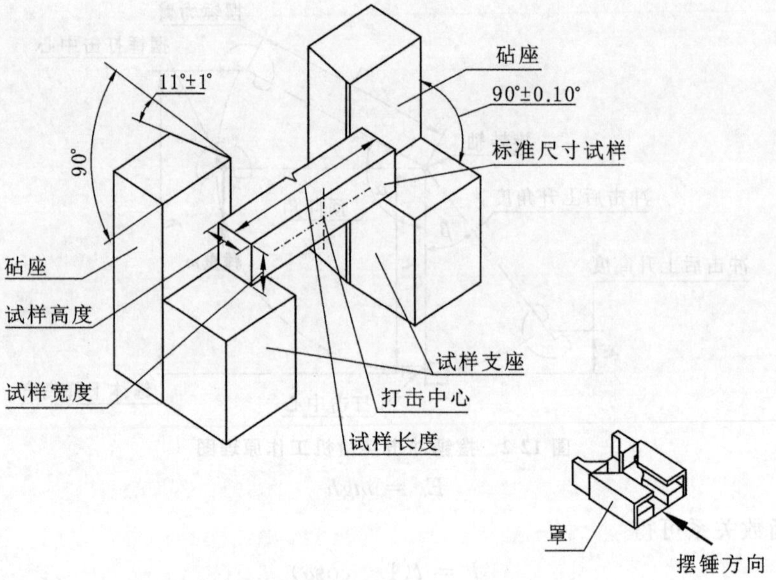

图 12-3　试样与摆锤冲击实验机支座及砧座相对位置

(3)摆杆摆动平面的两侧设置安全网，以防止试样断裂飞出伤人。冲击时在场人员须站在摆杆摆动平面的两侧，严禁迎着摆锤站立。摆杆扬起，安放试样时，任何人不准按动摆杆下落按钮，以防摆杆下摆冲击伤人。操作设备和安放试样为一人。

(4)进行高、低温实验时注意人身安全，避免冻伤、烫伤等不必要的损伤。

12.3　落锤冲击实验

图 12-4　落锤冲击实验装置

落锤冲击实验是一种广泛应用于材料检测和研究的冲击实验方法。相比摆锤冲击实验，落锤可以产生较大的冲击能量，适用于尺寸较大的试样。

12.3.1　落锤冲击实验装置基本结构

落锤冲击实验装置如图 12-4 所示。落锤实验装置主要由主机框架、锤体部分、砧座部分、提升系统、控制系统、缓冲器、防止二次打击机构、安全防护装置、送料系统及能量测试系统组成。锤体部分包括锤体和配重砣，配重砣若干，用于调整垂体的质量。

12.3.2　工作原理

落锤实验机实验步骤为：

(1)将具有一定质量的锤体提升到一定的高度，使其具有一定的能量；

(2)将相应的试样(保温到特定的温度后)放在规定的砧座上；

(3)释放锤体,使锤体以自由落体状态自由落下;

(4)具有一定能量的锤体冲击试样,使试样弯曲或断裂。

按照以上四步骤完成了一次完整的落锤实验。

检测落锤与配重所具有的质量、落锤升起的高度,并根据所测得落锤质量与提升高度,计算落锤冲击实验机的能量 E 与速度 v,即

$$E = mgh, \qquad v = \sqrt{2gh}$$

式中 m——落锤质量;

g——当地的重力加速度;

h——落锤高度。

12.3.3 注意事项

(1)严禁将身体任何部位置于锤体正下方,以防出现危险;

(2)温度实验中试样应注意保温,防止温差过大,且应在规定时间内完成落锤冲击,若超过送料时间,则本次落锤冲击实验无效;

(3)放置试样到合适的位置(注意缺口对中);

(4)试样要防止二次冲击。

12.4 霍普金森压杆实验

12.4.1 霍普金森压杆实验装置基本结构

霍普金森压杆(SHPB)实验主要用来测试材料在高应变率下的力学性能。霍普金森压杆实验装置如图 12-5 所示。图 12-6 为 SHPB 的实验装置及数据采集处理系统示意图。

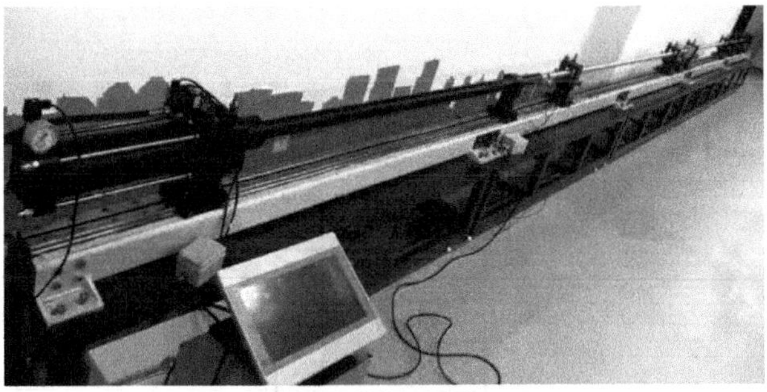

图 12-5 霍普金森压杆实验装置

SHPB 装置主要由三部分组成:压杆系统、测量系统以及数据采集与处理系统。其中压杆系统是由撞击杆、入射杆、透射杆和吸收杆四部分组成。撞击杆也称之为子弹,一般来说,压杆所采用的截面尺寸及材料均相同,因此,子弹的长度就决定了入射应力脉冲的宽度 λ,一般取 $\lambda=2L$(L 为子弹的长度),吸收杆主要是用来吸收来自透射杆的动能,以削弱二次波加载效应,为保证获得完整的入射及反射波形,入射杆的长度一般要大于子弹长度的两倍,所有压杆的直径应远小于入射应力脉冲的波长,以忽略杆中的惯性效应影响。

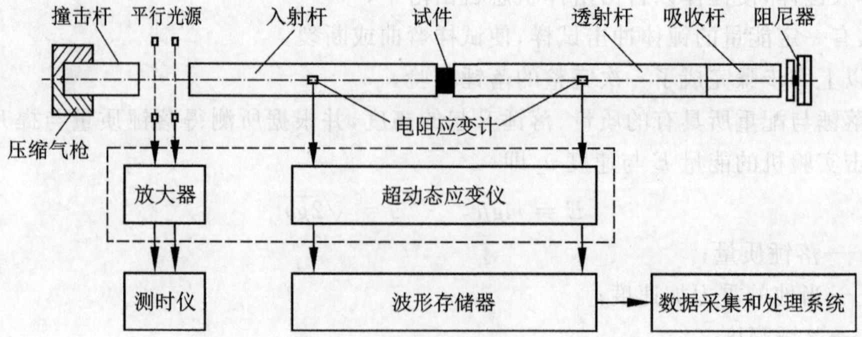

图 12-6　SHPB 实验装置及数据采集处理系统示意图

测量系统可分为两个部分，一个是撞击杆速度的测量系统，另一个是压杆上传感器测量系统。对撞击杆速度的测量常采用激光测速法，在发射管与入射杆之间装有一个平行光源，用来发射与接收激光信号，两个光源之间的间距是可测的，当子弹经过平行光源时，会遮挡住光信号而产生一定宽度的脉冲信号，据此可测出子弹通过平行光源的时间，即可求出子弹的撞击速度。压杆传感器测量系统则是在压杆相应位置处粘贴电阻应变片，并将应变片经电桥连接至超动态应变仪上，据此即可测出压杆中的应变。

数据采集和处理系统主要由数字示波器、超动态电阻应变仪、波形存储器以及微机等组成，其作用是完成对信号的采集、处理和显示。

12.4.2　基本原理

利用应变片技术测量波速的工作原理如图 12-7 所示。子弹撞击压杆产生的应力波（弹性波）先后为应变片 1 和应变片 2 所记录。鉴于弹性波在线弹性细长杆中的传播很少有衰减，也不弥散，基本上不失真，因此，可根据两个应变片之间的距离及所记录信号的时间差确定波在细长杆中的传播速度。

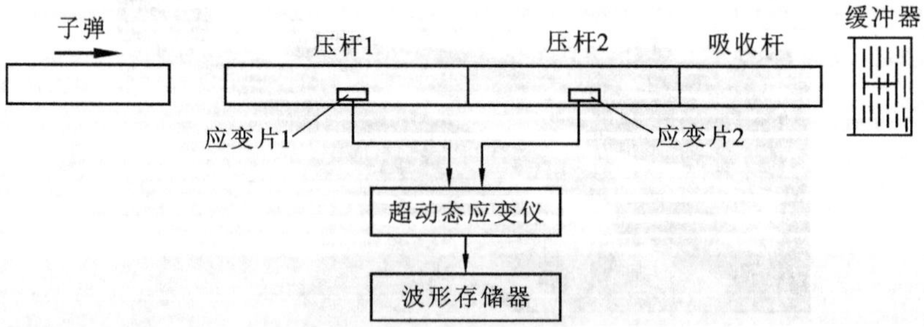

图 12-7　应力波波速测量原理图

鉴于弹性波在自由端反射的异号波形具有相同的传播速度，还可以采用如图 12-8 所示的更为简单的测试方法。这时，应变片所记录的是拉压相间的应力波，同一相位间隔距离代表应力波行走了一个来回，即杆长的两倍距离，据此也可以确定应力波在细长杆中的传播速度。

测量应力-应变原理如图 12-9 所示。当枪膛内的子弹以某速度撞击输入杆时，在杆内产生一个入射脉冲 ε_i，试件在该应力作用下产生高速变形，与此同时，在压杆中分别产生往返的反射脉冲 ε_r 和向前的透射脉冲 ε_t。

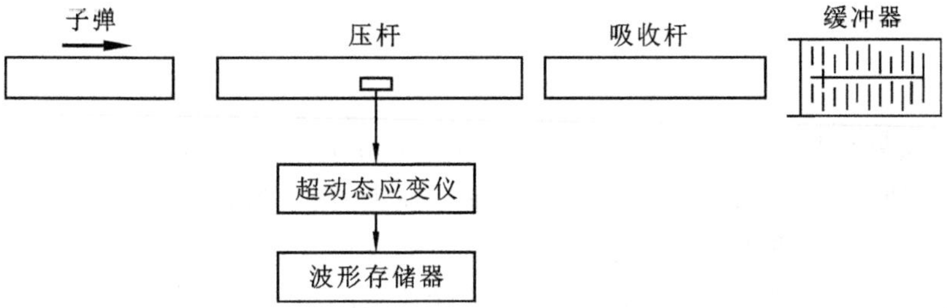

图 12-8　应力波波速测量原理图

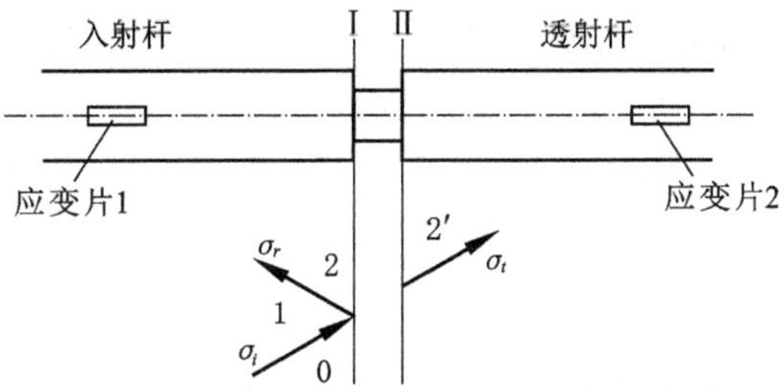

图 12-9　测量应力-应变原理图

实验原理是建立在两个基本假定基础上的，一个是一维假定（又称平面假定），另一个是均匀假定。根据一维假定，可直接利用一维应力波理论确定试件材料应变率 $\dot{\varepsilon}(t)$、应变 $\varepsilon(t)$ 和应力 $\sigma(t)$：

$$\sigma_{\mathrm{I}} = \sigma_2 = \sigma_i + \sigma_r = E(\varepsilon_i + \varepsilon_r)$$

$$\sigma_{\mathrm{II}} = \sigma_2' = \sigma_t = E\varepsilon_t$$

$$\sigma(t) = \frac{1}{2}(\sigma_{\mathrm{I}} + \sigma_{\mathrm{II}})\frac{A}{A_0} = \frac{AE}{2A_0}(\varepsilon_i + \varepsilon_r + \varepsilon_t) \tag{12-2}$$

$$v_{\mathrm{I}} = v_2 = v_i + v_r = -c(\varepsilon_i - \varepsilon_r)$$

$$v_{\mathrm{II}} = v_2' = v_t = -c\varepsilon_t$$

$$\dot{\varepsilon}(t) = \frac{v_{\mathrm{II}} - v_{\mathrm{I}}}{l_0} = \frac{c}{l_0}(\varepsilon_i - \varepsilon_r - \varepsilon_t)$$

$$\varepsilon(t) = \frac{c}{l_0}\int_0^t(\varepsilon_i - \varepsilon_r - \varepsilon_t)\mathrm{d}t \tag{12-3}$$

式中，A_0、l_0 分别为试件的面积与厚度；A、c、E 分别为弹性压杆的横截面面积、波速、弹性模量；ε_i、ε_r、ε_t 分别为应变计记录的入射波、反射波、透射波（福特）。

由式(12-2)、式(12-3)可得试件材料的应力-应变关系。根据均匀假定，可得 $\varepsilon_i + \varepsilon_r = \varepsilon_t$，代入公式后可得更为简单的表达式，即：

$$\varepsilon(t) = -2c/l_0\int_0^t \varepsilon_r \mathrm{d}t$$

$$\sigma(t) = \frac{A}{A_0}E\varepsilon_t$$

12.5 应　用

碳纤维增强复合材料(Carbon fiber reinforced composites)由于其抗疲劳性好、比强度和比模量高、抗腐蚀能力强等优点被广泛应用于航空航天、汽车制造等行业。

飞机在服役过程中往往会遭受各种冲击载荷,如飞机维护过程中维修工具的掉落,飞机在飞行过程中遭受鸟类的撞击,甚至恶劣天气下遭受冰雹的冲击。而作为飞机的重要结构材料,碳纤维增强复合材料的性能将会受到一定的影响。因为低速冲击会导致材料的内部产生不可逆损伤,但是对材料表面造成的损伤却十分有限,如果不注意材料内部的这些不可逆损伤,将会影响飞机的服役期限,甚至造成结构的破坏。因此,国内外已有许多学者对复合材料的低速冲击性能展开研究。复合材料抗冲击性能一般用损失容限和损伤阻抗来表征。损伤容限是指一定损伤状态对结构性能的影响或对应给定损伤尺寸的强度值,常用损伤参数为剩余强度;损伤阻抗是指抵抗冲击事件的能力或给定冲击力导致的损伤尺寸,常用的损伤参数有凹坑深度、损伤宽度、损伤面积等。

12.5.1 碳纤维增强复合材料低速冲击的损伤形式

碳纤维层合板在冲击阶段的力学响应存在三个过程。在第一个过程中,当冲头接触层合板后,冲头和接触面之间的接触力开始逐渐增加,同时,通过纤维和树脂基体传递到整个层合板,而此时层合板已经开始出现局部甚至整体的变形。在第二个过程中,当层合板对整个落锤的支持力等于落锤自身重力的时候,冲头的速度达到最大值,此后冲头速度会逐渐减小直至变成零。而此时层合板因为吸收和转化了落锤携带的重力势能和动能,变形达到最大,冲击正面也会出现局部变形。如果落锤携带的能量超过了层合板的承受能力,那么,层合板会出现不可逆转的损伤。在第三个过程中,冲头速度会从零开始反向增加,冲头和层合板之间的接触力逐渐减小,冲头达到最大回弹速度且离开接触面。此时层合板的弹性势能转化为落锤的动能和重力势能,而这部分的能量在冲击过程中没有被吸收。

当冲击能量不同时,层合板的损伤程度也会不同,根据冲击能量的不同,一般有以下四种损伤形式:

(1)当冲击能量很小时,层合板结构只存在弹性变形,外表面也没有发生改变,其内部没有产生任何损伤。

(2)当冲击能量开始增加时,层合板的内部出现了目视不可见的损伤甚至破坏。而此时层合板的外表面很难通过目视检测出损伤,但通过像X射线、超声波C扫描系统等检测设备可以探测到其内部产生的损伤。

(3)当冲击能量再增大时,不但层合板内部产生严重损伤,其外表面也产生目视可见损伤。除了冲击物体与层合板的接触区域产生凹坑损伤外,有时候还能观察到在平行于表面纤维方向产生沿着接触面两侧的基体裂纹,裂纹的扩展程度主要和树脂基体的韧性、纤维的断裂情况以及层合板的厚度有关。在冲击背面,此时树脂基体的破坏程度往往十分严重,而且破坏面积比接触面大,其内部的分层也更加严重。在这个阶段,冲击正面和冲击背面往往可以清楚地看到纤维的断裂破坏,一般说来,冲击背面的纤维断裂比接触面的纤维断裂发生得更早,范围也更大。

(4)当冲击能量大于层合板的承受极限时，冲击物体会穿透材料造成穿透损伤。由于此时介质相对来说表现为刚体，而冲击速度远远超过了介质的弹性波速，所以冲击波无法在材料中充分传播，进而产生垂直于接触面的横向剪切并且最终发生穿透损伤。在这种状态下，应力波基本不能在介质中传播，所以层合板一般不会产生大面积分层，导致此时的损伤面积甚至小于前一种状态下的损伤面积。

碳纤维增强复合材料一些常见的表面冲击损伤形态示意图如图 12-10 所示。

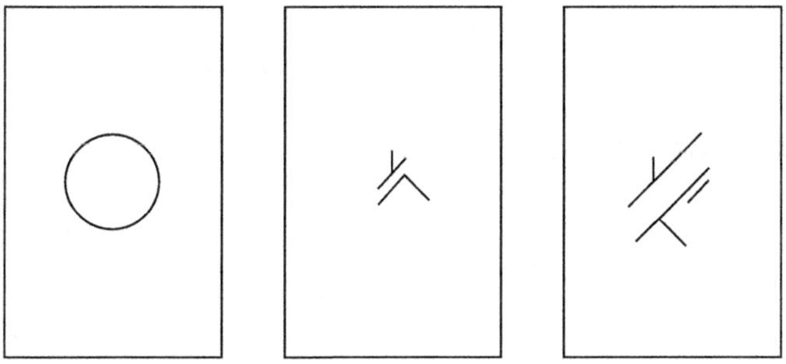

图 12-10 常见的表面冲击损伤形态示意图

12.5.2 低速冲击实验

实验采用落锤冲击实验标准，参考标准为 ASTM D7136/D7136M-12。

试样的预浸料选用国产碳纤维预浸料，其树脂含量为 33%，增强纤维为 T700 级碳纤维材料，预浸料的单层名义厚度为 0.09 mm。根据标准要求，选取层合板铺层顺序为 $[45/0/-45/90]_{6s}$，制备工艺采用热压罐工艺。经机械切割得到的标准试样尺寸为 150 mm×100 mm，厚度大约为 4.1 mm。

实验机采用蓄能式落锤冲击实验机，其冲头是直径 16 mm 的半球形，冲头质量为 7.29 kg，冲击能量可根据冲头高度确定，其中最大高度为 1.2 m。被冲击试样通过螺栓固定在上、下夹持板中间，上、下夹持板中心区域均留有 130 mm×80 mm 的矩形开口，夹持部分与冲头保持在同一垂直位置。正式实验前，通过预实验消除摩擦等客观因素的影响，并根据冲击能量的要求调整冲头的高度，启动防止二次冲击装置程序。

本次实验的冲击能量分别为 25 J、40 J、50 J、60 J，每种能量至少测试 3 个试样。冲击实验后用细杆数显深度尺测量即时凹坑深度和 24 h 后的凹坑深度，观察试样的表面损伤情况并利用型号为 UPK-T48-HS 超声波 C 扫描系统进行损伤检测。

12.5.3 层合板低速冲击损伤数值模拟

采用数值模拟软件 ANSYS/LS-DYNA 模拟层合板低速冲击下的损伤变化规律。材料参数、铺层顺序、几何尺寸和边界条件与实验保持一致。表 12-1 和表 12-2 分别给出了复合材料单向板的材料参数。

其中层合板采用 3D 四节点的 Shell 163 单元，材料号为 MAT_058，该材料的失效准则为 Hashin 准则；冲头采用二十节点的 Solid 164 单元，材料选择为 MAT_020 号刚体材料。按质量等效确定冲头尺寸，但冲头头部形状、尺寸与实验保持一致，为直径 16 mm 的半球形。数值模拟中，冲头半球面为接触面，层合板冲击正面为目标面。边界条件为四边固支。

表 12-1　碳纤维单向板弹性参数

E_1/GPa	E_2/GPa	E_3/GPa	G_{12}/GPa	G_{13}/GPa	G_{23}/GPa	v_{12}	v_{13}	v_{23}
149	10.3	10.3	7.5	7.5	3.45	0.29	0.29	0.45

表 12-2　碳纤维单向板强度参数

X_T/MPa	X_C/MPa	Y_T/MPa	Y_C/MPa	Z_T/MPa	Z_C/MPa	S_{12}/MPa	S_{13}/MPa	S_{23}/MPa
2690	1380	93	211	93	211	109	109	109

12.5.4　实验与数值模拟结果对比分析

(1)实验表观损伤分析

40 J、50 J 和 60 J 能量冲击后试样的正反面表观形貌情况如图 12-11、图 12-12、图 12-13 所示。试样受到低速冲击后，损伤模式主要体现为正面凹坑、正面纵向开裂、反面斜向开裂、分层损伤。当冲击能量为 40 J 时，试样正面凹坑损伤程度不很明显，反面有轻微凸起现象，且 45°方向出现极微小开裂，主要为纤维断裂；当冲击能量为 50 J 时，正面凹坑深度增大，反面 45°方向开裂区域增大，纤维断裂现象明显；当冲击能量为 60 J 时，正面凹坑周围出现轻微凸起，由于挤压出现纵向开裂，反面出现了破裂及分层损伤，但层合板未出现整体穿透现象。

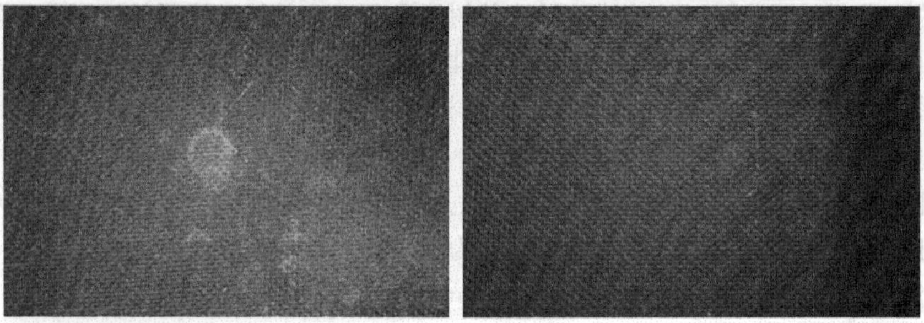

(a)　　　　　　　　　　　　　　(b)

图 12-11　40 J 能量冲击后试样

(a)正面表观形貌；(b)反面表观形貌

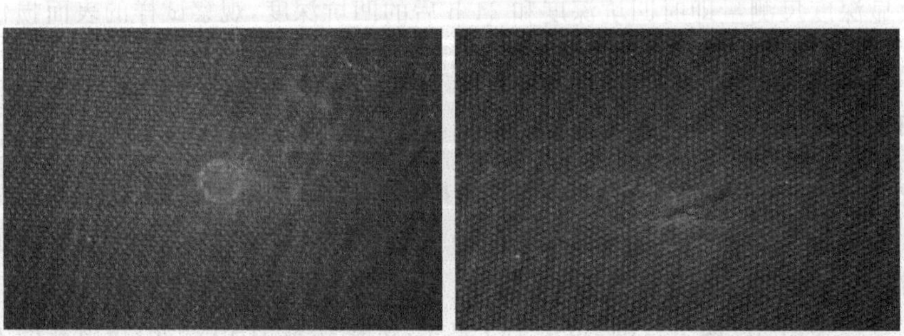

(a)　　　　　　　　　　　　　　(b)

图 12-12　50 J 能量冲击后试样

(a)正面表观形貌；(b)反面表观形貌

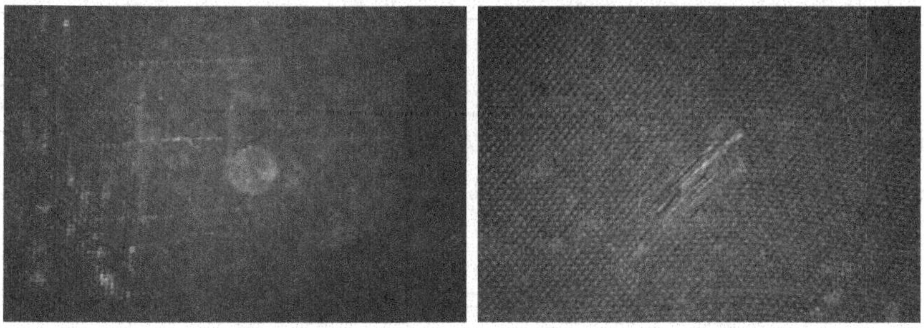

(a) (b)

图 12-13 60 J 能量冲击后试样

(a)正面表观形貌;(b)反面表观形貌

(2)数值模拟损伤分析

数值模拟结果表明,层合板损伤主要为纤维断裂及分层损伤。分层从冲击表面附近的界面向相反表面附近的界面扩展,分层是由相邻层的横向裂纹引起的,只在铺层方向不同的层间产生。试样相邻铺层方向不同的层间组合有[0/45]、[−45/0]、[90/−45]、[90/90]、[45/0]、[−45/90]、[0/−45]、[90/45]、[45/90] 9 种形式,受篇幅限制,只列举冲击能量为60 J时,相邻铺层方向为[0/45]、[45/0]、[90/−45]、[45/90]的层间损伤,如图 12-14 所示。层间损伤具有双叶形状,主轴方向和界面处较低的那层的纤维方向一致,符合 Clark 模型。

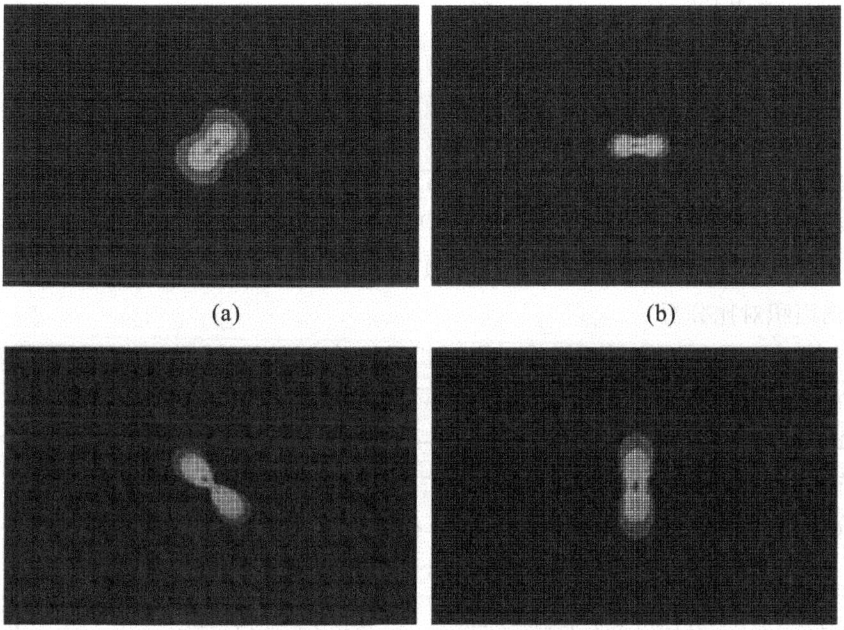

(a) (b) (c) (d)

图 12-14 不同相邻铺层方向组合的层间损伤形状

(a)[0/45]组合;(b)[45/0]组合;(c)[90/−45]组合;(d)[45/90]组合

(3)凹坑深度对比分析

表 12-3 为各种能量下 24 h 后实验测量平均凹坑深度和有限元模拟凹坑深度的对比,

图 12-15是凹坑深度-冲击能量的实验拟合曲线和数值模拟曲线。从结果可以看出,随着冲击能量的增加,24 h 后实验测量平均凹坑深度和有限元模拟凹坑深度也随之增加。当冲击能量为 40 J 时,实验结果和有限元模拟结果相差最大,达到了 11.8%,但是冲击能量为 50 J 时二者吻合较好,误差最小且仅为 8.1%。另外,可以看出用实验数据拟合出的凹坑深度-冲击能量曲线近似为一条直线,而数值模拟数据的凹坑深度-冲击能量曲线并不是一条直线,但二者误差在可接受范围之内。

表 12-3　各种能量下 24 h 后实验测量平均凹坑深度和有限元模拟凹坑深度的对比

冲击能量/J	实验测量平均凹坑深度/mm	有限元模拟凹坑深度/mm	误差
25	0.115	0.126	9.6%
40	0.187	0.165	11.8%
50	0.234	0.253	8.1%
60	0.278	0.305	9.7%

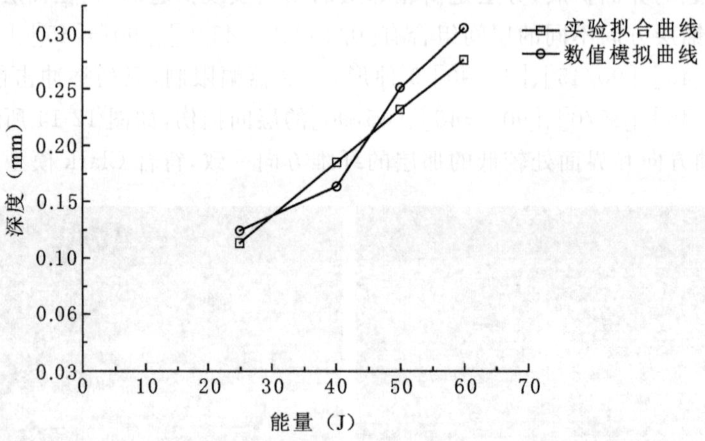

图 12-15　实验和数值模拟的凹坑深度-冲击能量曲线

(4)损伤面积对比分析

表 12-4 显示了 C 扫描测量的损伤投影面积平均值和有限元模拟的损伤投影面积值。在不同冲击能量下,实验值与有限元模拟值有相同的趋势,不过二者最大误差为 13.9%,主要是由于碳纤维复合材料试样的离散性较大。

C 扫描测量和有限元模拟的损伤面积-冲击能量曲线如图 12-16 所示,不管是 C 扫描测量结果还是数值模拟结果,随着冲击能量的增大,损伤面积投影也在增加。

表 12-4　C 扫描测量的损伤投影面积平均值和有限元模拟的损伤投影面积

能量/J	C 扫描平均损伤面积/mm^2	模拟损伤面积/mm^2	误差
25	804.248	699.012	13.1%
40	1017.876	876.484	13.9%
50	1074.425	1006.934	6.3%
60	1174.956	1189.573	1.2%

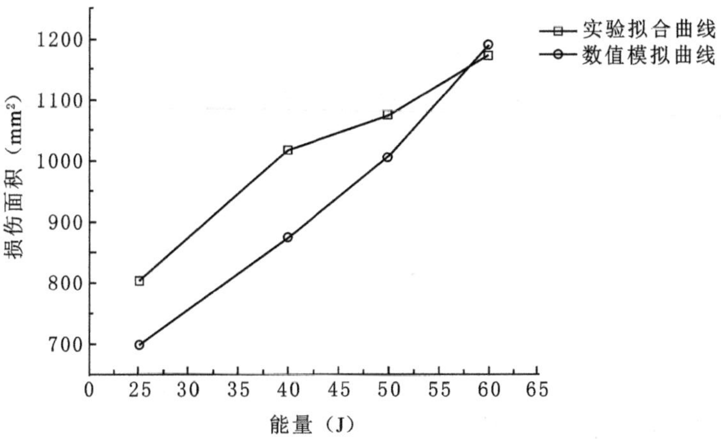

图 12-16　C 扫描测量和有限元模拟的损伤面积-冲击能量曲线

拓展阅读：鸟撞飞机实验

一只 7 kg 的大鸟撞在时速 960 km 的飞机上，冲击力将达到 1440 kN，足以使飞机被撞击部位“面目全非”。据统计，每年全世界大约发生 1 万次鸟撞飞机事件。

鸟撞飞机是复杂的非线性动力学过程，实验是验证结构抗鸟撞能力的最直观和最可靠的手段，实验室模拟鸟撞过程采用空气炮装置，空气为压缩空气，利用空气的膨胀做功为大炮提供动力，空气炮发射的不是炮弹，而是选用家禽作为飞鸟替代物的鸟弹。将鸟弹放入空气炮的炮膛中，设置合适的压力，将鸟弹以规定的速度发射，撞击被考核的结构。通过观测实验过程和实验件的破坏情况，结合给定的鸟撞合格判据，判断结构设计是否满足抗鸟撞要求。

思　考　题

12-1　为什么应变率对金属材料的弹性行为及弹性模量几乎没有影响？

12-2　低碳钢和铸铁在冲击作用下所呈现的性能是怎样的？

12-3　举例说明几种材料承受冲击载荷的工程实际构件。

12-4　为什么冲击试样要开缺口？

12-5　摆锤冲击与落锤冲击的优缺点分别是什么？

12-6　进行摆锤冲击实验前，为什么要进行空打实验？

12-7　如何理解落锤冲击中重锤对试件的二次冲击？

12-8　进行霍普金森压杆实验时调整杆系在同一水平线有何操作技巧？

12-9　简述霍普金森压杆实验中缓冲装置的作用。

12-10　对复合材料层合板进行冲击后并做损伤实验，为什么要测量即时凹坑深度和 24 h 后的凹坑深度？各代表什么物理意义？

附录　课内实验

实验一　等强度梁综合实验

一、实验目的

1. 熟练掌握常温电阻应变计的粘贴技术；

2. 掌握电阻应变计接入电桥的各种接法(半桥、全桥)；

3. 测量等强度梁上下表面应力和泊松比，验证梁的弯曲理论公式。

二、实验设备及器材

设备及工具：力学多功能实验装置、电阻应变仪、万用表、百分表、磁性表座、电烙铁、镊子、剥线钳、划针等；

实验耗材：电阻应变计、接线端子、502胶水、无水酒精、砂布、脱脂棉、透明胶纸、导线、焊锡等。

实验装置介绍：力学多功能实验装置见附图1，该装置可在不同位置施加拉、压、弯等载荷，可用于开展多项力学实验教学。通过该实验装置完成等强度梁的弯曲应力测定实验。

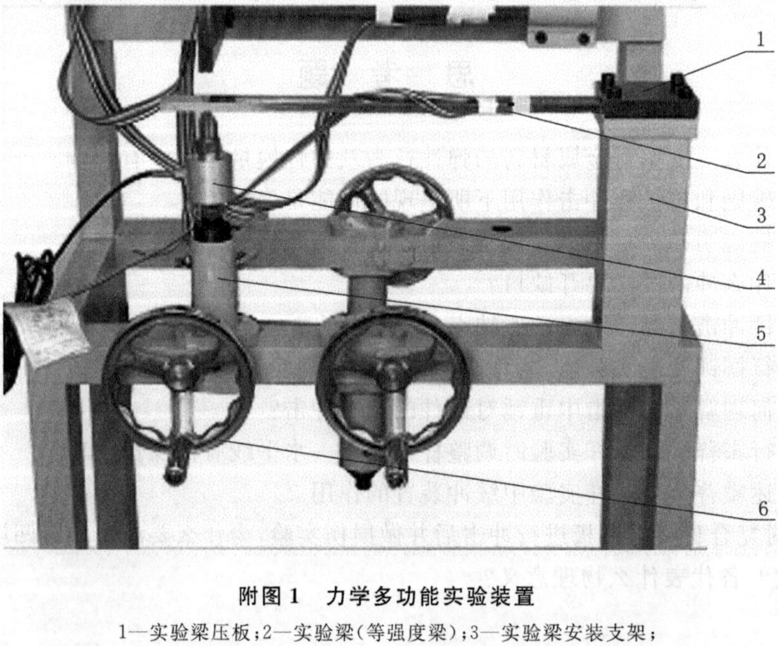

附图1　力学多功能实验装置

1—实验梁压板；2—实验梁(等强度梁)；3—实验梁安装支架；
4—载荷传感器(配有锥形压头)；5—加载升降机构；6—加载手轮

三、实验原理

实验梁的截面面积随测试点的位置进行比例变化，实现在相同载荷下不同截面产生的截面应力一致(附图 2)。梁在弯曲时，实验梁的等强度段内上表面产生压应变，下表面产生拉应变，但拉压应力绝对值相等。

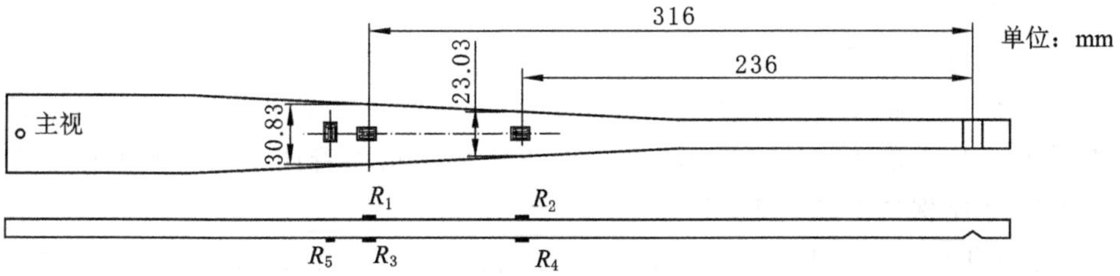

附图 2　等强度梁结构示意图及应变计布置图

设等强度梁固定端距自由端长度为 l，截面宽度为 b，厚度为 h。

在梁的自由端作用力 F 时，梁上距固定端长度 x 处，所受弯矩为：

$$M_x=F(l-x)$$

截面最大应力与应变分别为

$$\begin{cases}\sigma_x=\dfrac{M_x}{W}=\dfrac{6F(l-x)}{bh^2}\\[2ex]\varepsilon_x=\dfrac{\sigma_x}{E}=\dfrac{6F(l-x)}{Ebh^2}\end{cases}$$

梁为等强度梁，厚度均匀，当梁的宽度沿长度方向按一定比例变化，即 $\dfrac{l-x}{b}$ 为一定值，则 σ_x 与测点位置无关。设梁根部处的宽度为 b_0，则可以推出距离根部 x 处，截面的宽度 $b_x=b_0\left(1-\dfrac{x}{l}\right)$。

梁截面上的最大应力和应变分别为

$$\begin{cases}\sigma_x=\dfrac{M_x}{W}=\dfrac{6Fl}{b_0h^2}\\[2ex]\varepsilon_x=\dfrac{\sigma_x}{E}=\dfrac{6Fl}{Eb_0h^2}\end{cases}$$

等强度梁在自由端载荷作用下，距离根部 x 处的挠度可按材料力学方法计算，结果为

$$f_x=\frac{6Fl}{Eb_0h^3}\cdot x^2$$

等强度梁参考参数：

梁的极限尺寸：$L\times b\times h=526\ \text{mm}\times 40\ \text{mm}\times 9\ \text{mm}$

梁的工作尺寸：$l\times b\times h=410\ \text{mm}\times 40\ \text{mm}\times 9\ \text{mm}$

应变计粘贴截面宽度：$b_1=23.03\ \text{mm}$；$b_2=30.83\ \text{mm}$

应变计到测试点距离：$x_1=236\ \text{mm}$；$x_2=316\ \text{mm}$

弹性模量：$E=206\ \text{GPa}$，泊松比 $\nu=0.26$

四、实验步骤

1. 应变计粘贴

测量应变计电阻值，选择电阻值相差在±0.5 Ω内的7～9片应变计供粘贴用。

试件待贴位置用细砂纸打成±45°交叉纹，用无水乙醇蘸棉球将贴片位置附近擦洗干净，直到棉球洁白为止。

按要求用划针画方向线，画线后用棉球擦拭一下。

捏住应变计引线，将502胶涂抹到应变计基底上，然后将应变计底面向下平放在试件贴片部位上，应变计基底上的十字线对准画好的方向线。用手指隔着四氟乙烯薄膜按压应变计挤出多余黏结剂，手指保持不动约1 min后放开。

待502胶固化后掀开薄膜，检查有无气泡、翘曲、脱胶等现象，如有则需重贴。顺着应变计长度方向粘贴接线端子。

等强度梁上粘贴5片应变计，补偿块上粘贴2片应变计，共7片。

用万用表检查应变计电阻是否正常，如出现断路或者短路需重贴。将引出线与试件轻轻脱离，将导线剥去塑料皮约3 mm并涂上焊锡，将应变计的引线和导线焊接在接线端子上，焊点要求光滑小巧，防止虚焊。

测量导线用胶带固定在等强度梁上，再次用万用表检查应变计电阻是否正常，然后用兆欧表检查各应变计与试件之间的绝缘电阻，要求绝缘电阻不小于50 MΩ。

将导线编号，画布片和编号图，导线应布置整齐。

2. 试样安装与加载测试

将装有锥形压头的载荷传感器安装到加载升降机构上，转动加载手轮使锥形压头高度适中。松开支架上压板的四个内六角螺钉，将贴好应变计的等强度梁安装到支架的凹槽内，调整等强度梁位置，使传感器上端的锥形压头对准等强度梁窄端面下部的“V”形槽，并使等强度梁中线与锥形压头中心重合，拧紧四个螺钉，固定等强度梁。

试件安装完毕后，将试件上应变计的连接导线合理组桥，接到应变仪的接线端子上，根据实验要求进行加载，并记录实验数据。电阻应变计电桥输出电压U与各桥臂应变计的指示应变ε_i有下列关系：

$$U=\frac{EK}{4}(\varepsilon_1-\varepsilon_2+\varepsilon_3-\varepsilon_4)$$

其中：ε_1、ε_2、ε_3、ε_4分别为各桥臂应变计的指示应变，K为应变计灵敏系数，E为桥压。

对于半桥接法：如应变计R_1(上表面，受压应变ε_1)与温度补偿片接成半桥，桥路中其他电阻为应变仪内部固定桥臂电阻，则输出只有应变ε_1；如梁上表面应变计R_1(上表面，受压应变ε_1)与梁下表面应变计R_3(下表面，受拉应变ε_3)，接成半桥，则输出为$\varepsilon_1-\varepsilon_3=2\varepsilon_1(\varepsilon_3=-\varepsilon_1)$。

对于全桥接法：如应变计R_1和R_2(上表面，受压)与R_3和R_4(下表面，受拉)接成全桥，则输出为$\varepsilon_1-\varepsilon_3+\varepsilon_2-\varepsilon_4=4\varepsilon_1(\varepsilon_3=\varepsilon_4=-\varepsilon_1=-\varepsilon_2)$。

实验过程中，通常按一定梯度分4～5级加载测量(初载10 N，载荷增量为5 N)，分别测量每一种接法的应变值。每种桥路接法需要重复2次以上。

实验数据测量完成后填入附表1所示的表格中，并交给指导教师检查签字，指导教师确认没有问题后，卸载，关闭仪器电源，清理实验现场，拆除所接导线，仪器设备复原，填写实验设备使用记录表。

附表1　实验记录表格

序号	载荷(N)		应变计读数($\times 10^{-6}$)									
			ε_1		ε_2		ε_3		ε_4		ε_5	
	累计	增量	累计	增量	累计	增量	累计	增量	累计	增量	累计	增量
1												
2												
3												
4												
5												
6												
增量平均值												

五、数据处理与分析

1. 理论计算

$\sigma_{理} = 6Fl/(b_0 h^2)$

2. 实验值计算

$\sigma_{实} = E \cdot \varepsilon_{实}$

3. 理论值与实验值比较

$\delta = \dfrac{\sigma_{理} - \sigma_{实}}{\sigma_{理}}$

4. 误差来源分析

拓展实验：电阻应变计横向灵敏系数的测定实验

1. 实验目的

掌握电阻应变计横向灵敏系数的测定方法。

2. 实验装置

力学多功能实验装置(等强度梁试件，与梁轴线平行和垂直的应变计)。

3. 实验试件安装及调整

将实验台调整水平，按实验一中的方法安装好等强度梁。

试件安装完毕后，将试件上纵向和横向应变计的连接导线合理组桥，连接到应变仪的接线端子上，根据实验要求进行实验加载测试，记录实验数据。

4. 实验原理与方法

等强度梁表面上，轴向和横向贴有应变计 R_x 和 R_y，当等强度梁受力弯曲时，轴向应变计

受拉应变 ε_x，横向应变计因泊松效应产生应变 $\varepsilon_y = -\nu\varepsilon_x$。

用电阻应变仪分别测量其相对电阻变化 $\left(\frac{\Delta R}{R}\right)_x$ 和 $\left(\frac{\Delta R}{R}\right)_y$，有下列公式：

$$\left(\frac{\Delta R}{R}\right)_x = K_{仪} \cdot \varepsilon_{x仪} = K_x\varepsilon_x + K_y(-\nu\varepsilon_x)$$

$$\left(\frac{\Delta R}{R}\right)_y = K_{仪} \cdot \varepsilon_{y仪} = K_y\varepsilon_x - K_x(-\nu\varepsilon_x)$$

应变计的横向灵敏系数 $H = \frac{K_y}{K_x}$，上两式相除，得

$$\frac{\varepsilon_{x仪}}{\varepsilon_{y仪}} = \frac{K_x(1-\nu H)}{K_x(-\nu + H)} = \frac{1-\nu H}{H-\nu}$$

由此可解得

$$(H-\nu)\varepsilon_{x仪} = (1-\nu H)\varepsilon_{y仪}$$

$$H(\varepsilon_{x仪} + \nu\varepsilon_{y仪}) = \varepsilon_{y仪} + \nu\varepsilon_{x仪}$$

$$H = \frac{\varepsilon_{y仪} + \nu\varepsilon_{x仪}}{\varepsilon_{x仪} + \nu\varepsilon_{y仪}} \times 100\%$$

思 考 题

1. 利用本实验的试验装置，设计一套测量应变计灵敏系数 K 的实验方法。

实验二 压杆稳定实验

一、实验目的

1. 观察压杆失稳现象；
2. 用实验方法测定两端铰支压杆临界载荷 P_{cr} 并与理论值进行比较。

二、实验装置

力学多功能实验装置、电阻应变仪、压杆试件。

三、实验原理

采用电测法测定压杆失稳时的临界载荷。在压杆试件中段截面的左右各贴一片应变计，用于加载时进行应变测量，应变值由静态应变仪的应变通道读出，载荷值由静态应变仪的载荷通道读出。

实验采用矩形截面长板试件，材质为比例极限较高的优质弹性钢。试样放在上下均为"V"形的槽中，模拟两端铰支，采用蜗杆及蜗旋千斤顶机构进行加载。

两端铰接受到轴向压力 P 作用的压杆，当 P 很小时可认为承受简单压缩，此时人为地在试件任一侧面扰动让试件稍微弯曲，扰动力去掉后试件会自动弹回并恢复原状，即试件轴线仍保持直线，说明此时试件处于稳定状态。

试件上的载荷逐渐增大，当达到某一 P_{σ} 值时，虽然扰动力去掉，但是试件轴线不再恢复直线，此时试件丧失了稳定性，载荷 P_{σ} 即为临界值，理论公式计算为

$$P_{\sigma} = \frac{\pi^2 EI_{\min}}{(uL)^2}$$

式中　$I_{\min}$——压杆截面最小惯性矩；

E——压杆弹性模量；

L——压杆长度；

u——压杆长度系数。

四、实验步骤

1. 压杆稳定实验试件安装及调整(实验台结构如附图 3 所示)。

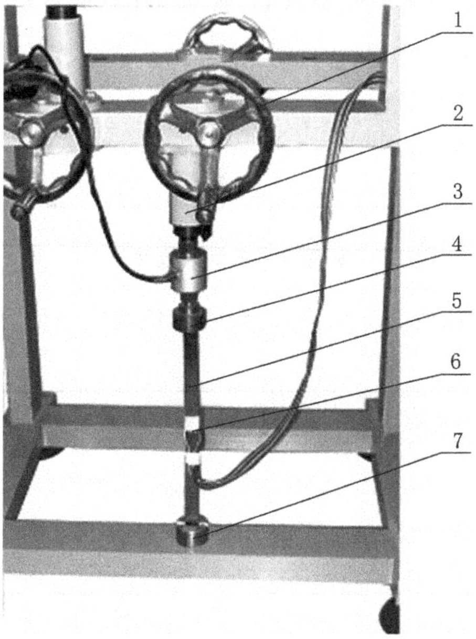

附图 3　压杆稳定实验装置

1—加载手轮；2—加载升降机构；3—载荷传感器；4—上铰支压头(带螺纹)；5—实验梁(压杆试件)；6—电阻应变计；7—下铰支压头(不带螺纹)

将压杆稳定实验所需附件及试件安装在试验台前侧内框正中，将载荷传感器安装到实验台前面框架的中间加载结构上。

2. 带有安装螺纹的铰支压头安装到载荷传感器上并旋紧，将不带螺纹的铰支压头安放到下横梁的中间通孔中，安装贴好应变计的压杆试件并旋转加载手轮，使压杆试件比较稳定地卡在两个铰支压头之间，调整压杆试件角度，使压杆试件在上下铰支压头的正中间并且没有倾斜或弯曲。

可先将压杆试件上应变计的连接导线接到应变仪的接线端子上，再调整压杆试件。

3. 为了消除零点偏离对实验结果的影响，加载前将应变计与载荷传感器的初始读数清零。缓慢地转动加载把手，观察试件变形现象和应变曲线特征。试件突然变弯，出现压力突然下降

现象，记录采集到的最大载荷，以上实验过程需重复多次，方可鉴别。

4. 完成一种约束方式后，可稍加改装，测定一端固定、一端铰支状态等其他模式下压杆稳定实验。

实验时也可以不贴应变计，而是使用两只百分表进行机械法测试，将两只百分表分别安装在压杆试件的最大挠度点位置两侧，当试件失稳弯曲时，可从其中任意一只百分表读取挠度值。

五、数据处理与分析

1. 根据实验数据绘出载荷应变曲线，作它的水平渐近线（附图 4）确定其值。

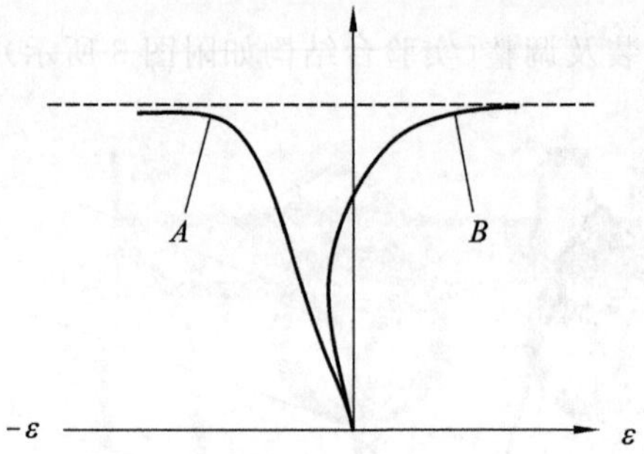

附图 4 水平渐近线

2. 用欧拉公式计算临界载荷的理论值，比较理论值与实验值，计算相对误差并分析误差的来源。

支撑方式	理论临界力 $P_{cr理}$(N)	极限载荷 $P_{cr实}$(N)	相对误差
两端铰支			
一端固定、一端铰支			
两端固定			

3. 试件参数

试件铰支长度：$L=318$ mm；

试件宽度：$b=20$ mm；

试件厚度：$h=1.9$ mm；

弹性模量：$E=206$ GPa；

泊松比：$\nu=0.26$。

思 考 题

1. 比较三种不同约束条件下杆件能承受临界载荷的大小。在实际工程中可以怎样提高杆件临界载荷？

2. 本实验装置与理想情况有什么不同？对实验结果会产生哪些影响？

实验三　应变计式变形传感器制作

一、实验目的

1. 学习应变计式变形传感器的设计和制作；
2. 掌握应变计式变形传感器的标定和实际使用。

二、实验设备及器材

设备及工具：引伸计支架、电阻应变仪、引伸计标定仪、万用表、电烙铁、镊子、剥线钳、划针等。

材料：电阻应变计、502 胶水、无水酒精、砂布、脱脂棉、透明胶带、导线、接线端子、焊锡等。

三、实验原理

应变计式变形传感器由弹性元件和应变计构成，如附图 5 所示。弹性元件在力的作用下产生与它成正比的应变，然后用电阻应变计将应变转换为电阻变化。各应变计组成桥路便于进行测量。

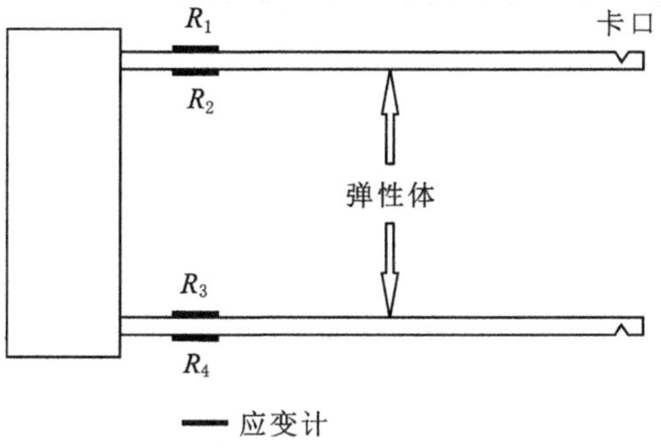

附图 5　应变计式变形传感器的制作示意图

对等截面悬臂梁，贴应变计处的应变用下式计算：

$$\sigma = \frac{6Pl}{bh^2}$$

式中 l 为载荷 P 到应变计中心的距离，h、b 为梁截面宽度和厚度。

引伸计通过卡口与试样连接，当试样受力变形时，引伸计卡口间的位移发生变化，弹性体发生弯曲，粘贴在弹性体上的电阻应变计的电阻发生改变。

悬臂梁在自由端受集中力作用，挠度计算公式为

$$f = \frac{Pl^3}{3EI}$$

应变计算公式为

$$\varepsilon = \frac{6Pl}{Ebh^2}$$

根据电测法的基本原理

$$\frac{\Delta R}{R} = K\varepsilon$$

可得到

$$f \propto p \propto \varepsilon \propto \Delta R$$

即引伸计的张开位移与应变计测量的应变大小呈线性关系，只要标定应变的大小与张开位移的灵敏系数，就可以通过测量应变来得到引伸计的变形数据。

在附图 5 的构件中，选择合适的位置粘贴一定数量应变计，方案可自行设定，依据粘贴应变计的数量，采取合适的接桥电路将传感器接入应变仪，将制作好的变形传感器固定到引伸计标定仪上。根据引伸计标定仪的数据和采集到的应变数据，计算应变式变形传感器的灵敏系数 K。

四、实验步骤

1. 设计实验方案，按方案在引伸计支架上粘贴应变计；
2. 所贴应变计采用半桥或全桥的方式接入应变仪（若用全桥，在引伸计支架上要粘贴 4 枚应变计）；
3. 将制作好的引伸计安装在引伸计标定仪上；
4. 旋转引伸计标定仪，产生标准变形，每 0.2 mm 记录一次应变仪的读数；
5. 通过数据分析，计算应变式变形传感器的灵敏系数。

五、实验结果处理

设计记录表格，记录每次引伸计标定仪旋转一定距离时电阻应变仪的指示应变 $\varepsilon_{仪}$，计算应变式变形传感器的灵敏系数 K。

思　考　题

1. 实验误差的主要来源有哪些？采用半桥、全桥不同接桥方式的优缺点有哪些？
2. 采用悬臂梁结构设计一套用于测量物体质量的传感器实现方案。

实验四　大跨度斜拉桥缩比模型综合实验

一、实验目的

通过斜拉桥静、动载实验，了解大型桥跨结构的实验方法和斜拉桥的静力和动力特性。

二、实验模型及测试仪器

1. 斜拉桥模型简介

模型为三跨式刚构体系斜拉桥，其中主跨 2000 mm，边跨 950 mm，主塔高度 1580 mm。拉索布置为竖向双索面，共 72 根拉索，整体布置图和主梁断面图如附图 6 所示。斜拉桥主梁和主塔所采用的材料均为 Q235 钢材，其材料理论参数为：$E=206$ GPa；$\rho=7.85$ kg/cm^3；$\nu=$

0.26；拉索采用高强钢丝制成。

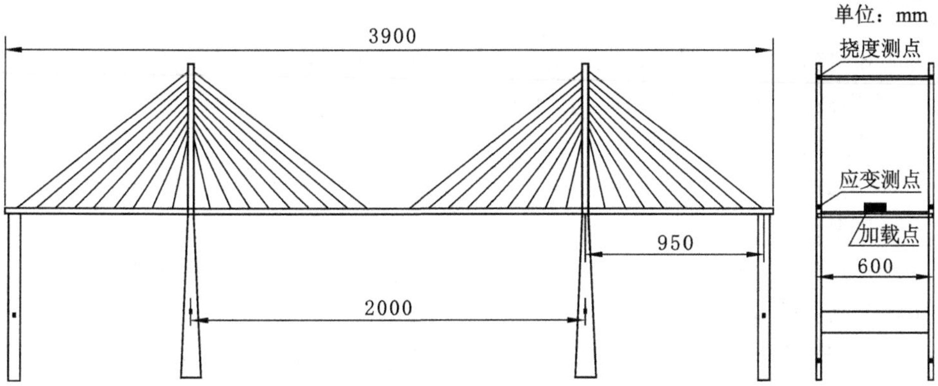

附图 6　斜拉桥实验模型及加载示意图

2.主要仪表及用途

(a)静态应变仪：测量静态应变；

(b)动态应变仪：测量动态应变；

(c)位移计：测量挠度；

(d)计算机：采集数据；

(e)万用表：检测各测点阻值。

3.加载设备

加载系统：加载砝码，配重小车。

三、实验测点布载

1.斜拉桥应变测点布载

选取斜拉桥模型中跨 $L/4$、$L/2$、$3L/4$ 梁底，以及中跨梁两端底部；左边跨 $L/2$ 处、右边跨 $L/2$ 处梁底截面；斜拉桥左主塔根部、中部，右主塔根部、中部粘贴应变计。主梁和主塔每个测试截面粘贴应变计两片，并取其平均值为实测值。

2.斜拉桥挠度测点布置

选取斜拉桥模型中跨 $L/4$、$L/2$、$3L/4$ 及梁两端截面；左边跨 $L/2$、右边跨 $L/2$ 截面，共 7 个挠度测点。

3.斜拉索索力测点布置

每根斜拉索均连接一个力传感器。同时提供无力传感器拉索，供学生自主设计索力测量方案。

四、静载实验

1.拉索张拉实验

此实验是模拟斜拉桥在施工阶段，因斜拉索的张拉而引起的主梁力学状态的变化。利用 MIDAS/Civil 进行斜拉桥成桥阶段分析，可以得到斜拉桥的初始索力值；利用初始索力值进行正装和倒装施工阶段分析，可以得到拉索在施工过程中的索力变化值。

2.静力加载实验

预加载：预载载荷(全桥满载，即在中跨 $L/4$、$L/2$、$3L/4$ 以及边跨 $L/2$ 上布置的加载点同时加载)，每加载点 250 N，每级停歇 5 min。检查实验装置、试件和仪表是否正常，然后读取数据、卸载。

正式加载：仪表重新调零后，正式加载实验，共加载四种载荷工况，具体如下：

(1)主跨满载：在主跨 $L/4$、$L/2$、$3L/4$ 的加载点上分两级加载，每级每加载点 250 N，每级停歇 5 min 后读取实验数据；

(2)边跨满载：在边跨 $L/2$ 的加载点上分两级加载，每级每加载点 250 N，每级停歇 5 min 后读取实验数据；

(3)边跨偏载：在左(或右)边跨 $L/2$ 的加载点上分两级加载，每级每加载点 250 N，每级停歇 5 min 后读取实验数据；

(4)全桥满载：在主跨 $L/2$ 和边跨 $L/2$ 布置的加载点上分两级加载，每级每加载点 250 N，每级停歇 5 min 后读取实验数据；

(5)卸载：在以上各加载工况下分两级卸载，每级 250 N，并停歇 5 min 后读取实验数据。

(6)重复一次加载、卸载实验过程，读取实验数据，取平均值为实测值。

五、动载实验

本次动载实验主要测定斜拉桥模型的动力特性，内容包括：车辆行驶在桥梁上模型的动力响应。

1. 跑车实验

当小车辆通过桥梁时，车辆产生的重力效应(即车辆重力引起的竖向力) 和惯性效应(车辆质量和加速度效应)。即使车辆不动，重力效应依然存在，即重力效应是桥梁静态分析的主要输入。车辆仅仅沿着行车方向前进时，才会产生惯性效应，因此惯性效应是动力效应的原因。而桥梁上通行车辆时的车桥耦合振动问题是一个非常复杂的问题。因此，有必要对其进行模拟。

跑车试验过程如下：

(1)启动卷扬机，低速推进加载车前行，观察车轮是否能顺利滚动，检查加载车四个车轮是否与桥梁接触完好。

(2)利用卷扬机将加载车牵引至桥梁起点处，并在加载车上添加 1 kN 重的砝码，启动卷扬机，分别使加载车以 0.5 m/s、1 m/s 的速度行驶完全桥长度，在此过程中，记录各个测点数据并做好记录，绘制时程曲线。

2. 跳车实验

跳车实验是模拟桥梁主梁受到竖向冲击载荷下的响应状态。试验时，让试验车的后轮在跨中位置从高度为 1.5 cm 的三角形垫铁块突然下落，从而对桥梁产生冲击作用，激起桥梁的竖向振动。测定该冲击作用下桥梁的响应状态。

跳车实验过程如下：

(1)启动卷扬机，低速推进加载车前行，观察车轮是否能顺利滚动，检查加载车四个车轮是否与桥梁接触完好。如发现问题，及时解决。

(2)利用卷扬机将加载车牵引至加载车后轮处于中跨跨中处，启动卷扬机后，迅速关闭，使得加载车从垫块上跌落冲击到主梁上，激起桥梁的竖向振动，在此过程中，记录各个测点数据并做好记录，绘制时程曲线。

六、实验报告内容

1. 画出测点布置图、实验装置和测试系统图。

2. 静力试验报告内容

(1)在拉索张拉实验中，绘制主跨跨中竖向位移施工阶段时程曲线，并进行分析。

(2)拉索张拉完毕后，绘制主梁竖向位移-横坐标(桥长方向)曲线图，并进行分析。

(3)静力加载下，绘制各载荷工况下主梁竖向位移-横坐标(桥长方向)曲线图，并进行分析。

3. 动力实验报告内容

(1)绘制跑车实验下，主跨跨中竖向位移时程曲线图，并进行分析。

(2)绘制跳车实验下，主跨跨中竖向位移时程曲线图，并进行分析。

思　考　题

1. 设计一套数据采集分析方案，要求通过数据处理，得到小车在桥梁上行进时的速度、质量和轮距。

2. 针对本项目的模型，设计桥梁模态测试分析方案。

实验五　虚拟仿真实验

一、实验目的

本实验以玻璃纤维增强塑料复合管材结合非开挖顶管施工技术的一个实际具体工程为背景，引导同学们从中提出关键性的力学问题，并结合自己所学的知识，分析解决这些力学问题。

二、实验内容

虚拟仿真实验项目包括10个过程共24个主要步骤，如附图7所示。

三、实验步骤

1. 进入虚拟软件界面，注册并登录个人账号。点击附图8中的“进入实验”按钮进入虚拟软件操作界面。

2. 软件界面介绍：左侧“实验步骤”提示栏中内容为本次实验需要完成的10个主要步骤，从上至下依次完成。软件正上方为当前实验环节具体实验内容或提示下一步如何操作。右上角三个图标依次是已完成部分得分、实验报告和返回键。

右下角根据实验内容显示不同的功能键，如附图9所示。

重播：重新播放上一段介绍视频；

暂停：需要时间理解视频内容，可暂时停止播放；

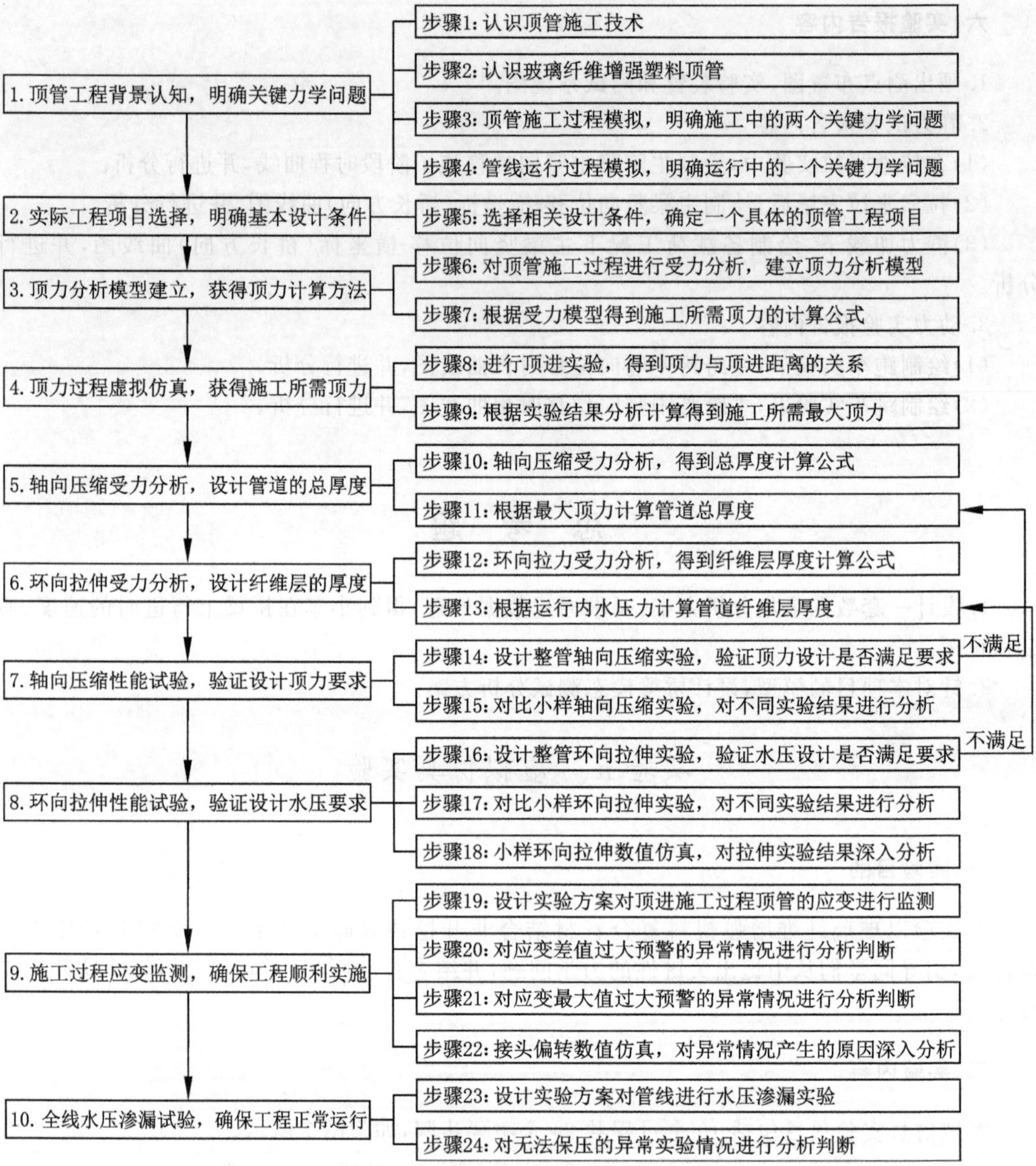

附图 7　虚拟仿真实验主要步骤

操作帮助：提示如何通过键盘和鼠标调整观看的角度。

3. 进入“工程背景认知”界面，通过动画与语音进行顶管施工技术和玻璃纤维增强塑料顶管两部分内容介绍，如附图 10 所示。内容介绍结束后，软件会弹出与前段内容相关的考核习题，操作者根据自己的理解与分析进行作答，如附图 11 所示。提交作答后，软件会给出正确答案并给出答案解析。

4. 工程设计条件选择：包括顶管直径、顶进长度、覆土深度、顶管机型、土质条件、压力等级等，如附图 12 所示。可自由选择，选择不同工程设计条件，后期管道设计和施工监测数据等内容会随之改变。

附图 8　顶管工程虚拟仿真实验主界面

附图 9　虚拟软件界面功能介绍

附图 10　顶管施工技术与玻璃纤维增强塑料顶管介绍

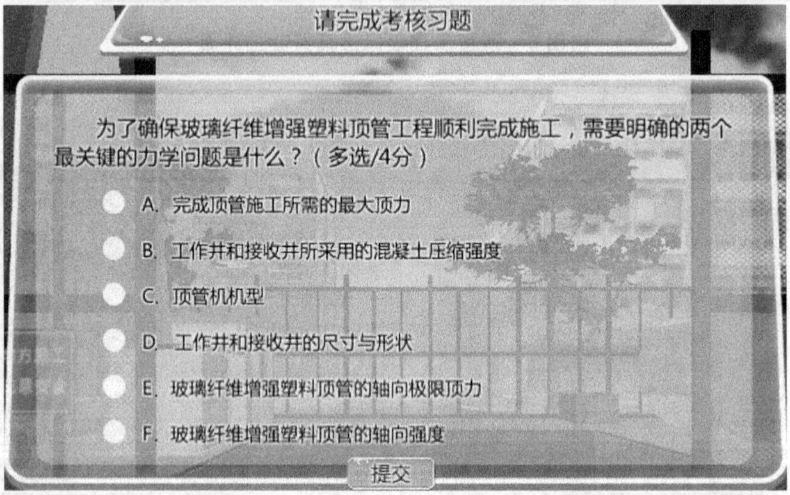

附图 11　顶管虚拟实验考核习题

附图 12　工程设计条件选择

5. 顶力模型建立：根据玻璃纤维增强塑料顶管在地下顶进过程中的受力情况，分析顶管受力分析模型，如附图 13 所示。

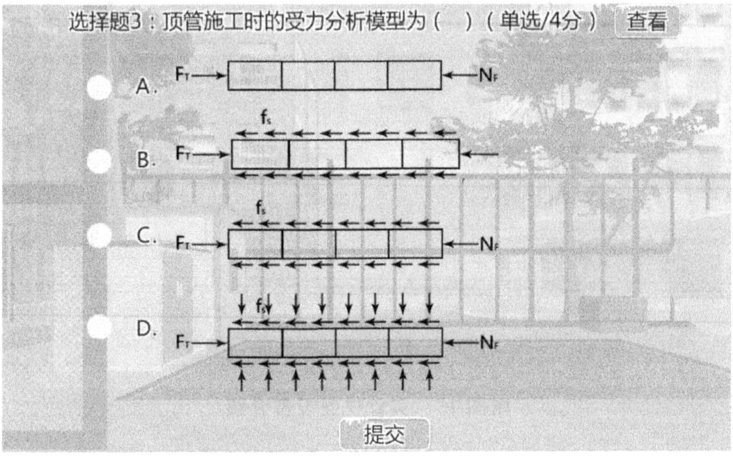

附图 13　顶力模型建立

公式编辑题目操作方法：将字母拖拽到下面等式的指定位置，若需要更改重新填写，可点击重置按钮，题目即回到初始界面，如附图 14 所示。

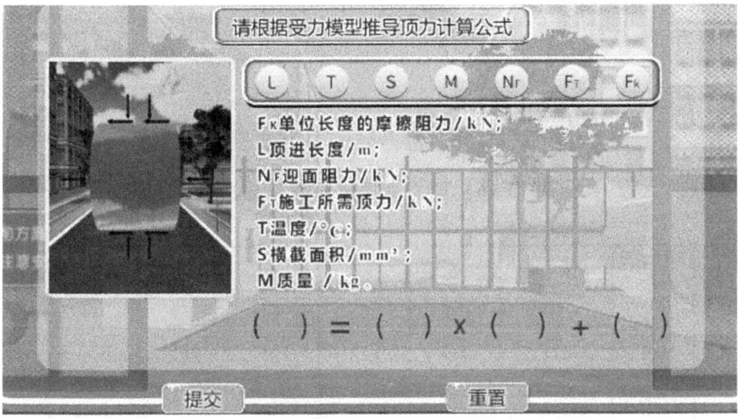

附图 14　公式编辑习题

6. 顶管工程虚拟实验包括顶力分析实验、轴向压缩实验、环向拉伸实验、施工过程监测和水压渗漏实验等多个工程中必须完成的实验测试模拟。下面以“顶力分析实验”为例进行操作介绍。

(a)根据实验测试内容，选择对应的仪器设备。将鼠标放置在设备图片上面时，会弹出设备主要功能介绍的文字内容，以帮助大家理解，如附图 15 所示。

(b)观看或根据上面的提示完成相应的实验操作。

(c)实验完成后，软件给出实验曲线图和数据结果如附图 16 所示。

(d)根据实验曲线，完成施工顶力分析计算，如附图 17 所示。

7. 根据步骤 6 中完成的顶力分析实验和前面所选的工程设计条件，组合正确的管壁厚度与纤维层厚度计算公式并进行计算，如附图 18 所示。

附图 15　实验仪器设备介绍

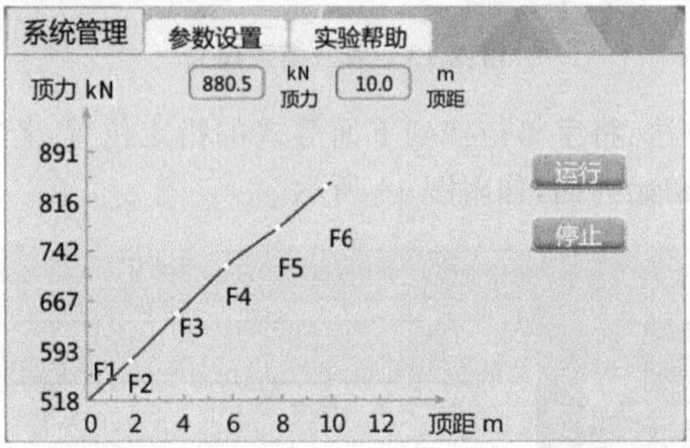

附图 16　顶力随顶进深度变化曲线

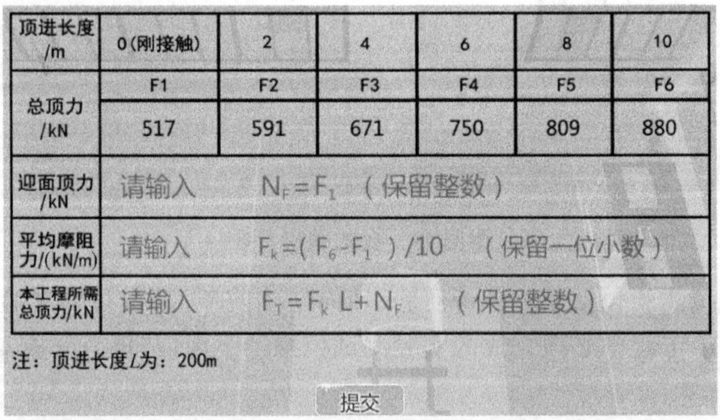

顶进长度/m	0（刚接触）	2	4	6	8	10
总顶力/kN	F1	F2	F3	F4	F5	F6
	517	591	671	750	809	880
迎面顶力/kN	请输入　$N_F = F_1$（保留整数）					
平均摩阻力/(kN/m)	请输入　$F_k = (F_6 - F_1)/10$（保留一位小数）					
本工程所需总顶力/kN	请输入　$F_T = F_k L + N_F$（保留整数）					

注：顶进长度 L 为：200m

提交

附图 17　施工顶力分析计算

8. 轴向压缩实验和环向拉伸实验操作方法与步骤 6 一致，依次完成设备选择，根据提示进行实验模拟操作。实验结果用于判断前面厚度计算结果是否合理、经济，如果不合理可以根据具体提示回到前面步骤，再重新完成厚度计算；如果显示合理，可继续后面操作，如附图 19 所示。

9. 轴向压缩实验和环向拉伸实验中通过视频介绍，引出整管实验与小样实验测试结果、不同长度和管径实验测试结果的区别等问题，并就这些问题进行分析、考核，如附图 20 所示。

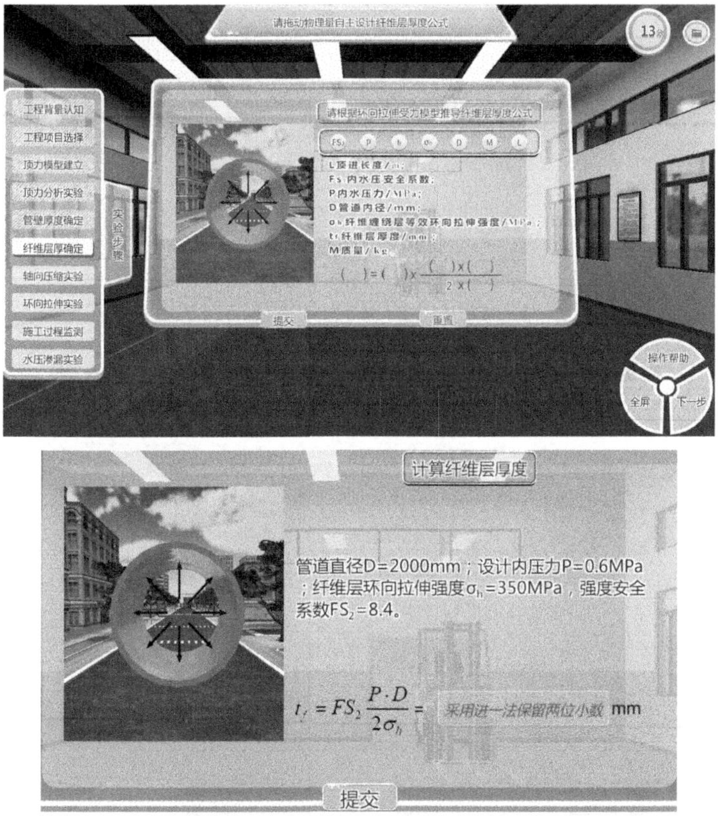

附图 18　厚度计算公式组合与计算

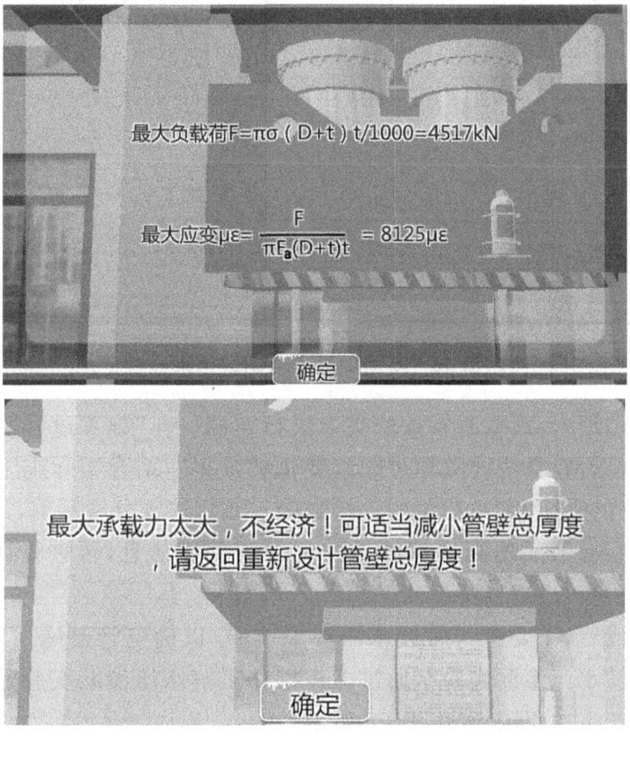

附图 19　通过实验结果判断上一步厚度计算是否正确、合理

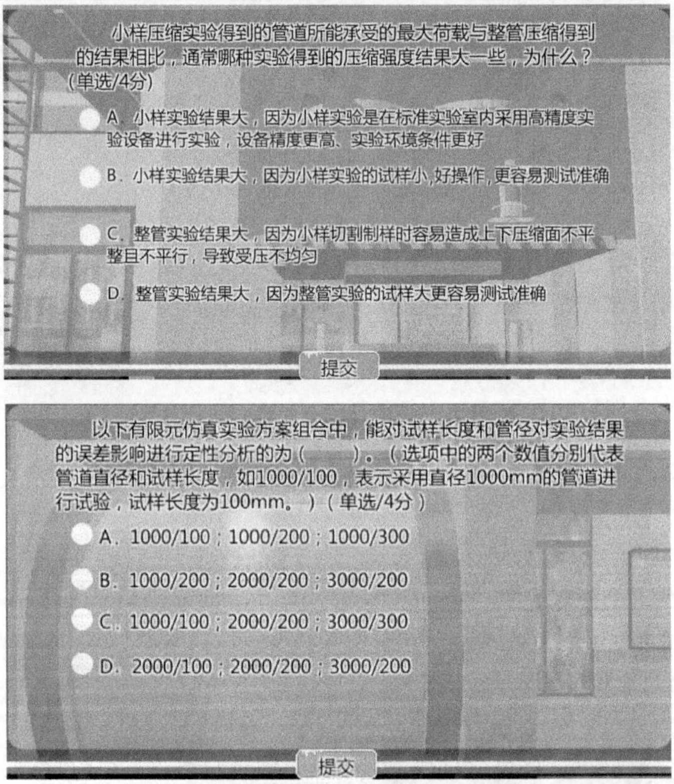

附图 20　不同实验条件测试结果分析

10. 在实际施工过程中，需要对管道的受力进行监测。在“施工过程监测”步骤，通过模拟给出在选定工况条件下，管身应变随顶进距离变化的数据。结合实际施工过程中可能出现的问题以及监测到应变的规律，完成相关的考核试题。在作答部分习题前，需要大家点击各工况前面查看的图标，观察有限元仿真计算结果并记录下关键信息，再进行计算作答，如附图 21 所示。

11. 顶管施工完成后，需要进行管线水压渗漏实验，以确定管道施工质量是否达到要求。实验的最后一步就是“水压渗漏实验”，通过虚拟操作了解水压渗漏实验是如何进行的。结合考核题目，分析渗漏产生的原因，如附图 22 所示。

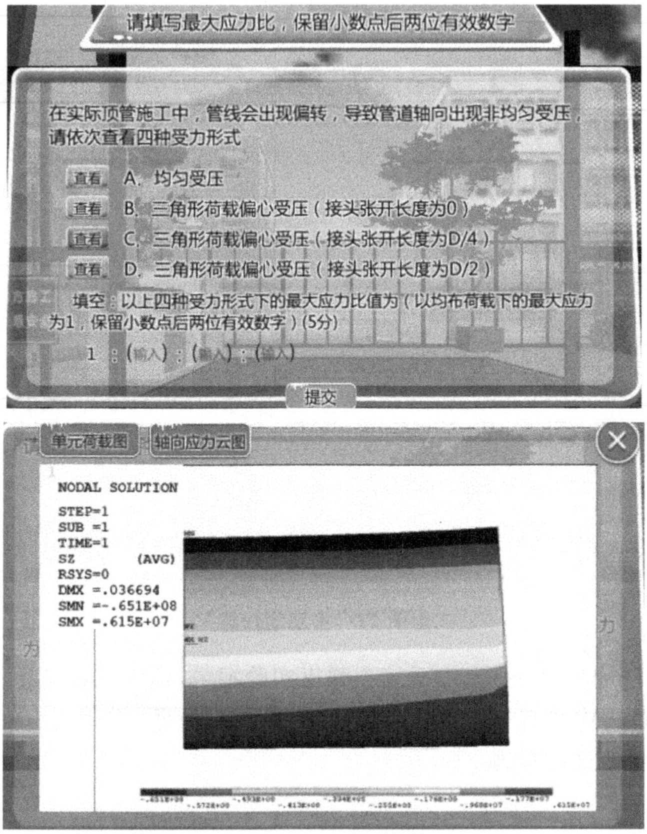

附图 21　顶管施工过程应变监测相关试题

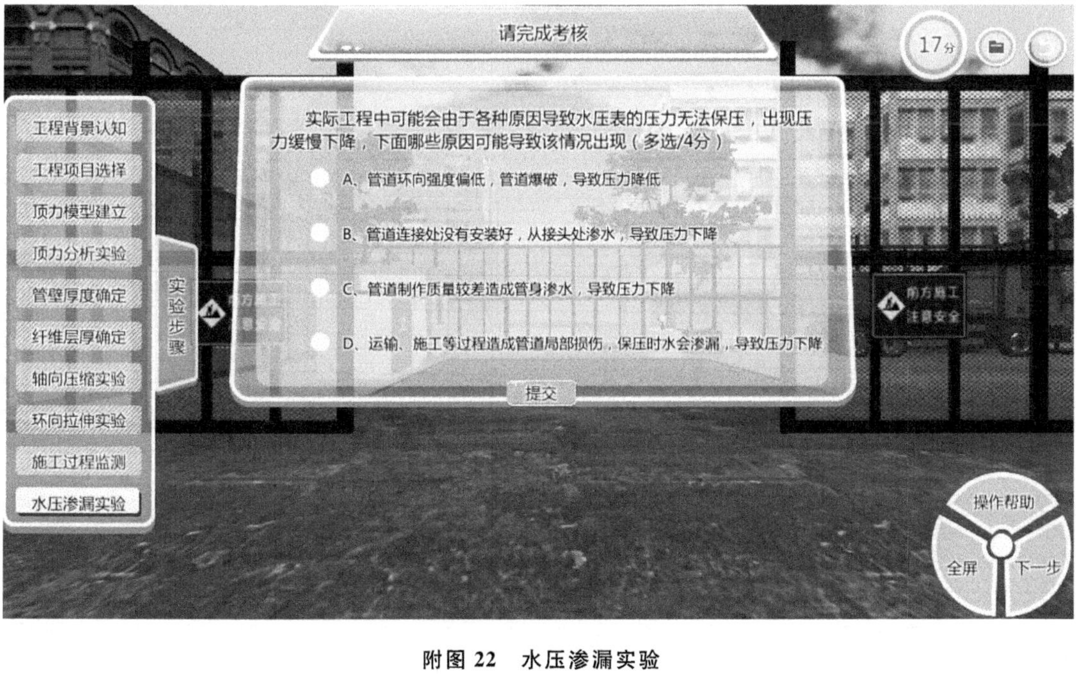

附图 22　水压渗漏实验

12. 全部虚拟实验内容完成后，结合对顶管工程的理解，进行主观题作答，如附图 23 所示。

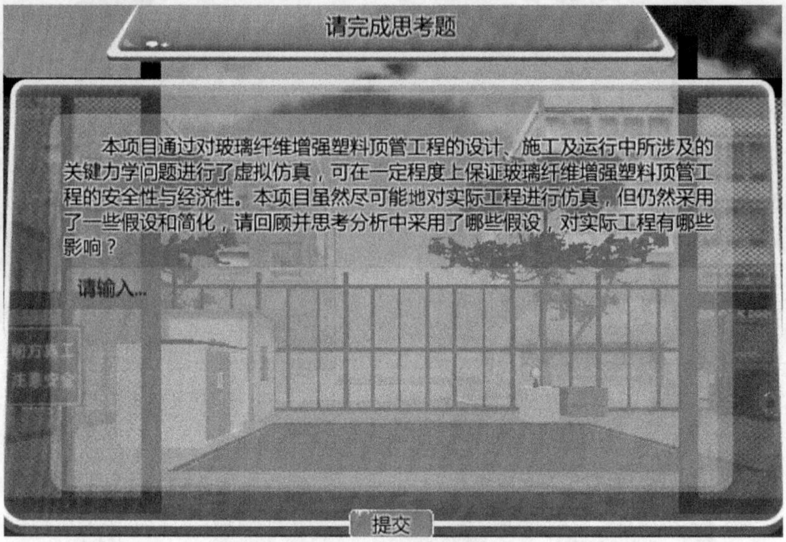

附图 23　主观题作答

13. 将实验内容全部完成后提交，系统会弹出实验报告，请大家注意留存。

每一步的操作过程中均有相应的选择题、填空题或问答题，需要同学们分析具体工程情况并结合相关的理论知识进行作答。

参考文献

[1] 计欣华,邓宗白,鲁阳,等. 工程实验力学[M]. 2 版. 北京:机械工业出版社,2019.

[2] 戴福隆,沈观林,谢惠民. 实验力学[M]. 北京:清华大学出版社,2010.

[3] 盖秉政. 实验力学[M]. 哈尔滨:哈尔滨工业大学出版社,2006.

[4] 尹协振,续伯钦,张寒虹. 实验力学[M]. 北京:高等教育出版社,2012.

[5] 佟景伟,李鸿琦. 光力学原理及测试技术[M]. 北京:科学出版社,2009.

[6] 王开福,高明慧,周克印. 现代光测力学技术[M]. 哈尔滨:哈尔滨工业大学出版社,2009.

[7] SCIAMMARELLA C A, SCIAMMARELLA F M. Experimental mechanics of solids[M]. Wiley & Sons, 2012.

[8] WILLIAM N, SHARPE. Springer handbook of experimental solid mechanics[M]. Springer New York,2008.

[9] DOYLE J F. Modern experimental stress analysis: completing the solution of partially specified problems[M]. New York: Wiley & Sons, 2004.

[10] DALLY J W, RILEY W F. Experimental stress analysis[M]. New York: McGraw-Hill, 1991.

[11] 贾有权, 亢一澜. 力学实验与实验力学[J]. 力学与实践, 2000(6):68-70.

[12] 闻人军. 考工记译注 [M]. 上海:上海古籍出版社, 2008.

[13] 尹福炎. 电阻应变片发展历史的回顾:纪念电阻应变片诞生 70 周年(1938—2008)[J]. 衡器, 2009(3): 51-53.

[14] 伍小平. 近 40 年光力学进展的回顾 [J]. 实验力学, 2010, 25(5): 491-508.

[15] 曹震. 光测实验应力分析的发展与近况[J]. 机械,1980(2): 13-21.

[16] 尹福炎. 金属箔式应变片制作工艺原理[M]. 北京:国防工业出版社, 2011.

[17] 中华人民共和国国家质量监督检验检疫总局. 金属粘贴式电阻应变计:GB/T 13992—2010 [S]. 北京:中国标准出版社,2011.

[18] 潘少川,刘耀乙,钱浩生,等. 实验应力分析[M]. 北京:高等教育出版社,1988.

[19] 赵清澄. 实验应力分析[M]. 北京:科学出版社, 1987.

[20] 佟景伟, 伍洪泽. 实验应力分析[M]. 长沙:湖南科学技术出版社, 1983.

[21] 张天军, 韩江水, 屈钧利. 实验力学 [M]. 西安:西北工业大学出版社, 2008.

[22] 谈庆明. 量纲分析[M]. 合肥:中国科学技术大学出版社, 2005.

[23] 曹以柏. 材料力学测试原理及实验[M]. 2 版. 北京:航空工业出版社,1999.

[24] 吴宗岱,陶宝祺. 应变电测原理及技术[M]. 北京:国防工业出版社,1982.

[25] 陶宝祺,王妮. 电阻应变式传感器[M]. 北京:国防工业出版社,1993.

[26] 马良握. 应变电测与传感技术[M]. 北京:中国计量出版社,1993.

[27] 宋逸先. 实验力学基础[M]. 北京:水利电力出版社,1987.

[28] 曹以柏,徐文玉. 材料力学测试原理及实验[M]. 北京:航空工业出版社,1992.

[29] 张如一,陆耀桢. 实验应力分析[M]. 北京:机械工业出版社,1981.
[30] 张如一,沈观林,潘真微. 实验应力分析实验指导[M]. 北京:清华大学出版社,1982.
[31] 李德葆,沈观林,冯仁贤. 振动测试与应变电测基础[M]. 北京:清华大学出版社,1987.
[32] KOBAYASHI A S. Handbook on experimental mechanics [M]. Englewood: Prentice-Hall,1987.
[33] 国家质量监督检验检疫总局. 电阻应变仪:JJG 623—2005[S]. 北京:中国计量出版社,2005.
[34] 余瑞芬. 传感器原理[M]. 2 版. 北京:航空工业出版社,1995.
[35] 郑秀暖,谢大吉. 应力应变电测技术[M]. 北京:国防工业出版社,1985.
[36] 王云章. 电阻应变式传感器应用技术[M]. 北京:中国计量出版社,1991.
[37] 曹书文,刘秦龙. 实验力学[M]. 北京:中国建材工业出版社,2022.
[38] 刘靳,刘笃仁,韩保君. 传感器原理及应用技术[M]. 西安:西安电子科技大学出版社,2013.
[39] 强锡富. 传感器[M]. 北京:机械工业出版社,2005.
[40] 刘灿军. 实用传感器[M]. 北京:国防工业出版社,2004.
[41] 王厚枢. 传感器原理[M]. 北京:航空工业出版社,1987.
[42] 高晓蓉. 传感器技术[M]. 成都:西南交通大学出版社,2003.
[43] 王洪业. 传感器技术[M]. 长沙:湖南科学技术出版社,1985
[44] 何道清. 传感器与传感器技术[M]. 北京:科学出版社,2004.
[45] 何伟仁,王恒,宋增福. 传感器新技术[M]. 北京:中国计量出版社,1989.
[46] 林春方,胡伟全,徐凤云. 传感器原理及应用 [M]. 合肥:安徽大学出版社,2004.
[47] 张佳薇,孙丽萍,宋文龙. 传感器原理与应用 [M]. 哈尔滨:东北林业大学出版社,2003.
[48] 沈观林,马良程. 电阻应变及其应用[M]. 北京:清华大学出版社,1993.
[49] 夏银桥,吴亮,李莫. 传感器技术及应用[M]. 武汉:华中科技大学出版社,2011.
[50] 赵珊珊,胡立荣,兰玉歧. 低温电阻应变式传感器测量技术的研究[J]. 计量与测试技术,2015,42(6):22-24.
[51] 杨艳,安盼龙,赵瑞娟. 电阻应变式传感器的研究[J]. 物理与工程,2010,20(2):29-33.
[52] PETERS H, RANSON W F. Digtial imaging techniques in experimental stress analysis [J]. Optical Engineering, 21(3), 427-431, 1982.
[53] SUTTON M A, WOLTERS W J, PETERS W H, et al. Determination of displacements using an improved digital correlation method [J]. Image and Vision Computing, 1983,1(3):133-139.
[54] CHU T C, RANSON W F, SUTTON M A, et al. Applications of digital-image-correlation techniques to experimental mechanics [J]. Experimental Mechanics, 25(3):232-244, 1985.
[55] SUTTON M A, CHENG M Q, PETERS W H, et al. Application of an optimized digital correlation method to planar deformation analysis [J]. Image and Vision Computing,1986,4(3):143-150.
[56] LUO P F, CHAO Y J, SUTTON M A, et al. Accurate measurement of three-dimensional deformations in deformable and rigid bodies using computer vision [J]. Experimental Mechanics, 33(2):123-132, 1993.
[57] 雷东,朱飞鹏,白鹏翔. 基于数字图像相关的材料与结构变形及破坏力学测试分析[M]. 南

京:河海大学出版社,2016.

[58] PAN B. Reliability-guided digital image correlation for image deformation measurement [J]. Applied Optics,2009,48: 1535-1542.

[59] 王钢,孙明清,刘记立,等. SMA 丝增强 SHCC 拉伸时的变形和裂纹自回复性能研究[J]. 硅酸盐通报, 2020,39(6):1728-1733.

[60] 吴妍,胡紫婷,胡志远,等. 基于速度滑冰上肢动态皮肤形变的服装结构研究[J]. 毛纺科技,2022,50(2):1-6.

[61] 王康印. 红外检测[M]. 北京:国防工业出版社,1986.

[62] 李卓球,宋显辉. 智能复合材料结构体系[M]. 武汉:武汉理工大学出版社,2005.

[63] 杨宜禾,岳敏. 红外系统[M]. 北京:国防工业出版社, 1985.

[64] 张建奇. 红外系统[M]. 西安:西安电子科技大学出版社 , 2018.

[65] 张敬贤,李玉丹,金伟其. 微光与红外成像技术[M]. 北京:北京理工大学出版社, 1995.

[66] 张庄. 金属材料落锤、撕裂试验技术[M]. 北京:中国质检出版社,2012.

[67] 吴三灵,李科杰,张振海,等. 强冲击实验与测试技术[M]. 北京:国防工业出版社,2010.

[68] 王富生. 飞机风挡鸟体冲击实验与分析技术[M]. 北京:科学出版社,2015.

[69] 张广成,何祯,刘良威,等. 夹层结构复合材料低速冲击试验与分析[J]. 复合材料学报,2012,29(4):170-177.

[70] 管清宇,严文军,吴光辉,等. 碳纤维/环氧树脂复合材料层压板冲击凹坑的回弹特性[J]. 复合材料学报,2020,37(2):284-292.

[71] LIU H, FALZON B G, TAN W. Predicting the Compression-After-Impact (CAI) strength of damage-tolerant hybrid unidirectional/woven carbon-fibre reinforced composite laminates[J]. Composites Part A, 2018, 105: 189-202.

[72] 徐瑀童. 复合材料层合板低速冲击与剩余强度研究[D]. 南京:南京航空航天大学,2018.

[73] ZHANG C, DUODU E A, GU J. Finite element modeling of damage development in cross-ply composite laminates subjected to low velocity impact[J]. Composite Structures, 2017, 173: 219-227.

[74] KAYBAL H B, ULUS H, DEMIR O, et al. Effects of alumina nanoparticles on dynamic impact responses of carbon fiber reinforced epoxy matrix nanocomposites[J]. Engineering Science and Technology, 2018, 21(3): 1-9.

[75] 黄骁,王进,韩涛,等. 复合材料层板冲击后压缩强度经验预测公式[J]. 复合材料学报,2018,35(5):1158-1165.

[76] 范小春,熊立峰,王平, 玄武岩筋混杂钢纤维混凝土短柱偏压试验与理论计算[J]. 硅酸盐通报,2020,39(10):3161-3168.

[77] 备战 2022 冬奥会:人体身上印满斑点的奇怪实验[EB/OL]. https://item. btime. com/46fa359vcd4864 r5uf9a3g6n8gd,北京网络广播电视台,2021-01-26.

